网络空间安全前沿技术丛书

悄无声息的战场

无线网络威胁和移动安全隐私

[美]亨利·达尔齐尔（Henry Dalziel）

[美]约书亚·施罗德（Joshua Schroeder）   著

区文浩（Man Ho Au）

[美]徐金光（Kim-Kwang Raymond Choo）

陈子越 李 巍 沈卢斌 译

清华大学出版社

北京

北京市版权局著作权合同登记号 图字：01-2017-5197

注意

本书涉及领域的知识和实践标准在不断变化。新的研究和经验拓展我们的理解，因此须对研究方法、专业实践或医疗方法作出调整。从业者和研究人员必须始终依靠自身经验和知识来评估和使用本书中提到的所有信息、方法、化合物或本书中描述的实验。在使用这些信息或方法时，他们应注意自身和他人的安全，包括注意他们负有专业责任的当事人的安全。在法律允许的最大范围内，爱思唯尔、译文的原文作者、原文编辑及原文内容提供者均不对因产品责任、疏忽或其他人身或财产伤害及/或损失承担责任，亦不对由于使用或操作文中提到的方法、产品、说明或思想而导致的人身或财产伤害及/或损失承担责任。

图书在版编目（CIP）数据

悄无声息的战场：无线网络威胁和移动安全隐私/（美）亨利·达尔齐尔（Henry Dalziel)等著；陈子越，李巍，沈卢斌译. —北京：清华大学出版社，2019（2021.1重印）
（网络空间安全前沿技术丛书）
书名原文：Meeting People via WiFi and Bluetooth：Mobile Security and Privacy：Advances，Challenges and Future Research Directions
ISBN 978-7-302-51292-9

Ⅰ．①悄… Ⅱ．①亨…②陈…③李…④沈… Ⅲ．①互联网络－网络安全－研究
Ⅳ．①TP393.08

中国版本图书馆 CIP 数据核字（2018）第 220267 号

责任编辑：梁　颖　柴文强
封面设计：常雪影
责任校对：焦丽丽
责任印制：宋　林

出版发行：清华大学出版社
　　　　网　　　址：http://www.tup.com.cn，http://www.wqbook.com
　　　　地　　　址：北京清华大学学研大厦 A 座　邮　　编：100084
　　　　社 总 机：010-62770175　邮　　购：010-83470235
　　　　投稿与读者服务：010-62776969，c-service@tup.tsinghua.edu.cn
　　　　质量反馈：010-62772015，zhiliang@tup.tsinghua.edu.cn
　　　　课件下载：http://www.tup.com.cn，010-83470236
印 装 者：涿州市京南印刷厂
经　　销：全国新华书店
开　　本：190mm×235mm　印　张：23.75　字　数：360 千字
版　　次：2019 年 7 月第 1 版　印　次：2021 年 1 月第 2 次印刷
定　　价：79.00 元

产品编号：073559-01

本书献给

致力于

商用SD-WAN智能广域网平台应用开发的

华斧网络科技（AXESDN）公司

所有网络专家

译者序

物理学上，我们身处的时空有四个维度（3个空间轴和1个时间轴）。我们的宇宙由时间和空间构成，所以根据爱因斯坦的相对论称为四维时空。三维空间的物体可以用体积进行衡量，那又如何衡量四维时空呢？不妨把信息量的大小视为这个四维时空的衡量单位。单位时间内信息量越大，四维时空的精细程度就越高。比如用摄像机和录音笔记录同一场足球比赛，视频就要比纯音频多出非常多的信息，将它们在磁盘上保存下来所对应的文件大小也差别巨大，视频文件的大小就要比音频文件大出几个数量级。

信息无处不在，它是动态的，任意时刻它都在产生和湮灭。通过各种信息载体可以把信息记录下来，于是就出现了化石、纸张、胶卷、胶片、磁带、磁盘等，如何保护好这些信息载体就显得非常重要，同时信息安全应运而生。

电子技术与数字化时代的飞速发展使得信息产生的速度和容量呈倍数地增长，而此前附着于信息载体上的安全的重要性被信息自身安全的重要性取而代之。信息的安全性就像达摩克利斯之剑一样悬在每个人的头顶，在感叹信息技术伟大的同时却处处受到它的掣肘，稍有不慎，便可能遭遇其带来的意想不到的麻烦。2016年，全球已约有3000起公开的数据泄露事件,22 亿条记录被泄露或者盗取[1];2017 年全年超过 50 亿条信息被泄露或者盗取[2]。自 2015 年 10 月以来在黑客的暗网里贩售的网易、腾讯、新浪、搜狐账户总数达 18 亿之多[3]。

电子技术的发展,使得手机日益成为人类社会必不可少的用具。手机极大地便利了生活,尤其是智能手机,它帮助我们全天候地保持在线状态,它记录我们的行动轨迹,它保存着我们的影音图像,它忠实地把我们的生活记录在小小的设备中。利用合法或非法的手段,就可以通过它了解手机主人的社交网络、行动轨迹、情感历史,甚至可以推测其性格特点。用一句话来概括,智能手机可以保存其使用者的几乎全部信息特征。

据媒体报道,2016 年美国联邦调查局(FBI)针对两起刑事犯罪案件向美国苹果公司提出解锁嫌犯 iPhone 手机的请求,苹果公司就 iPhone 加密问题与 FBI 争执得不可开交,苹果公司公开回应不会对任何破解 iPhone 手机的请求提供帮助。但事与愿违,联邦调查局在最后时刻还是在第三方的帮助下成功访问了手机。虽然美国政府并未指明是谁助其破解了 iPhone 手机,但之后有报道称,是一家名为 Cellebrite 的以色列安全公司帮助了 FBI。螳螂捕蝉黄雀在后,2017 年早些时候,Cellebrite 遭到了黑客的攻击,可以破解 iPhone 的安全公司被黑客窃取了超过 900GB 的用户数据。像这样矛与盾的故事随时随地都在上演。在信息技术迅猛发展的趋势下,机构甚至个人都可以依托强大的计算能力破解任何密码和密钥。机器学习的发展、算法的应用、计算机算力的快速提升已经严重威胁了曾坚不可摧的密码学。无论多么复杂的密钥算法,在强大和智能的机器学习威胁下,都将不再安全。这对执法者和躲在黑暗角落里的黑客来说都是福音。

每个人都应学会如何保护个人信息的安全,就如同人人都需要保护自己的人身安全一样重要。保护自己人身安全需要强化安全意识和身体体魄,个人信息的安全也需要知识的积累和必要的投入。

本书详尽分析了大量用户的典型行为,以及与之相伴的安全和隐私风险,并提供了一系列安全建议供用户参考。本书通过系统化地讲解手机安

---

[1]　https://www.zybuluo.com/codeep/note/612396
[2]　http://www.aqniu.com/industry/30413.html
[3]　http://t.cj.sina.com.cn/articles/view/5095232218/12fb312da0010018fb

全和隐私保护的概念,对比阐述传统的防护方法与基于机器学习的防护软件的优缺点,向用户介绍了如何保护个人的信息以减少隐私泄露和财产损失的风险。

这是一场涉及所有人的、旷日持久的战役,知己知彼方能百战不殆。为了保护个人隐私和数据安全,我们应将信息安全列为基础教育的必修课;同时政府机构须完善其信息安全法律法规,加强对个人数据的保护;个体尤其要养成良好的隐私保护习惯;当然还需要企业制作更加精良强大的工具以保护个人信息安全。

本书面向广泛的读者群体,包括手机用户、手机软件设计人员和手机安全从业人员。

为了帮助读者理解本书内容,全书大概可以分为以下五部分。

第一部分为第1~4章,解释了手机安全的概念、用户的典型行为和与之相伴随的安全风险。

第二部分包含第5章,解释了执法机构如何利用手机办公。

第三部分为第6~8章,解释了手机安全软件的工作原理,引入机器学习技术,并详细列举各种技术和软件的差异性。

第四部分包含第9章,解释了执法机构如何对特定手机进行司法取证。

第五部分为第10~12章,解释了大数据和人工智能(AI)技术革命时代软件设计应该遵循的技术规范和设计理念。

本书在酝酿、准备、翻译过程中,受到了清华大学出版社电子信息事业部梁颖主任的悉心指导和鼎力支持,在此特别感谢。

由于译者水平有限,书中难免存在遗漏或有失准确之处,欢迎广大读者不吝指正。

译　者
2018 年 10 月
于瑞典斯德哥尔摩

目　录

第1章
通过WiFi追踪他人

Henry Dalziel，Concise Ac Ltd. 创始人，网络安全博客及电子读物作者。
Joshua Schroeder，应急响应办公室，北弗吉尼亚。

▌摘要

　　本章总结了如何使用无线 IEEE 802.11 标准（Wi-Fi）和蓝牙 IEEE 802.15 标准追踪他人。本章内容源自 2015 年 8 月主题为 *Meeting People Via Wi-Fi* 的 Defcon Wireless CTF Village 大会上的研究和材料。

　　我们将会回顾追踪所需要的硬件和软件，如何使用这些特殊的工具来进行追踪，以及保护你自己不会因为那些信号而被追踪到的技巧。

▌关键词

无线，硬件，软件，Linux，Android，OTG 适配器，蓝牙。

1.1 设备关联扫描概述

如图 1.1 所示,人们每天都会使用各种发射无线电波的设备,这些无线信号也提供识别设备的信息。这些年来,政府、私人投资者和无线爱好者已经设计和创建了三角测量定位和识别个体的技术,其目的是为了抓获非法分子、找到失踪人员、关闭无线电干扰和拦截窃听通信网络。

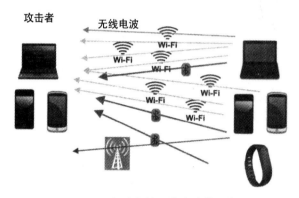

图 1.1 各种发射无线电波的设备

每天使用的进行普通数字通信的设备允许我们连接互联网或者家中、公司里或者车里的局域网。这其中大部分设备能帮助我们更加高效安全地跟认识和爱慕的人保持联系。然而,每次连接都存在着 RF 信号泄露的机会。

当某个非目标接收方获取到射频(RF)信号时,RF 信号泄露就发生了。这可能和攻击者是相关的,例如,正在运行一个扫描器或者拦截器,或者一个无线电话用相同的信道接到了另外一个无线电话。这样的意外情况,无论哪种方式都给了有邪念的人分析、追踪目标日常活动的机会,以及在某些情况下,窃听这些目标通信的可能性。

RF 信号泄露并不局限于音频传输,它同样也能影响数据和视频。如果在一个目标的家里或商务环境中使用的 HDMI 线缆或者外置键盘带有未屏蔽的电缆,那么 RF 信号泄露可能产生问题。一个攻击者能够窃听并解码按下的键值,或者重播并解码通过 HDMI 线缆传输的影像。这就是为什么很多键盘(如罗技)用类似 AES(Logitech, Inc., 2015)这样的加密标准加密它们的通信。尽管有加密,但一些基本的技术指标,如设备类型以及与探测器或扫描仪之间的距离都是能被确定的,因为为了建立连接,这些技术指标必须能被探测到。

另一个例子,智能手机,给若干矢量分析提供了机会。一些,但并非全部智能手机,包含了通过全球移动通信系统(GSM)或者码分多址(CDMA)传输的手机信号,也包含了为节约数据流量对 Wi-Fi 热点的搜索,还包含了为连上外设对蓝牙的搜索。所有这些不同的 RF 信号在一定的空间内基本能用来定位一个人。

这能够通过区分网络的唯一标识符来完成,它可以是手机信号发射塔、Wi-Fi,或者点对点(P2P)蓝牙,它们允许设备发射和接收通信信息。例如,每一个 SIM 卡包含了一个唯一标识符来告知发射塔你是谁,服务提供商就能够通过一个已知的号码知道你设备的电话号码和数据套餐。对蓝牙和无线通信来说也是一样的。

此外通常还会使用媒体访问控制(MAC)地址。所有的通信设备都拥有一个由联邦通信委员会(FCC)颁发的设备 MAC 地址。这个标识符允许设备间通信并且避免相互冲突还能保证一个设备在网络里的唯一性。蓝牙也有 UUID 编码,它在点对点关联搜索时出现,每一个设备的编码都能够辅助分析。

可能会有额外的 ID 和签名能用于关联,但所有的 Wi-Fi、蓝牙、手机无线电频率,或者一些其他类似的连接,都有一个形式为 XX:XX:XX:XX:XX:XX 的 MAC 地址,其中的 XX 会被一个由十六进制数字或字母组成的唯一 MAC 替代。Wi-Fi 和蓝牙的 MAC 地址的形式为 XX:XX:XX:AA:BB:BB,其中前 3 个十六进制编码是为购买了设备生产执照的厂商预留的,后 3 个十六进制编码表示设备生产商给设备设置的 ID。一会儿我们就来展示这些信息如何被用来创建一个全面的目标分析。这就允许一个攻击者在每次看到来自那个设备的通信时就去创建一个分析文件,或者数据库密钥,同时 MAC 地址也提供了一个能在由 FCC 和其他网络公司提供的在线数据库中来查找设备型号的格式。

(根据 www.arstechnica.com 上最新的一篇文章)在使用 iOS 8.0 及以上版本的 iPhone 上开启 MAC 地址伪装是很重要的,这基于大量的因素考虑,其中最明显的就是电话重启,这个保护技术必须被触发。进一步的研究发现,在搜索一个接入点时,一个来自 iPhone 的 MAC 地址被 Wi-Fi 探测器通过一个十六进制数字修改了地址。

同样,当试图查找一些设备类型时,生产商有时会回复 Private(隐私)或者 Unknown(未知),这意味着它们要么受到 FCC(为了国家安全利益)的保护不被泄露,要么受到立法的保护,该法律是为了保护专利或者新技术利益,正如 John Abraham(安卓蓝牙扫描工具 BlueScan 创作者)解释的那样。

在继续讨论之前,先来阐明一个事实,即所有的分析都能通过创造的术语——"驾驶攻击"(War Driving)①来完成,这是一个首先由 Peter Shipley 建立起来的术语,表示"走出去搜索公开的无线局域网络"。War Driving 的行为是合法的;破坏网络加密的行为则是非法的。如果攻击者在没有许可的情况下(除非获得目标授予的许可,或者得到一个法院颁布的命令)去破译加密的通信,在大多数法庭的官司中都是非法的,因为他们破坏了法律中关于隐私权合理期望所包含的基本概念。接下来讲到的概念和技术将重点关注无须同意或许可就能执行监控的合法手段。然而,因为法律的改变以及不同地方有不同的法律,如果有任何疑问请联系律师。

两个最常见的 RF 信号,Wi-Fi 和蓝牙,能够告诉我们关于一个目标足够多的信息,比如能知道曾去过哪里,曾经与谁联系过,并且推断现在的准确位置以及去过那里多少次。所有能让一个攻击者了解目标的通信都可以被归类为无线电信号泄露;任何设备都存在很多不同程度的泄露。

大多数时候 Wi-Fi 通信都是尝试连接互联网,或者是向一个与物理地点骨干网的基站(如家庭路由器或者接入点)传输数据的结果。基站服务集标识(Service Set IDentifier,SSID)能让某些人有在数据库中查找基站唯一名称的能力,并且使攻击者能够知道目标访问过哪里(PC Magazine Encyclopedia,2015 年 10 月 22 日)。

另外,当某人使用他们的电话为笔记本电脑或者平板电脑提供互联网接入时,类似网络共享这种点对点通信就展现出确定其标识符的能力。例

---

① 译者注:驾驶攻击(War Driving)是在移动的车辆中使用手提电脑、智能电话和 PDA 探测 Wi-Fi 的行为。驾驶攻击也称为接入点映射(Access Point Mapping)。——Wikipedia

如，如果一个攻击者观察到有人已经连接到了一个名为"Verizon Mifi 877624"的热点，他们就能够推断目标使用了 Verizon。这就使得他们可以筹划另外的攻击或者有可能根据那些环境中出现的物理行为发现谁在进行通信。

另一方面，蓝牙通常是以点对点连接的形式出现；它的有效范围更小，能够用来辅助精确定位一个目标或者确定它们之前是否已经到过一个地点。

例如，你能够把一台蓝牙扫描仪连在手机上，这个手机正好插在一堵靠近一座建筑物入口的墙体内。根据所有经过用户的蓝牙 MAC 地址，你能够计算出使用黑莓、苹果或者安卓设备的员工比例。攻击者同样能够分析和记录人们穿戴的健身设备，如 Fitbit 或者 Garmin，因为这些设备通过蓝牙传输信息到手机，以此来帮助了解目标的身体状况。一个人携带的每一台设备都只是另一个数据点而已，这些数据点能使攻击者确定携带者的一些东西或者确定和他们在同一个团里一起旅行的人。如果一个攻击者一次花好几天时间做这个，他就能够和 CCTV[①] 信息配对并建立一个所有用户和他们设备描述的数据库。

另外，这个分析能够用来确定谁按时上班或者谁没有在某天出勤。如果一个攻击者为所有执法人员或者进出某座建筑的保安创建一个数据库，之后他们就可以带着一个设备通过识别保安或警官的 Fitbit 或者手机（他们会一直带在身上），在他们靠近的时候提醒自己。

问题就是我们需要这些设备来安排日常生活。你不得不使用它来连接公司、家中、机场或者咖啡店里 Wi-Fi 热点；你需要用蓝牙来打电话而不需要把手从方向盘上挪开。你能够使用 VPN 或者 SSL 加密来加密你的连接，但是这个不会让矢量分析停止泄露 RF 信号。

收集一个目标设备的 MAC 地址的真正价值是什么呢？如果一个攻击者用网络钓鱼（Spear Phishing Campaign）或者 SMS 攻击与组织相关联的电话号码的方法来进一步使用那些信息，它们就是非常重要的。当你拥有设备的 MAC 地址时你就可以确定"这是一个苹果手机或是安卓手机"这类问题的答案。大多数情况下，漏洞利用都以特定类型的手机或设备为目标；知道一个公司雇员每天都在用什么设备，可以使攻击者利用正确的漏洞开发出一

---

① CCTV 是 Closed-Circuit TeleVision（闭路电视）的缩写，并非指中央电视台。——译者注

个成功率更高的攻击软件。

政府和情报部门已经设计出了敏感信息隔离设施（Sensitive Compartmented Information Facilities，SCIF）来保护离开安全设施的通信。综合其他部分的无线命名方案又如何呢？如果知道酒店的基站是"Base1215-USAF-Wi-Fi"，我们能够找到雇员在哪里，然后通过其他的开源信息（Google Maps，Microsoft Maps，Yahoo Maps，等等）可能猜到他们在哪里工作。研究显示，许多酒店、学校和其他拥有大量用户的地方都有 PDF 形式的或者在在线指导网站上公开发布关于如何获得接入网络的说明。这些说明被搜索引擎编辑索引，就容易与已知地点产生关联。

需要了解有什么样的数据泄露，以此来理解这些设备多么容易受到攻击，然后学会如何更好地保护自己。

谈及 Wi-Fi，每一个曾经连接过的 Wi-Fi 访问点都存在于你的计算机、手机或者其他设备的访问列表里，可认为你网络连接的 Web 历史记录。保存这个信息的优点是无须再次输入密码或者记忆那个特殊地点的 Wi-Fi 访问点的名字，就能够直接连上网络。这样做的缺点就是它们广播了你试图连接基站的 SSID。

例如，我们可能有一个目标之前连接过的酒店大堂网络信息，尽管我不在那个地点，我的计算机可能会说"你好，hotelwifi1 大堂在附近吗？"然后它将尝试连接那些网络并告诉周围的每一个人目标正在查找那个特定的 Wi-Fi 热点。作为一个攻击者，我们能够使用特定的工具挑选这些通信来获得正尝试使用那些热点的用户的属性。这些特殊的无线热点名称或者 SSID 能够泄露例如目标在哪里居住、工作或者甚至过去连接过的朋友网络这样的信息。

蓝牙也有类似功能。在发现模式下，当两个蓝牙模块尝试互联时，它们会发布 MAC 地址或者发现信息，还有特定设备的其他识别特征。即使它们不在发现模式，它们仍然在尝试去连接并且找到在该区域曾经连接过的其他蓝牙设备，这是蓝牙设备的设置过程。这对于攻击者来说是件好事，因为他们只需要侦听而不会使目标警觉。攻击者也能够使用叫作"分贝"（Decibel）的东西来猜测他们和目标设备之间的距离。当分贝与 RF 相关时，它是用负数来测量的，而不像声音的分贝数是正数。它越接近零，扫描器就越接近目标设备。一个攻击者能够使用三角测量法来定位目标。

在日常的设备中,有三种类型的蓝牙技术在 4.0 版本的技术参数中被使用。使用第三类电波的蓝牙有 1m 的工作范围,通常使用在移动设备中的第二类电波有 10m 的工作范围;最后,在工厂或者其他工业领域用到的第一类电波,是用来追踪货运或者其他设备的,有更长的工作范围,大概是 100m (Bluetooth SIG,Inc.,2015),如图 1.2 所示。

Overview: Scanning for Device Association

100 meters

Class 3 radios – have a range of up to **1 meter** or 3 feet. Class 2 radios – most commonly found in mobile devices – have a range of **10 meters** of **33 feet**. Class 1 radios – used primarily in industrial use cases – have a range of **100 meters** or 300 feet.

Basics | Bluetooth Technology Website
www.bluetooth.com/Pages/Basics.aspx

图 1.2　蓝牙信号扫描范围

使用第三类电波的蓝牙也被认为是低功耗的。通常能在长期使用的蓝牙传感器中看到它,例如在一个消防栓或者灭火器上,或者被存放在一栋建筑中的某一个地方,不会每天都会用到它但希望它能持续待机许多年。通常它有一个 9V 或者 5V 不需要经常充电的电池。

第二类电波被称为"经典"。这也就是如今我们的苹果或者安卓手机开机后,用蓝牙互发图片或者用耳机通信时用到的。它需要更多的电能而且消耗得更快,但它也有更多的功能。除苹果和安卓手机外,有时候还会看到娱乐系统。如果在一幢复式公寓中,人们正在使用各种各样的设备来播放音乐,攻击者有时会挑选那些能够共享某些功能的设备。它不像与苹果手机相连的 Fitbit 那样有用,能从中追踪在一个特定范围中移动的人,像地铁或者家庭,但它确实提供了能用来做判定的背景和某些信息。

前文提到过使用分贝来测量设备有多近(如图 1.3 所示)。请注意,如果想要绘制出这个关系,分贝值为零则表示设备非常接近。随着分贝值远离零点,攻击者和设备之间的距离也不断增大。

基于设备的技术限制而知道离目标有多近是很有帮助的。其他需要考虑的因素是天气情况,例如,潮湿和下雨限制了信号范围,同样还有建筑物和各种墙。

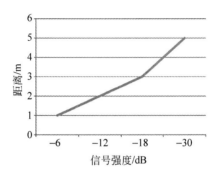

图 1.3 信号强度与距离的关系

蓝牙的目标是研磨(Honing)——一次又一次,越来越接近目标——而Wi-Fi 适用于更长的范围。有许多不同版本的 Wi-Fi,包括 A,B,G 和 N,还有AC,它们都有不同的距离范围,都是以标准 IEEE 802.11x 的形式存在,其中x 是标准中一个待定字母。如果一个攻击者位于一个拥挤的商业街来追踪他们的目标,在大多数情况下他们能相对容易地找到目标。相比于蓝牙,只须与那个特殊的个体在同一个房间或者商店中。

其他需要了解的因素是如果尝试用 B 或 G 设备抓取到 AC 信号,在大多数情况下攻击者会丢失那些信号,因为它们工作在完全不同的频率上,除非设备检查那些其他的频率。同样,每个字母都有不同的信道,例如,G 在美国有 1~11 个信道而在其他国家可能有多达 14 个。当一个攻击者扫描设备时,他们一次只能侦听一个信道,从所有信道搜集信息的过程叫作信道跳频(Channel Hopping)。为了防止丢失任何信息,如果可能的话,在信道 1,6,11和 14(如果适用)上使用 4 张卡。这样的话,当它跳跃到如 7 或 8 这样一个更高的信道时,这张卡就不会错失信道 1 上的活动。

▌1.2 需要的硬件和软件

在本书中,将讨论一种名为 ALFA 802.11b/g RTL8187 芯片组的工具。设备中的这个特殊部件功能多种多样,还被许多渗透性测试者使用,因为它有一个可用于 Android 设备的进口版本。我喜欢它,因为它相对较小,可以

装在口袋里,当扫描时也不会引起他人注意,如图 1.4 所示。它也能工作在
Linux 和 Windows 的混杂模式,以便在选定目标以后可以获取到相关信息。

例如,如果在一家咖啡店,我就可以将它用于正
在使用 Android 设备的目标上。

　　在我的案例学习中,将使用 Linux 笔记本
电脑,一台 Android 设备和 OTG(On The Go)适
配器,如图 1.5 所示。可以通过 OTG 适配器将
ALFA 的 USB 线接入 Android 设备。首先将
OTG 线插入 Android 设备底部的充电口,紧接
着将实际的 ALFA 线插入适配器,然后你就可
以通过该外部设备在 Android 设备上使用一台
特定的 Wi-Fi 扫描工具了。只要有所需软件,

图 1.4　需要的硬件——Wi-Fi

就可以使用 WiGLE Wifi 进行所谓的 War Driving[1]。这将允许我们访问以前
War Driving 的数据库,并获取到接入点。

图 1.5　需要的硬件——笔记本电脑、智能设备及适配器

　　基本上,人们环游世界获取接入点,记录地理位置,并将它们上传到
WiGLE Wifi 网站,以便人们可以搜索到它,并查看在哪里找到了接入点。如
果我们搜索一个地区的接入点,看到了一个位于日本的特定 SSID,这就很方
便,因为我们可以使用在日本做过 War Driving 的信息,现在无须去那里就
可以进行相关性分析。同理,我们可以添加自己的数据,世界其他国家或
地区的人可以实际地查看我们扫描到的数据,以及获取接入点及其所在
位置。

　　我们要使用的另一个工具是数据包抓捕(PCAP)扫描仪,它本质上是
Android 设备的 Kismet 端口。Kismet 是一个允许扫描和捕获 PCAP 的工具,
将所有的 Wi-Fi 数据保存到一个特定文件,以便以后可以查看在接入点尝试

通信的实际内容。BitShark Share 是一款可以在 Android 设备上使用的付费的无线 PCAP 工具，约 3 美元。当正在做 PCAP 扫描时，为了确保它实际上是正常工作的，这款工具非常有用。基本上它是 Android 设备的 Wireshark。所以如果你打算使用笔记本电脑，我建议使用 Kismet 或 Aircrack，它们都能在 Linux 或 Windows 系统上完美地工作。如果你有一个 MAC 笔记本，建议装一个 Linux VM 或 Windows VM 来使用它们。在我绝大多数的测试中，我都没能够找到一个可以很好地工作在 MAC 笔记本上的工具，所以购买一个 ALFA 连接到 VM 并且在上面进行测试会更容易些。但话虽如此，一旦你使用 Aircrack 或 Kismet 甚至 Android 设备实际地捕获到了 PCAP，你就可以使用 MAC、Linux 或 Windows 上的 Wireshark 或 tcpdump。

　　如图 1.6 所示是一个使用 WiGLE Wifi 和 War Driving 捕获数据包的例子。如图 1.6 所示有一个 WiGLE Wifi 图标，单击以后就打开了一个显示板，可以查看移动设备的纬度、经度和速度，以及海拔高度和 SSID——在本例中是由 Verizon 提供的 Jetpack MIFI。该设备的 MAC 地址在显示板左下方可见，还有与设备远近的分贝值，即 -45dB。它还显示了首次看到该设备的时间，并允许将其上传到网络，以便于以后的追踪，还能提供给他人。

图 1.6　需要的软件——WiGLE Wifi

　　这是一个上传数据后的例子。在这个特殊例子中，我曾经在 Blackhat 对 BALLYS 酒店[2] Wi-Fi 的 SSID 进行搜索，BALLYS 举办了此次会议。有了纬度和经度，还可以看到日期范围。请注意，该网站实际上这么做已经很久了，从 2001 年开始一直到他们有了数据库，并延续到了 2018 年。可以用它的各种过滤器，也可以按地址进行搜索（见图 1.7 上方搜索栏），稍后我会告诉你这将多么有用。

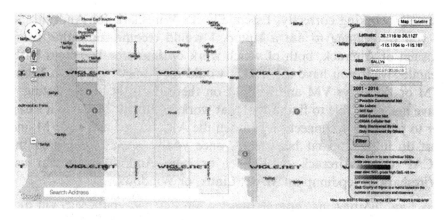

图 1.7　需要的软件——WiGLE WiFi

　　图 1.8 是一个 PCAP 捕获的例子。它的图标在顶部中间位置。已经连上了 RTL8187，可以选择一个信道，并且如果真的知道 SSID 及其运行位置，这是很有帮助的。但通常会将此选择权留给信道跳跃，这样就没有限制，还能得到所有想要的流量。单击 Start Logging，还可以查看 Manage logs 中以前或当前正在运行的日志。最右边就是 Manage logs 的样子，我们可以将数据导出到 Android 设备上支持 PCAP 或文本编辑的任何应用程序中。

图 1.8　需要的软件——PCAP 扫描仪

为了验证文件能正常工作,图 1.9 是一个 BitShark 扫描仪的例子。注意右上角的图标,在中间有张菜单,其中的 eth2 是当时连接的以太网口。显示出时间和日期以及 MAC 地址,捕获的实际数据包的大小。数字 713 是 PCAP 的大小,并显示了数据帧的细节和十六进制信息。实际上可以看到 PCAP 已经通信成功了,也能够捕获到它。它也有多个过滤器(尽管在这本书中并不想真正潜入进去)。

图 1.9　需要的软件——BitShark 扫描仪

如果真的要在笔记本电脑上抓包,建议只有当你在一个可以使用笔记本电脑的环境下才能去做。所以,如果你在一家咖啡店或者在有热点的地方工作,其他人也正在用笔记本电脑工作,只在那样的地方干。如果在商场里,你就不会想带一台笔记本电脑,因为这可能看起来有点恐怖。在这种情况下,选择自动探测小组,本质上这显示了几个不同的正在尝试连接到 SSID 但还未连接成功的设备(如图 1.10 所示)。有一个 Apple 的设备,还有一个 Android 的设备,同时还有人正在使用 ALFA 线。可以通过这些进行分析,它们都被记录在了一个 PCAP 中,回去以后可以对其进行回顾和解析。

图 1.11 是一个带有变量"-nnr"的 tcpdump 例子,它是导出的 Kismet PCAP 上的网络邻居,也使用 grep 命令解析出了文件中一个特定的十六进制位置 0x0030 和 0x0040,其中包含了尝试去连接 SSID 的设备。这是一台试图连接到 AT&T homebase 8860 上的特定的设备。在 PCAP 捕获中显示的其他 SSID 是 BALLYS 和 ALFA。

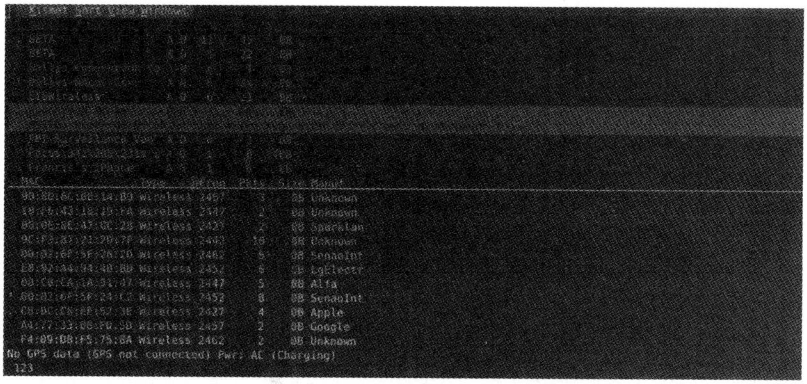

图 1.10 需要的软件——Kismet

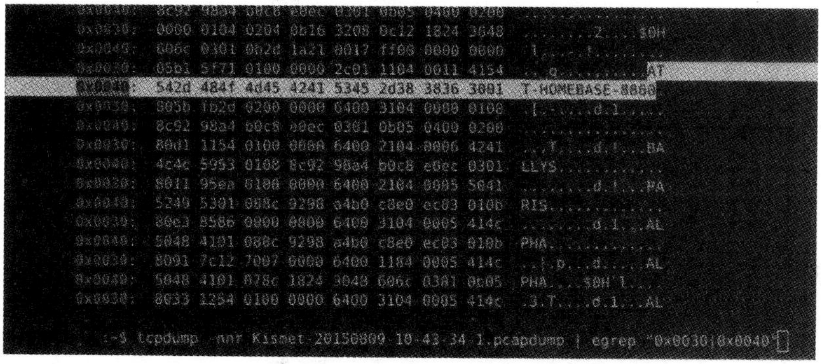

图 1.11 需要的软件——Wireshark/tcpdump

使用命令行来解析 PCAP 可能会很麻烦,但重要的是要了解如何把信息解析出来并且将其用于命令行,这样的话如果有错误或丢失的数据你就可以调整它。如果想使用 GUI(用户图形界),Wireshark 就是一个很好的解决方案(如图 1.12 所示)。为了获得相同的信息并解析它,从下拉菜单中单击 Statistics,再单击 WLAN Summary。Wireshark 会花几分钟对所有数据进行解析,然后显示其他设备正在尝试连接的所有 SSID。在本例的 PCAP 中,有人试图连接到 Andrew 的 iPhone 6 上。这很有可能是一台共享了热点的 iPhone,有人正在通过它上网。所以在列表里显示了一大堆设备,但实际上可以为这个试图连到 Andrew iPhone 6 的 MAC 地址做一个过滤器,找出它还正在试着连到其他什么地方。

Statistics -> WLAN Summary

Make a filter for the MAC

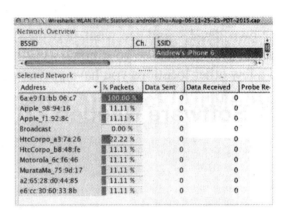

图 1.12   需要的软件——Wireshark/tcpdump

一旦做好了滤器（如图 1.13 所示），可以使用"wlan.addr == XX：XX：XX：XX：XX"，其中 XX：XX：XX：XX：XX 是关联设备的 MAC 地址。它将显示用户尝试连接的其他 SSID。在本例的 PCAP 中，看到 MPTS 两次，Andrew's iPhone 6 和 MMD。现在有了需要的所有细节，以便开始弄清楚 Andrew 到底是谁，他来自何方。我不打算在这里涉及太多详细内容，因为我还有其他有趣的例子，但我会建议你在家里用自己的设备对此进行尝试，看看他们正在连接什么网络。很可能你会看到是你家的网络，也或许是你公司的网络，以及你以前访问过的其他几个位置。

Statistics -> WLAN Summary

Make a filter for the MAC

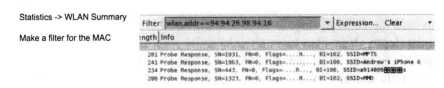

图 1.13   需要的软件——Wireshark/tcpdump

为了在笔记本电脑上捕获无线 PCAP，可以使用工具 Aircrack（如图 1.14 所示）。Aircrack 通常用于破解 Web 或 WPA 网络，然而，它确实能捕获 PCAP，所以可用于实际的信息解析。比起 Kismet 它有一个稍微不同的界面，有些人可能会发现这更易于理解。

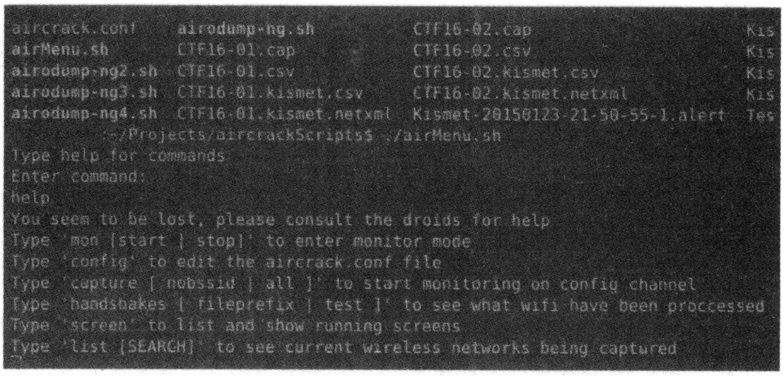

Source:http://www.aircrack-ng.org | https://github.com/joshingeneral/airMenu

图 1.14 需要的软件——Aircrack/AirMenu

我写的第一个脚本是将连接从正常模式切换到监控模式，由此可以捕获数据包。有一个名为 Aircrack.com 的配置文件，可以在文件中添加某些 BSSID 或信道以此来缩小范围。还可以捕获所有 SSID 或在此做出限制。你还能看到握手的数量，所以如果正在破解的话，这才是真正唯一有帮助的。但正如我所提到的，这是 Aircrack 所有功能的完整菜单。

还有 screen 命令可以做多个扫描。一般来说，在笔记本电脑上我会用一个 USB 3.0 分线器，插入多条连线一次做多个扫描，这样就可以最大限度地获得数据量并且不会丢失数据包，因为当你做信道跳跃时就易于丢失信息。例如，信道 6 上正在发生一些事，而你却正在看信道 1，你就会错过它们。你的连线越多，丢失信息的可能性就越小。

我将要最终列出所有可用屏幕，并查看上面的状态更新。

这是一个菜单输出的例子，如图 1.15 所示。AirMenu 本质上只是一个菜单(Schroeder,2015)，运行某些命令，并从中选择不同的部分。在这个特定的例子中，有一个位于特定 BSSID 上的信道 11，我为所有的 PCAP 选择了一个前缀 test3，将接口的 WLAN 设置为零，即监控模式，所以你可以看到有两个我必须与之交互的接口，这里有关于实际连线本身、芯片组和各种其他东西的更多细节。

在 Android 设备上也创建了一个做后端处理的工具，它基本上使用 T-Shark 和 tcpdump 来找出谁是谁，并通过处理 Android 设备中更多的数据来

图 1.15 需要的软件——Aircrack/AirMenu

帮助减少过多的步骤。如图 1.16 所示是一个 PCAP 扫描仪,ALFA 线通过 OTG 连接。开始记录并得到了几个数据包,还在其中发现了一个想要继续处理的包。在这个特定的例子中,我只准备把 PCAP 共享到 OwnCloud 上,而不是通过电子邮件发送或以文本项打开。我已经把 OwnCloud 挂载到一个 Linux 虚拟机上,这将允许我运行这个特定的脚本。

图 1.16 需要的软件——PCAP 扫描器

如图 1.17 所示脚本每 5s 检查一个特定 PCAP 文件夹中的新 PCAP，并将其解析出来。在上面这个特定的例子中，显示有一个错误，它被截断了，这是因为我在一个特定的时间进行了主动扫描，却没有正常关闭 PCAP。这并不意味着你会丢失任何数据只是 T-shark 给出了一个警告，表明该数据包发生了什么。

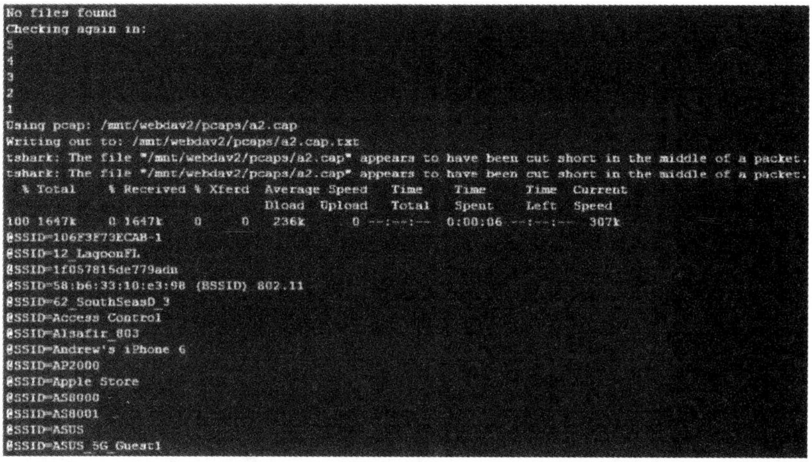

```
No files found
Checking again in:
5
4
3
2
1
Using pcap: /mnt/webdav2/pcaps/a2.cap
Writing out to: /mnt/webdav2/pcaps/a2.cap.txt
tshark: The file "/mnt/webdav2/pcaps/a2.cap" appears to have been cut short in the middle of a packet.
tshark: The file "/mnt/webdav2/pcaps/a2.cap" appears to have been cut short in the middle of a packet.
    % Total    % Received % Xferd  Average Speed   Time    Time     Time  Current
                                   Dload  Upload   Total   Spent    Left  Speed
100 1647k    0 1647k    0     0   236k      0 --:--:--  0:00:06 --:--:--  307k
@SSID=106F3F73ECAB-1
@SSID=12_LagoonFL
@SSID=1F057815de779adn
@SSID=58:b6:33:10:e3:98 (BSSID) 802.11
@SSID=62_SouthSeasD_3
@SSID=Access Control
@SSID=Alsafir_803
@SSID=Andrew's iPhone 6
@SSID=AP2000
@SSID=Apple Store
@SSID=AS8000
@SSID=AS8001
@SSID=ASUS
@SSID=ASUS_5G_Guest1
```

图 1.17　需要的软件——Bash 脚本

这里显示了一张某人尝试连接的所有 SSID 的列表，我将其快速列出排序，以便于你可以按字母数字排序查看，找到你感兴趣的。所以在此又是 Andrew's iPhone 6。

图 1.18 是设置 OwnCloud 的一个例子。请注意，有一个已处理（Processed）

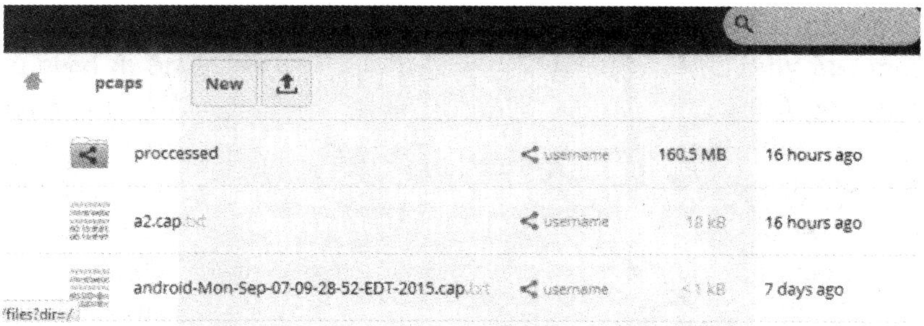

	pcaps	New ⬆				
	proccessed		< username	160.5 MB	16 hours ago
	a2.cap.txt		< username	18 kB	16 hours ago
	android-Mon-Sep-07-09-28-52-EDT-2015.cap.txt		< username	< 1 kB	7 days ago

'files?dir=/'

图 1.18　需要的软件——OwnCloud

文件夹,还有两个已经处理过的 PCAP 文件,任何时候在这里有了 PCAP 文件,都会用脚本进行处理,然后将其移动到已处理文件夹。

图 1.19 展示了一个实际输出的例子。有单独的 MAC 地址,脚本的第二部分已将其排序,然后就可以对其做相关性分析。可以注意到,很多项第一部分的 MAC 地址是不一样的,这对我们来说没有太多帮助。有一些广播包只是在检查周围有什么——Marriott guest、MathNerdz——单独的访问设备,实际上就看到这些。然后,我们发现了一个具有相同 MAC 地址的特定设备,它正连接到几个不同的访问点,所以这才是有效的数据。可以分辨出基于该 MAC 地址的是一台 iPhone,能够用 WireShark 对其进行处理,它有一个非常好的数据库。

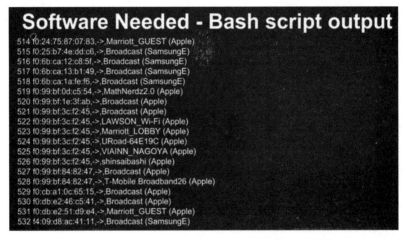

图 1.19 需要的软件——Bash 脚本

如图 1.20 所示,基本上,它做的第一件事是解析路径,定义路径,发现已被挂载的路径,并用 tshark 解析出 SSID 和 MAC 地址。然后创建了一个标题,这样就得到了时间和日期信息,同时还更新了来自 WireShark 的 MAC 地址数据库。由于 WireShark 持续追踪了一大批不同的设备供应商,还能告诉我们 MAC 地址来自哪里,所以每当我们想把它们解析出来时,都尽可能地得到了更新过的内容。紧接着,它会做一些解析,并为我们的应用做一些匹配。之后,打印出所有的 SSID,就像图 1.19 所示的那样——按字母数字。最后进行设备 MAC 地址关联,告诉我们设备尝试关联的 SSID 的 MAC 地址,并得出了供应商类型。所有这些脚本都存放在以下目录中 https://github.com/joshingeneral/airMenu/，如图 1.21 所示。

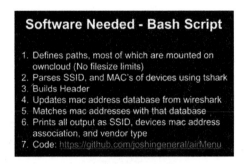

图 1.20　需要的软件——Bash 脚本

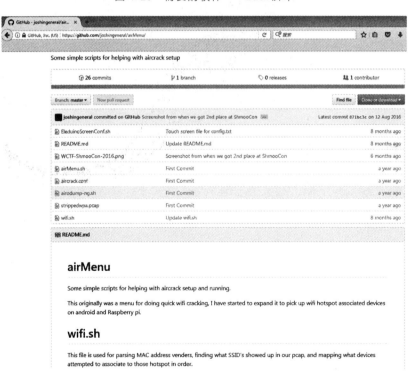

图 1.21　Github 上的 airMenu 脚本仓库（注：该图为译者添加）

简要概述一下，首先设置 OwnCloud 连接，图 1.22 中是你将其挂载后作为 Web 共享所需的信息。基本上只需挂载到你的虚拟机上，启动这里列出的脚本，让它对所有数据包进行解析，在这个特定的时间里，它会每隔 5s 检查一次。如果愿意的话你可以修改检查间隔，一旦找到 PCAP，就会解析它，找出相关信息，保存到 txt 文件中，然后在你的 OwnCloud 中准备就绪，你也可以在 Android 设备中查看、运行这些数据。

图 1.22　需要的软件——Bash 脚本

图 1.23 是我们可以如何进行关联的一个示范。在这个特定的例子中，已经用一台笔记本电脑将其捕获；这是 AirCrack 的扩展版本。一个 SSID 是 BestBuy，而另一个是 WPA tubes，根据扫描到的、看到的各种不同内容，这是 BestBuy 员工专有的加密连接。对此的推论是，这很可能是一名 BestBuy 的员工，因为你无法连接到这些 SSID，否则如果你不知道密码，你只能破解闯入。我猜你也能做到这一点。

在上一个例子中，我无法找出太多关联性，但后一个会更有趣。我们有 FCPSGUEST，它连接到了打印机，我们还有 FCCPublic，最后是 Century Building 11A。所以，让我们看看我能够找到些什么。

使用 WiGLE Wifi，我能发现 FCPS mobile 是 Fairfax 郡的学校系统使用的语法（如图 1.24 所示）。即使我在这里没有真正看到单独的 SSID，这可能是

```
FC:0A:81:A7:2A:B8  64:C6:67:21:46:60 -76  0-6    3           3
(not associated)   BC:20:A4:78:65:FC -52  0-1    0      2
(not associated)   20:7D:74:38:2F:DC -71  0-1    0     12
(not associated)   BC:4C:C4:C7:4E:7F -80  0-1    0      3
(not associated)   8C:3A:E3:18:77:54 -81  0-1    0      3
(not associated)   3E:6F:39:43:12:A2 -81  0-1    0      3
(not associated)   F0:25:B7:4A:1A:7F -83  0-1    0      4
(not associated)   92:68:C3:03:5C:19 -84  0-1    0      3
(not associated)   E8:50:8B:36:BF:31 -84  0-1    0     18  BestBuy,ronali,WPATubez
(not associated)   A4:77:33:08:FD:5D -84  0-1    0     24  Verizon SCH-LC11 9f61 Secure
(not associated)   4C:BC:A5:37:40:D5 -85  0-1    0      6
(not associated)   9C:F3:87:55:6C:EF -85  0-1    0      3
(not associated)   00:02:6F:5F:29:00 -87  0-1    0     16  EnGenius
(not associated)   68:09:27:AA:AE:FA -87  0-6    0      8  PARIS
(not associated)   90:8D:6C:BE:14:B9 -87  0-1    0     12
(not associated)   90:B6:86:DE:D0:29 -88  0-1    0      2
(not associated)   E0:CB:1D:58:79:3F -88  0-5    0      1
(not associated)   FC:0A:81:D9:75:A0 -89  0-6    0      1  smart-rf
(not associated)   F0:25:B7:5F:26:20 -89  0-1    0     21  EnGenius
(not associated)   C8:AA:21:1A:13:6B -89  0-1    0     10  attwifi,belkin.4b4,guests,ccc-wifi,CoffeeBeanWiFi
(not associated)   A4:4E:31:92:98:98 -89  0-1    0      7
(not associated)   E0:CB:1D:99:29:4A -89  0-1    0      4  FCPSGuest,HP-Print-92-Photosmart
6520,FCCPublic,CenturyBuilding11A
```

图 1.23　Wi-Fi 归属——BestBuy 和 FCPS

因为被别人扫描后他们进行了设置。语法相当固定。要注意的另外一件事是，因为它在这里提到了 FCPS mobile 和 on board，由于这个人连接的是 FCPSGuest，很有可能他们仅仅是正在简单地参观其中一所 Fairfax 高中，并没有真正连接到受保护的雇员、学生或教师网络中。

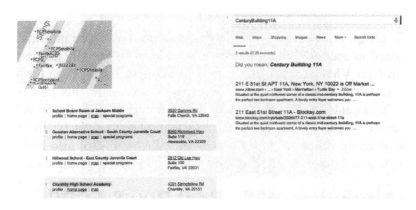

图 1.24　Wi-Fi 归属——FairFax 郡

我想注意的另一件事是，当查找 Century Building 11A 的信息时，我在纽约找到了一些结果，却无法找到一个可靠的 SSID。那可能是一件很难有相关性的事，那也可能是一件只要记住的事，即使这是一个找人的好技术，有时你也会碰壁找不到任何人。所以你只须将其记在心中。

如图 1.25 和图 1.26 所示,对于 FCC 大楼,我的方法是用 Goolge 搜索 FCC 大楼,然后把该地址输入到 WiGLE Wifi,在那片整个区域内寻找该 SSID。我在该区域看到相当多的 FCC 热点网络。正如我前面提到过的,这种方法并非总是有效。在这个特殊例子中,我们撞了墙,没有看到一个 SSID。再一次的,这可能是因为他们发现有人在 War Driving 后设置了网络,所以可以在那里运行 WiGLE Wifi,看看是否能找到那个接入点,但已经有一点点特征,可以基于 SSID 名字做出一些推论。

图 1.25　Wi-Fi 归属——FCC

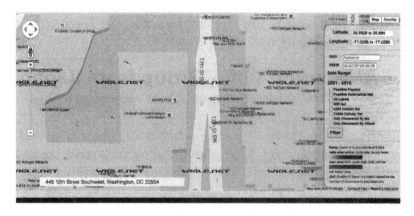

图 1.26　Wi-Fi 归属——FCC

另一个真正有帮助的是找到一家特定的酒店①,那里有个观光团已经从一辆旅游巴士上下车,我很有兴趣对这家酒店做一些扫描。有一些下了车的旅客正在办理入住登记,而我正在酒店大厅努力地进行扫描时,我能发现有一个苹果设备已经连接过这几个网络(如图 1.27 所示)。

```
f0:24:75:87:07:83,->,Broadcast (Apple)
f0:24:75:87:07:83,->,Marriott_GUEST (Apple)
f0:25:b7:4e:dd:c6,->,Broadcast (SamsungE)
f0:6b:ca:12:c8:5f,->,Broadcast (SamsungE)
f0:6b:ca:13:b1:49,->,Broadcast (SamsungE)
f0:6b:ca:1a:fe:f6,->,Broadcast (SamsungE)
f0:99:bf:0d:c5:54,->,MathNerdz2.0 (Apple)
f0:99:bf:1e:3f:ab,->,Broadcast (Apple)
f0:99:bf:3c:f2:45,->,Broadcast (Apple)
f0:99:bf:3c:f2:45,->,LAWSON_Wi-Fi (Apple)
f0:99:bf:3c:f2:45,->,Marriott_LOBBY (Apple)
f0:99:bf:3c:f2:45,->,URoad-64E19C (Apple)
f0:99:bf:3c:f2:45,->,VIAINN_NAGOYA (Apple)
f0:99:bf:3c:f2:45,->,shinsaibashi (Apple)
f0:99:bf:84:82:47,->,Broadcast (Apple)
f0:99:bf:84:82:47,->,T-Mobile Broadband26 (Apple)
f0:cb:a1:0c:65:15,->,Broadcast (Apple)
f0:db:e2:46:c5:41,->,Broadcast (Apple)
```

图 1.27 Wi-Fi 归属——来自日本的旅行团

从其中的一些信息看来他们就是日本人,但我想找出他们确切的来源地。

如图 1.28 所示,首先我在 Google 上搜索了第一个热点的名字,发现它是日本的一个中心地区,所以这个热点是相当可靠的。我做的第二件事是在 Google 上搜索 Via Inn Nagoya,我发现它在日本的西部。最终我环顾四周不得不做一点点深入挖掘,发现有一个 ID 为 Lawson 的日本打印工作站,也已经被该特定的设备连接过。从这些信息,我可以确定那些人最有可能是来自日本。

继续找关于个人的信息,即通过蓝牙。有几个工具可以使用:在 Android 设备上的 RaMBLE 和 BlueScan,如果你有 iPhone,可以使用 Bluetooth Smart Scan 找出信息。但在本书中,我们将主要关注 Android 工具,我已为此编写了一些脚本,以帮助找出信息。

---

① 译者注:一家位于拉斯维加斯的酒店。

图 1.28　Wi-Fi 归属——来自日本的旅行团（续）

　　RaMBLE 是一个很可靠的工具，它提供了很多信息，如图 1.29 所示。第一个屏幕是已做的扫描，既可以做低能耗扫描也可以做标准扫描。它显示了大量的数据，所以在此可以看到这是一台 Apple 设备，在下方还有一个 Nike 设备和一个 Garmin 设备。如果单击每个单独的设备，即使它显示的是未知设备（Unknown Device），依然可以继续查找并实际找出关键的信息。

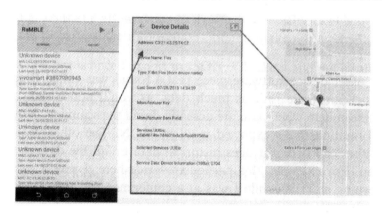

图 1.29　需要的软件——RaMBLE

　　继续向下看这张列表。它将自身标识为 Flexbit，这是一个 Fitbit 设备，通常包含在个人其他信息中用于跟踪健康情况。最后，它还保留着该设备发现地的坐标，并将其映射到 Android 设备上的地图中。我真的很喜欢 RaMBLE 并且开始频繁使用，然而，确实也看到一些限制，部分原因是它将所有的数据都导出到了一个 SQLite 数据库中，如果我想要某些信息，我可以通过编写脚本来做一些更深入的相关性分析。

　　我发现的另一个软件叫做 BlueScan（如图 1.30 所示）。对于 BlueScan，你会注意到它的数据并没有你实际正在扫描的菜单屏幕中那么多。但是，它导出的信息全部为 JSON 格式。BlueScan 的另一个便利功能是，它会保存所有找到设备的历史数据。例如，有个特定的设备，我在早上 11:30 搜索到它，当是我正在开会，那天稍晚时候我在 15:13 又搜到了它。我能在周围继续搜索，并且把早上搜索到的、晚些时候搜索到的以及这个人的身份关联起来。我也有基于 MAC 地址的细节，它是一台三星 Galaxy 设备。可以将数据以 JSON 格式导出，也可以通过历史记录进行跟踪，这就使得它对我真的很有价值。

图 1.30　需要的软件——BlueScan

　　通常，在日常扫描中会比较多地用到它，于是创建了一些非常酷的脚本，可以解析出一些信息，并进行一些相关性分析（如图 1.31 所示）。

　　首先，一旦把信息导出到 JSON 文件，会把它存入一个文本文件中，并 grep 出所有的 MAC 地址。这将允许基于时间进行相关性分析。JSON 文件的时间实际上是 Epoch 时间，它本质上是在不计算闰秒的前提下自 1970 年 1 月 1 日以来经过的秒数。我可以做的是在感兴趣的框架内选择一个时间，

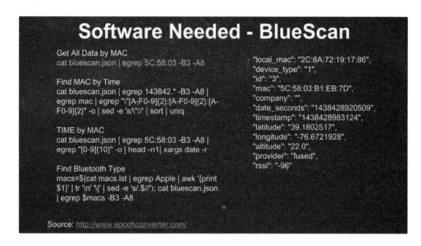

图 1.31　需要的软件——BlueScan

然后使用以前收集的 MAC 地址，以便从中获得一些数据。

如果想把实际时间从 Epoch 时间转换为人类可读的，可以使用 epochconverter.com，输入 Epoch 时间，它会为你解析成 GMT 时间（如图 1.32 和图 1.33 所示）。这就是我如何能够通过时间过滤器弄清楚我想把什么时间放在 MAC 地址扫描里，以发布该信息。

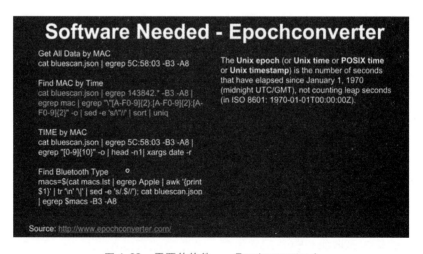

图 1.32　需要的软件——Epochconverter 1

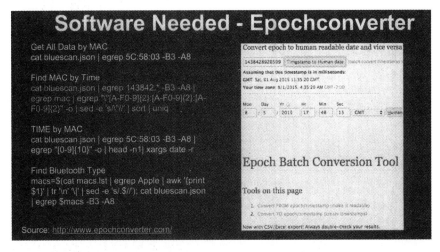

图 1.33 需要的软件——Epochconverter 2

以上是从该时间扫描中解析出 MAC 地址的例子,一旦我有了这些 MAC 地址,我现在可以将它们上传到搜索 MAC 地址的 WireShark 中,因为它们还有一个蓝牙选项。可以从时间帧中看到,我选择了一台 Apple 设备、一台 HTC 公司设备以及一台德州仪器的设备。

也可以在命令行上解析 Epoch 扫描的相关性。如果去解析 Epoch 扫描——在这个例子中,我 grep 一个我感兴趣的 MAC 地址,用时间戳与 date -r 元素解析该信息——实际上在命令行里得到了结果,所以就可以对其进行排序,也能用这种方法找出一些有趣的东西。

最后还能得到来自 WireShark 的 MAC 地址列表,大体上先将其下载到单个文件中,然后解析整个文件的信息并保存,这样就有了更详细的、验证过的公司名称。这里的公司名称来自 BlueScan(如图 1.34 所示);只须简单地解析出 MAC 地址并验证它是否与 WireShark 的一致(如图 1.35 所示)。需要这么做的原因是它的数据库更新得不一定像 WireShark 数据库那样频繁。

与 WiGLE Wifi 不同,BlueScan 没有好的蓝牙地理数据库,所以我创建了另一个脚本来收集数据并把它存到了 csv 文件中,以便可以上传到 Google 地图,如图 1.36 和图 1.37 所示。

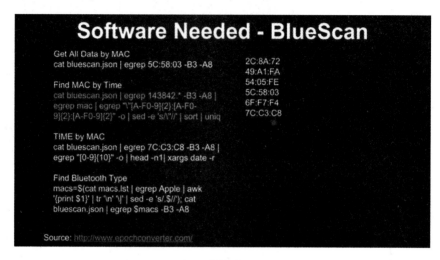

图 1.34　需要的软件——BlueScan

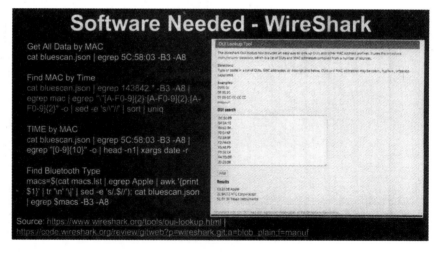

图 1.35　需要的软件——WireShark

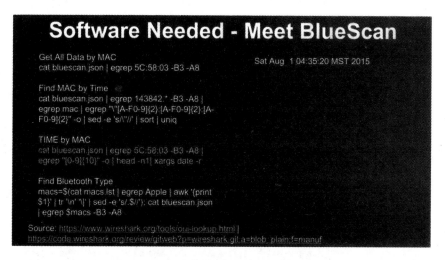

图 1.36　需要的软件——Meet BlueScan 1

图 1.37　需要的软件——Meet BlueScan 2

　　在应用程序中,可以通过 Gmail 将 JSON 文件发送给自己。你要做的是将其下载到本地磁盘上的 JSON 文件中,然后对该文件进行解析。

从图中可以看到纬度、经度和 MAC 地址，由此就可以用来构建一个非常酷的地图，如图 1.38 和图 1.39 所示。

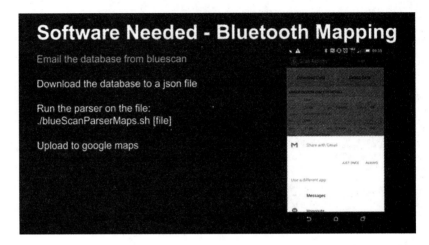

图 1.38　需要的软件——Bluetooth Mapping 1

图 1.39　需要的软件——Bluetooth Mapping 2

进入 Google 地图，单击搜索栏，选择我的地图。它将给你一个创建地图的选项。在该窗口中，你有导入额外数据的选项，所以单击它。

选择 csv 文件，bluescanparsermap.sh 文件，将其导出。选择纬度和经度，这非常简单，因为它会自己解析，当需要选择一项为标记命名时，选择 name 后单击完成，如图 1.40～图 1.44 所示。如果愿意的话，也可以给出地图标题和描述，当我实际扫描一个特定的会议——Defcon 时，我发现这对于内容回顾很有用。

Email the database from bluescan

Download the database to a json file

Run the parser on the file:
./blueScanParserMaps.sh [file]

Upload to google maps:
https://goo.gl/xOJ5sM

图 1.40　需要的软件——Bluetooth Mapping 3

Email the database from bluescan

Download the database to a json file

Run the parser on the file:
./blueScanParserMaps.sh [file]

Upload to google maps
https://goo.gl/xOJ5sM

图 1.41　需要的软件——Bluetooth Mapping 4

正如你可以看到，一旦完成上述步骤，它就创建了一个带有小指针和标记的地图，显示 MAC 地址、纬度和经度。也可以通过搜索这个地图来查看以前是否搜索到过一个 MAC 地址，并从中获得了接入点。换句话说，如果我在 Maryland 或 DC 地区看到了一个人，然后在 Las Vegas 也看到了他，那我就能确认那个人通过飞机或其他方式在两地间来回。本质上这就是我为这个特定搜索所做的工作。

Email the database from bluescan

Download the database to a json file

Run the parser on the file:
./blueScanParserMaps.sh [file]

Upload to google maps

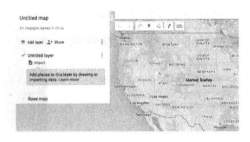

图 1.42　需要的软件——Bluetooth Mapping 5

Email the database from bluescan

Download the database to a json file

Run the parser on the file:
./blueScanParserMaps.sh [file]

Upload to google maps
https://goo.gl/xOJ5sM

图 1.43　需要的软件——Bluetooth Mapping 6

Email the database from bluescan

Download the database to a json file

Run the parser on the file:
./blueScanParserMaps.sh [file]

Upload to google maps
https://goo.gl/xOJ5sM

图 1.44　需要的软件——Bluetooth Mapping 7

当我在一架位于 DC 区的飞机上时，我继续向前走，并发起了一个扫描，图片中就是输出，我最终在 Las Vegas 也找到这个人（如图 1.45 和图 1.46 所示）。

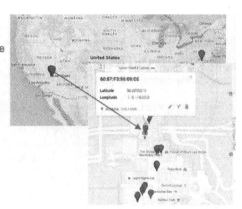

图 1.45　需要的软件——Bluetooth Mapping 8

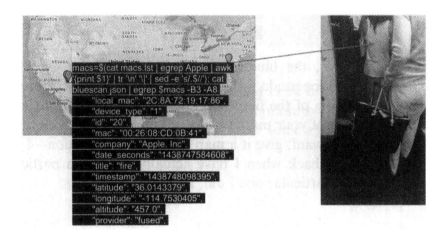

图 1.46　蓝牙归属——飞机上的女孩

这里有一些更详细的信息描述，这里指的是多次扫描。第一次扫描是 11:31，接下来是一个后续扫描，更新的扫描在顶部。如果你不确定身在何处或是在一个拥挤的地方，例如，在地铁或在飞机上，你正在扫描并且通过

MAC 地址看到五个不同的 Galaxy S4 手机,你不确定是谁,这些信息就可以帮助你。你下飞机,看到仍然站着三个人。其中两人用的是 iPhone,剩下一人在用 Galaxy S4。你可以用这样的扫描来精确定位,然后说,"好吧,我在手机上基于设备在特定区域看到的这个人,就是特定的那个人。本质上你正在使用像 Venn 图这样的工具解析信息(如图 1.47 所示)。

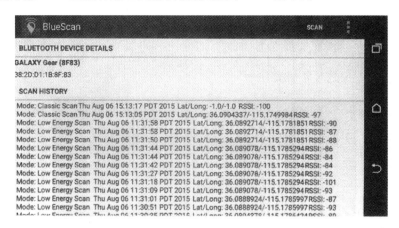

图 1.47 BT 属性——在安全细节中的人

1.3 结论

防护技巧:

- 在不需要蓝牙时关闭它
- 清理你的 Wi-Fi
- 注意谁在你的周围
- 扫描你自己

那么,如何才能保护自己?在不需要蓝牙时关闭它,并清理 Wi-Fi。如果你尚未连接到一个热点,或者换了工作,并且不会再使用该 Wi-Fi,请将其删除,因为所有这些信息本质上都会向攻击者提供你的相关线索。还要注意你周围的人。如果你看到有人做某些奇怪的、可疑的事情,他们有天线,你可能就要检查你的位置,离开那个区域。最后,扫描自己并成为攻击者——看看你许可了什么,如果他人被允许访问这些内容,你是否可以接受,如果他人通过这些信息来了解你，你是否会感到不适，你要对此做出决定，如果答案是否定的，就采取上面提到的行动，去删除这些项目。

参考文献

［1］ Abraham，J. BlueScan.［2015-10-22］

［2］ Bluetooth SIG，Inc. A Look at the Basics of Bluetooth Technology，2015.［2015-10-22］. http://www.bluetooth.com/Pages/Basics.aspx

［3］ Logitech，Inc. Logitech 先进的 2.4GHz 技术，2009.［2015-10-20］. http://www.logitech.com/images/pdf/roem/Logitech_Adv_24_Ghz_Whitepaper_W

［4］ PC Magazine. PC Magazine Encyclopedia.［2015-10-22］. http://www.pcmag.com/encyclopedia/term/51942/ssid

［5］ Schroeder，J. Github.com AirMenu—wifi.sh.［2015-10-22］. https://github.com/joshingeneral/airMenu/blob/master/wifi.sh

［6］ Schroeder，J. Github.com BlueScanParser，2015.［2015-10-22］. https://github.com/joshingeneral/BlueScanParser

［7］ Shipley，P.M. About Pete Shipley.［2015-10-22］. http://www.dis.org/shipley/

第2章
移动安全及隐私

F. Tchakounté，F. Hayata University of Ngaoundéré，Ngaoundéré，Cameroon。

M. H. Au，香港理工大学，九龙，中国香港。

K. -K. R. Choo，得克萨斯大学圣安东尼奥分校，得克萨斯州圣安东尼奥，美国；南澳大利亚大学，阿德莱德，SA，澳大利亚。

▌摘要

据报道,连接互联网的移动设备的数量在 2014 年 10 月超过了人口总量,这可以充分说明这些移动设备成为日常生活中不可或缺的一部分。人们同时也在不断谈论,在当今的商业世界中每个业务都可能是基于"移动"的。这并不稀奇,因为移动设备逐渐增强的功能为许多新的、令人兴奋的应用(如移动商务和移动支付)铺平了道路。然而,正由于移动设备的普及性和它们可以存储、访问的数据量,这些设备越来越多地吸引了网络犯罪分子的注意力。

本章介绍了有关移动设备功能性、移动设备在企业里的作用、移动操作系统以及移动安全和隐私威胁的相关背景信息。

▋关键词

移动设备功能性,移动操作系统,移动安全和隐私,移动威胁。

▋2.1　概要

由于技术进步迅速,安全和隐私成为充满活力和快节奏的研究领域,移动安全和隐私也不例外。例如,10~15 年前,移动安全研究主要关注如何保护全球移动通信系统(GSM)网络和通信的安全(Jøsang and Sanderud,2003)。当移动电话开始支持第三方软件时,安全和隐私研究的范围就需要相应地扩展到对第三方软件安全性以及隐私泄露所面临的风险上,例如,第三方软件是否会导致用户数据的泄露(La Polla 等,2013)。

在可以被访问的同时如何确保存储在设备上这些数据的机密性和完整性,这是用户十分关心的,也正是本书的重点。

具体来说,在本书中,我们将介绍移动设备安全和隐私方面研究的最新进展。事实上,这样的设备(如安卓、iOS、黑莓和 Windows 设备)是具有处理、通信和存储能力的"小型计算机"。此外,这些设备常常还内置相机、GPS、气压计、加速度计和陀螺仪等传感器。应该指出的是,现代移动设备已经比 1997 年的 IBM 深蓝超级计算机更强大(Nick,2014)。

根据题为《移动商务状态》(State of Mobile Commerce)的报告中提供的研究结果显示,当前电子商务交易中有 34% 是通过全球移动设备进行的(Wolf,2015)。而在世界某些科技发达的国家或地区,如日本和韩国,超过一半的电子商务交易是通过移动设备进行的(Wolf,2015)。

传统业务流程向移动设备转变的一个突出例子就是移动支付,这一点已经被诸如苹果支付、谷歌钱包、三星支付和微信支付等支付平台日渐流行的趋势所证明。根据 Statista (2016)的统计显示,2015 年移动支付的年交易额已经达到 4500 亿美元,并且预计在 3 年内将翻一番。

另一个新兴的移动应用是移动健康,它是将移动技术与医疗和保健服务相结合的一种探索(Istepanian,2006;Kay 等,2011)。随着使用移动现场保健(Point-of-Care)工具预期获得更多好处,移动设备普遍地成为医疗和保健设施的一部分。还有人建议,通过移动健康工具可以协助制定更好的临床方案并提高疗效(Divall 等人,2013)。

最后还必须要强调在工作场所使用移动设备相关的风险,其中有一种做法被称为"个人携带设备"(Bring Your Own Device,BYOD)。

▌2.2 移动安全面临的威胁

移动威胁可以大致地分为应用层威胁、Web 层威胁、网络层威胁和物理层威胁。分述如下。

▷ 2.2.1 应用层威胁

应用层威胁是文献中最为广泛讨论的一种威胁(Faruki 等,2015)。因为移动设备可以运行用户自己下载的应用程序(App),而这些应用程序有可能会破坏设备安全及其连接的系统安全(如公司网络)。威胁可能来自用户运行恶意应用程序(恶意软件),特别是从第三方应用程序商店下载的应用程序,以及一些易受到攻击的应用程序。

举例来说,恶意软件可以将代码注入到移动设备中,以发送未经请求的消息;允许对手远程控制你的设备;或者在用户不知情或未授权的情况下泄露用户数据,如联系人列表、电子邮件和照片。例如,在最近的一项实验中,移动安全研究人员证实可以使用不可听见的声波波段从 Android 设备中提取数据(Do 等,2015)。正如 D'Orazio and Choo (2015,2016)恰如其分的解释,为了缩短上市时间,应用程序在设计时通常只考虑功能性而非安全性。这也解释了为什么大量的应用程序都隐含着可以被攻击者利用的安全漏洞。在最近进行的另一个实验中,Chen 等(2016)论证了如何利用僵尸网络主机通过多个消息推送服务发出命令实现远程控制被恶意软件感染的移动设备。尽管易受攻击的应用程序可能并不是为了恶意的目而开发的,但它们仍可能会对用户造成重大安全隐患。例如,D'Orazio and Choo (2015)

公布了在广泛使用的澳大利亚政府医疗保健应用程序中存在的漏洞,通过该漏洞可以泄露存储在设备上的敏感个人数据。其他例子包括 Zhao 等(2016)和 Farnden 等(2015)的工作。Zhao 等(2016)演示了如何通过对一款基于位置的社交网络应用程序实施试探攻击从而获得用户的位置信息;Farnden 等(2015)实验证实,通过取证技术,可以从安装基于邻近地理位置的约会应用程序的设备上还原大量的信息,甚至还包括被约会应用程序发现的附近用户的详细信息,而且已经发现有 9 个能够泄露这些数据的约会应用程序。

▶▶ 2.2.2　Web 层威胁

尽管这些威胁不是移动设备特有的(参见 Prokhorenko 等,2013,2016a,2016b 针对网络应用程序漏洞和保护技术的讨论),由 Web 层威胁带给移动设备的安全和隐私风险却是真实存在的。一个常见的 Web 层威胁就是网络钓鱼,使用电子邮件或其他社交媒体应用程序向不知情的用户发送钓鱼网站的链接,旨在诱骗用户提供个人敏感信息,如用户账号及密码。卡巴斯基实验室将与社会工程结合的网络钓鱼行为定义为 2015—2016 年的七大安全威胁之一。

▶▶ 2.2.3　网络层威胁

移动设备的一个独特功能就是能够随时联网。当前移动设备支持的典型连接包括蜂窝/移动网络、本地无线网络和近场通信(NFC)。在撰写本书时,网络层面的连接安全是另外一个十分活跃的研究领域。

▶▶ 2.2.4　物理层威胁

最后,移动设备的物理安全性同样重要,甚至更重要一些。由于移动设备小巧便携,因此这些设备很容易被忘记放在哪里或者被盗。使用丢失或被盗设备可访问存储在设备上的用户数据,或由此进入用户的公司网络(Imgraben 等,2014;Choo 等,2015)。

▌本书的内容结构

本书的其余部分内容组织如下：

- 第3章至第6章介绍了组织内移动设备的使用案例及从业者视角提出的安全影响。
- 第7章和第8章解释了如何使用最先进的技术来识别恶意软件和漏洞。
- 第9章检视了现有安卓平台反恶意软件应用程序的有效性。
- 第10章着重说明移动取证。
- 第11章对物联网（IoT）安全协议的安全框架进行了讲解。
- 第12章介绍了通用隐私要求的常见安全模型。
- 最后，第13章罗列了在移动设备上实现加密算法的初步实验结果。

▌参考文献

[1] Chen W., Luo X., Yin C., Xiao B., Au M. H., Tang Y. MUSE：towards robust and stealthy mobile botnets via multiple message push services. In：Information Security and Privacy. 20-39. Lecture Notes in Computer Science. 2016：9722.

[2] Choo K. K. R., Heravi A., Mani D., Mubarak S. Employees' intended information security behaviour in real estate organisations：a protection motivation perspective. In：Proceedings of 21st Americas Conference on Information Systems，AMCIS 2015；Association for Information Systems；2015. http://aisel. aisnet. org/amcis2015/ISSecurity/GeneralPresentations/29/.

[3] Divall P., Camosso-Stefinovic J., Baker R. The use of personal digital assistants in clinical decision making by health care professionals：a systematic review. Health Informatics J. 2013，19(1)：16-28.

[4] Do Q., Martini B., Choo K. K. R. Exfiltrating data from Android devices. J. Comput. Secur. 2015，48：74-91.

[5] D'Orazio C., Choo K. K. R. A generic process to identify vulnerabilities and design weaknesses in iOS healthcare apps. In：System Sciences (HICSS)，2015 48th Hawaii

International Conference on; IEEE; 2015: 5175-5184.

[6] D'Orazio C. ,Choo K. K. R. An adversary model to evaluate DRM protection of video contents on iOS devices. J. Comput. Secur. 2016,56: 94-110.

[7] FarndenJ. ,Martini B. , Choo K. K. R. Privacy risks in mobile dating apps. In: Proceedings of 21st Americas Conference on Information Systems, AMCIS; Association for Information Systems; 2015. http://aisel. aisnet. org/amcis2015/ ISSecurity/GeneralPresentations/13.

[8] Faruki P. ,Bharmal A. ,Laxmi V. ,Ganmoor V. ,Gaur M. S. ,Conti M. ,Rajarajan M. Android security: a survey of issues, malware penetration, and defenses. IEEE Commun. Surv. Tutorials. 2015,17(2): 998-1022.

[9] Imgraben J. ,Engelbrecht A. ,Choo K. K. R. Always connected,but are smart mobile users getting more security savvy? A survey of smart mobile device users. Behav. Inform. Technol. 2014,33(12): 1347-1360.

[10] Istepanian R. ,Laxminarayan S. ,Pattichis C. S. ,eds. M-Health: Emerging Mobile Health Systems. New York: Springer-Verlag,2006.

[11] Jøsang A. ,Sanderud G. Security in mobile communications: challenges and opportunities. In: Proceedings of the Australasian Information Security Workshop Conference on ACSW Frontiers 2003; Australian Computer Society,Inc,2003,21: 43- 48.

[12] Kay M. ,Santos J. ,Takane M. mHealth: New Horizons for Health Through Mobile Technologies. World Health Organization,2011: 66-71.

[13] La Polla M. ,Martinelli F. ,Sgandurra D. A survey on security for mobile devices. IEEE Commun. Surv. Tutorials. 2013,15(1): 446-471.

[14] Nick T. A modern smartphone or a vintage supercomputer: which is more powerful? Phonearena News http://www. phonearena. com/news/Amodern-smartphone-or-a-vintage-supercomputer-which-is-morepowerful_ id57149&gt. 2014 (accessed 08. 06.16).

[15] Prokhorenko V. ,Choo K. K. R. ,Ashman H. Intent-based extensible realtime PHP supervision framework. IEEE Trans. Inf. Forensics Secur. 2013; doi: 10. 1109/ TIFS. 2016. 2569063.

[16] Prokhorenko V. ,Choo K. K. R. ,Ashman H. Web application protection techniques: a taxonomy. J. Netw. Comput. Appl. 2016a,60: 95-112.

[17] Prokhorenko V. , Choo K. K. R. , Ashman H. Context-oriented web application protection model. Appl. Math. Comput. 2016b,285: 59-78.

[18] Statista. Total revenue of global mobile payment market from 2015 to 2019 (in billion U.

S. dollars). http://www.statista.com/statistics/226530/mobile-paymenttransaction-volume-forecast/&gt. 2016（accessed 08.06.16）.

[19] Wolf J. State of Mobile Commerce Report 2015. Criteo,2015.

[20] Zhao S.,Ma M.,Bai B.,Luo X.,Zou W.,Qiu X.,Au M.H. I know where you are! Exploiting mobile social apps for large-scale location privacy probing. In：Information Security and Privacy. New York：Springer International,2016.

第3章

移动安全——从业者的观点

S. Tully,悉尼,新南威尔士州,澳大利亚。

Y. Mohanraj,金奈,印度。

▌摘要

本章主要着眼于移动设备普及率及其利用率的快速增加所带来的社会影响,然后对移动设备安全从业者所面临的挑战进行了论述,着重于用户可能面临的主要风险和使用移动设备进行数字化业务的企业或组织所面对的主要挑战。文章对威胁、风险、问题、缓解风险和移动安全策略分别进行了详细论述,同时也涵盖了隐私、取证、个人与组织的不同影响等方面。最后,对如何保证移动设备安全提出了十点建议。

▌关键词

移动设备,移动安全,智能手机,平板电脑,隐私,加密,取证,个体,组织,社会学。

▌致谢

诚挚地感谢 Scott McIntyre 大力宣传和 Catherine Brown 对新技术的见解及对社会的洞悉,同时也感谢来自南澳大学的 Kim Kwang Raymond Choo 博士引荐我们与大家分享本章。

▌3.1　移动安全

本节会讨论个人用户与企业用户都是如何使用移动设备,以及在移动设备快速变化的时代都需要哪些安全措施。

在对诸如隐私、位置及管辖问题、威胁、风险及缓解、个人与组织的影响等问题进行论述后,本节会对如何确保移动设备及设备中内容的安全所需的必要步骤进行大致说明。

当今世界正发生着巨大的科技革命,对个人和企业都有着重大影响(Soulodre,2015)。电信网络经过最近一个世纪的发展,从最初的必须由坐在办公室里的专业技术人员操作维护卡车一般大小的通信设备,发展到今天移动设备和信息沟通无处不在。现如今,我们使用一些五年前可能还没有的设备,企业越来越趋于移动化办公,而为企业所设计和应用的技术、系统和工作流程也受到影响。工作再不是一个我们要"去的地方",而是我们要"做的事"。移动设备和便携式媒体设备①的出现,极大地提高了个体和企业的效率和生产率。然而,这些设备在工作场景中的普及也极大地增加了安全和隐私方面的威胁,即如何保障企业的信息安全并保持数据的私密性。

知识工作者和新一代的移动优先和仅使用移动设备的人群是 21 世纪"数字化原住民"中的中坚力量。除企业环境之外,手机已经取代孩童时期

---

　　①　本章中涉及的移动设备包括智能手机、平板电脑、笔记本电脑、个人数字助理、存储设备(例如 USB 驱动器、SD 卡)、扫描仪、传感器(例如物联网)、遥控无人机、自动汽车和连接设备(例如,Wi-Fi 蓝牙)。但是,智能手机和平板电脑在这里没有详细说明,若要详细地覆盖所有其他设备那可能需要整整一本书。

的泰迪熊让人们产生了依赖，可以从中获得了舒适感和归属感[1]。Toffler
（1970）在他的 *Future Shock* 一书中预言了人与机器之间的关系，其中就包
括了情感关系。康奈尔大学的 H. D. Block 教授也指出，人们会对经常使用的
工具产生感情。他提醒人们不得不面对处理"我们所喜欢和钟爱的机械物
件"时产生的"伦理"问题。对于这类问题的严肃探究，可以在 *The British
Journal for the Philosophy of Science*（1967，pp. 39-51）[2]上 Puccetti（1967）发
表的文章中找到。这方面还有其他相关研究，如 Choi 正在为 *Emotional
Attachment to Mobile Device*[3] 所撰写的文章，以及 Cheever、Rosen、Carrier
和 Chavez 准备在计算机与人类行为关系方面下一步的研究课题《不在看
不代表不在意：限制无线移动设备的使用对依赖度低、中、高用户焦虑水
平的影响》（*Out of Sight is Not Out of Mind*：*The Impact of Restricting
Wireless Mobile Device User on Anxiety Levels Among Low*，*Moderate and
High Users*）[4]。Holden 就很好地诠释了人们对移动设备的依赖，他说"要是
我死了，请将我的手机与我埋一起"[5]。

　　对数字产品观念和期望的不断变化，已经影响到了人们的生活方式和
工作方式。人们需要一种"时刻在线"的生活方式，即需求可以立即得到满
足，而且能够随时得到更改。企业管理者和员工期待甚至迫切需要通过各
种各样的移动设备访问他们的工作资源。而且，可能更为关键的是，这种期
待或要求是没有时间限制的，这不是一个传统的、可能有利有弊的朝九晚五
的解决方案，对于雇主为了滥用雇员而提供这种数据访问便利的情况必须
加以考虑。

---

[1]　Heffernan，M. 请参阅：http://www. brainyquote. com/quotes/keywords/cell_phone. html
#lTyuvbSK4phtzolc. 99.

[2]　Puccetti，R. ，1967. On thinking machines and feeling machines. Br. J. Philos. Sci. 18 (1)，
39-51. 请参阅：http://bjps. oxfordjournals. org/content/18/1/39.

[3]　Choi，Y-J. 请参阅：http://www. oneonta. edu/academics/research/PDFs/LOTM12-Choi2.
pdf.

[4]　Cheever，N. A. ，Rosen，L. D. ，Carrier，M. ，Chavez，A. 请参阅：http://www. csudh. edu/
psych/Out_of_sight_is_not_out_of_mind-Cheever，Rosen，Carrier，Chavez_2014. pdf.

[5]　Holden，A. 请参阅：https://econsultancy. com/blog/65001-28-inspiring-mobile-
marketingquotes/.

保持互联使我们有了更高的效率,但是快速高效的交互在数据保护方面所带来的风险并未引起足够重视,至少不会像五年前那样的重视[1]。大多数人没有意识到,或者说是简单地忽视了责任的转变。当数据和信息被 IT 部门集中管理时,显然是有特定的人在保护它们的安全。而现在数据和信息是切实掌握在个人手中,但是人们却没有意识到要自己负责对数据和信息进行管理。一个可能的解释是这与人性和信任的社会心理学相关。由于人们几乎可以随时随刻地访问数据,这就使得电子邮件、日程安排、笔记、移动银行凭证以及其他敏感数据都会被引入到日常使用中,而这些数据通常没有被安全地保存。随着时间的推移,这些个人数据被快速和大量的积累,一旦移动设备丢失或被盗,这些数据就提供了一个清晰的数字化的用户轨迹,尤其是当这些数据和信息没有被妥善保管或定期清理。同时,保持互联让用户更容易遭受网络攻击[2]。

▶ 手机使用的全球增长

移动安全的问题很值得注意。这里提供了一个简短的时间表,帮助人们了解今天所处的阶段以及是如何到达这个阶段的。

Cabir 是智能手机上的第一个特洛伊木马,于 2004 年 8 月被检测到[3]。澳大利亚通信和媒体管理局在《2011—2012 年通信报告》中介绍了澳大利亚移动设备的增长和普及程度,报告中提到,“使用中的移动电话账户总数增加了 3%,累计达到 3020 万,相当于每三个澳大利亚人享有四个移动电话账户”[4]。此外,根据中国在线和移动使用量数据显示,截至 2015 年 6 月共有 6.68 亿人访问互联网。其中 89%(5.94 亿)通过智能手机访问互联网。这意味着,中国使用智能手机的人数约为澳大利亚总人口的 25 倍。在越南也

---

[1] 有关详细信息,请参阅 Davidow,W.,2012 年的书 *Overconnected*:*The Promise and Threat of the Internet*.

[2] 参见 Zetter,K.,2014. Countdown to Zero Day:Stuxnet and the Launch of the World's First Digital Weapon,Crown,New York,pp。376-377,ISBN:978-0-7704-3617-9.

[3] 参见 https://en.wikipedia.org/wiki/Cabir_(computer_worm).

[4] 参见澳大利亚通信和媒体管理局(ACMA),2013 年 *Communications report* 2011-12 中 pp. 14. http://www.acma.gov.au/webwr/_assets/main/lib550049/comms_report_2011-12.pdf.

有类似的趋势,越南总计有 1.893 亿的移动电话账户,而其总人口约为 9070 万。因此可以预见越南在移动互联网应用方面将有爆炸性的增长,因为越南人绕过有线互联网时代直接进入到移动互联网时代,这也同时营造了一个极富创新的环境。在这种瞬息万变的数字格局中,安全和隐私方面所面临的挑战是,在面对随时随地想要连接周围一切的用户时,企业如何灵活地实施一种安全策略既能够满足用户需求而同时又能保护个人安全和隐私。这对于那些很努力希望做到日常生活安全无虞的用户来说尤为重要,他们被动地面对来自外部的挑战,这种行为被称为"被动安全"。被动安全可以归纳为一句日语短语,"Shikata ga-nai",大概的意思是"无论做什么都没有帮助"①。

3.2 原则

为了最大限度地减少使用移动设备带来的风险并最大化其带来的价值,应当设立一些基本的原则以指导用户如何安全地使用移动设备。尽管指导原则可能并不详尽,但它们可以为管理移动设备的安全性提供一个合理的基础。

这些移动安全原则可以分为两大类:移动设备终端用户须遵守的原则和组织机构包括移动应用软件开发人员在移动设备管理(Mobile Device Management,MDM)方面须遵守的原则。

对于移动设备终端用户,原则包括:

- 锁定你的设备。
- 接受更新(除非它是安卓上的假冒安全更新,这通常是一个恶意软件的伪装,需要格外注意)。将操作系统完整地更新为供应商提供的最新版本。如果供应商已停止为你的设备提供操作系统更新(可能发生在安卓系统设备上),则请升级设备。
- 确保所有应用程序及时得到更新。

---

① 参见 Hershey,J.,1946. Hiroshima,Penguin Books,London,第 122 页,ISBN:978-0-141-18437-1.

- 删除旧的、不使用的应用程序来保持设备整洁。
- 避免使用可疑的应用程序。请注意那些要求访问个人数据的应用程序（如请求访问通讯录），并考虑使用诸如 1Password 等应用程序或其他加密内容管理器，以确保敏感数据得到保护。
- 练习和掌握个人数据管理。
- 通过在设备上存储尽可能少的个人信息来保护它们。安卓目前没有提供很多手段以保护个人信息，但这可能会随着时间的推移而改变；但 iOS 提供了很多保护手段。
- 清除或删除设备中的个人信息，这样可以避免丢失的设备中包含个人信息，而设备的未来用户也就无法查看到你留在设备上的信息。
- 在报废移动设备之前，擦除它上面保存的数据。启动移动设备的远程擦除功能，以便在移动设备丢失或被盗时可以启用远程擦除功能。需要注意的是，启动远程移动设备的远程擦除功能后，如果密码连续输错特定次数也会启动它，自动擦除移动设备上的数据。
- 备份数据。移动设备的数据备份非常容易操作，用户应该充分利用这个选项。
- 使用正规的系统，确保不要越狱/根授权设备，只从操作系统推荐的应用商店选择安装应用程序（苹果商店、谷歌应用商店和类似应用商店）。
- 使用恶意程序检测软件，预防和阻止移动设备受到攻击，如 Lookout 软件。
- 只安装那些对所需私人数据访问进行详细解释和说明的应用程序。

对于组织机构的移动设备安全性，原则包括：

- 将移动设备的安全性嵌入到公司治理、风险管理和合规（Governance, Risk management, Compliance, GRC）战略中。
- 设立移动设备安全治理条约。注意，这一步骤可能不是必需的，但它是组织应有的风险控制和 GRC 战略的一部分。组织可以决定不对移动设备施加治理，这是他们的特权。执行是有代价的，并不是所有组织都愿意负担这笔开销。
- 执行常规的移动设备软件测试，如检查代码运行异常的故障码。

- 执行常规移动设备安全审核,侧重于在移动设备上运行的应用程序和软件。当然,在操作系统不是大多数组织可以真正定制的东西时,你会遇到一个令人沮丧的问题"现在我又能做什么?"
- 设备的默认值是一个需要重点调查的领域,例如,什么服务是打开的,认证默认方式等。这与智能手机的关系不大,主要是针对便携式 Wi-Fi/移动热点之类的移动设备。

对于移动应用软件开发人员,原则包括:

- 在开发的各个阶段都要考虑安全性和隐私性。
- 确保敏感数据在传输过程中受到保护。
- 通过设计锁定移动设备应用的安全和隐私设置,确保设计和隐私的安全性。
- 确保源代码审查和应用程序渗透测试。

针对此领域的其他有用信息,可以查阅 ISACA 的《使用 COBIT 5 保护移动设备的信息安全》(*Securing Mobile Devices Using COBIT 5 for Information Security*)(见 ISACA,n.d.)。

3.3　应用商店

应用商店指的是用于购买和下载计算机应用程序或者移动设备应用程序的在线商店。

该术语在大多数情况下指的是苹果的应用商店,但它也经常用于类似的贩卖移动应用程序的在线商店,包括亚马逊公司旗下 Kindle 和其他安卓设备设立的亚马逊应用商店,为安卓设备设立的谷歌应用商店,黑莓公司为其旗下设备设立的黑莓世界,以及诺基亚公司设立的 Ovi 商店。

官方应用商店通常对于可以上传什么样的应用、它们如何与设备交互以及是否收集关于用户和设备本身的信息有更严格的指导守则。抓取电话号码、通话记录、GPS 位置、Wi-Fi 密码和其他数据的应用程序会引起相应的关注。重要的是要引发用户思考,如"哇噢,这太可怕了,我不想让别人访问这些信息!"

有些时候应用程序也可能包含能够从手机窃取重要信息的病毒或恶意

软件。大多数官方应用商店部署了扫描程序以侦测应用程序软件中是否嵌入了恶意软件或者恶意行为,可惜这些扫描程序并不完美,而且存在可疑或恶意应用程序安全通过扫描并进入应用商店的情况。MobileActiveDefense.com 的主席 Winn Schwartau 说:"应用程序商店和移动应用程序是最大的敌意代码和恶意软件分发中心。"[1]

各种报告显示近来发现多种应用商店的漏洞利用,例如,利用应用商店的业务逻辑缺陷[2]、利用零日漏洞[3]和绕过应用商店审核机制[4]安装恶意应用程序(如通过侧向加载(Sideloading)),即不从官方应用商店而是从 USB、蓝牙、Wi-Fi 等媒介安装应用程序。终端用户从非法下载应用程序的动机可以是多种多样的,例如,获得根授权后允许用户微调应用体验,允许离线工作,避免注册或登录即可使用,删除背景连接通信代码或删除应用内广告;风险是手机现在更容易受到攻击,并且将承担下载应用程序带来的全部责任。这不无道理——无法让官方应用商店对因从第三方下载安装应用程序造成的不良后果负责。

▌3.4 合法应用程序

合法应用程序在对设备信息和认证证书的使用中可能存在缺欠,这可能导致将敏感数据暴露给第三方。这些敏感数据可能包括位置、所有者标识(例如,姓名、号码和设备 ID)、认证凭证和授权令牌。智能手机应用程序可以自动访问近场通信(NFC)支付、短信、漫游数据和额外费率电话呼叫等功能。具有访问此类应用程序设计接口(API)高级权限的应用程序可以允许攻击者通过此应用程序滥用用户的财务账户,并造成后续的财产损失。

---

① Schwartau,W. 请参阅:http://www.itsecuritywatch.com/mobile-security/10-great-quotes-aboutmobile-security/.

② Hacker 利用 iOS 缺陷进行免费应用内购买,http://www.macworld.com/article/1167677/hacker_exploits_ios_flaw_for_free_in_app_purchases.html.

③ 零日漏洞允许应用商店恶意软件窃取 OS X 和 iOS 密码,http://www.macworld.com/article/2937239/zero-day-exploit-lets-app-store-malware-steal-os-x-and-iospasswords.html.

④ 研究人员将 Jekyll App 恶意软件偷偷放到应用商店,从而释放自己的代码,http://www.imore.com/researchers-sneak-malware-app-store-exploiting-their-own-app.

例如,如果通过某个 API 可以访问用户的 PayPal 账户信息,并且随后使用这些账户从不同的设备大肆购买,这说明移动安全不再仅仅局限于移动设备自身了。

数据隔离是一种将个人和公司数据分开的方法,允许对每种数据进行不同的控制。虽然这对于将公司设备仅在工作场合内使用来说不那么重要,但在其他场景中非常有用,如将个人设备也用于工作。

越来越多的移动操作系统供应商和第三方软件供应商正在致力于为个人设备在多种场景的使用提供更好的支持。在智能手机与平板电脑领域面对的挑战与笔记本电脑领域所面对的挑战不同,因为智能手机或平板电脑的拥有者不太可能在其设备上使用管理用户。目前有一种数据分离的方法是"容器化",将公司数据封装在一个独立的应用程序中,而在这个程序中可以实施针对其他应用程序、用户或攻击者的保护。

3.4.1 应用程序容器化

容器化是一种控制机制,在移动设备(如智能手机和平板电脑)上分离个人和企业的应用程序和数据。

应用程序容器化将移动设备分成个人分区(或称作"个人域")和企业分区(或称作"企业域")。将它应用在员工的个人携带设备(BYOD)上后,它允许员工在个人域做任何他们想要做的事情,而公司 IT 保留对另一域的控制。

目前市场上已经出现一种应用程序可以将安全沙箱中的完整工作环境集成到一个集中管理的容器中,例如 Teopad,Good 和 AirWatch。还有一种方法能够将每个应用程序或整个应用程序组放入到单独的容器中。应用程序沙箱在移动设备上创建安全的工作环境,不仅包含本地安装的企业应用程序,还包含应用程序数据和首选项。运行环境不受个人主屏幕和相应应用的影响,并且用户体验是独立的:用户处于组织或个人分区,如图 3.1 所示。然而,当应用程序分区实施得很差时,人们就会考虑绕开它。人们希望通过移动操作系统提供的原生方式自然地传递信息。容器和分区创建了许多人试图解决的障碍,并且由于缺乏特性和功能使得容器化的应用程序经常比其公开版本显得过时。这真的很讨厌!而且这里也有安全隐患:容器化的应用程序可能不会像公开版本一样快速地更新安全漏洞。

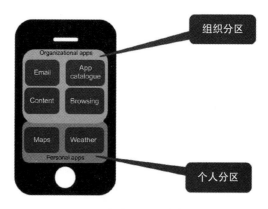

图 3.1　移动应用程序容器化

　　企业可能希望在员工离开组织之后远程擦除个人设备内商业容器或容器化应用中的业务数据,但是不想远程擦除和破坏设备所有者可能保存的个人数据和个人偏好。

▶▶ 3.4.2　软件水印

　　软件加水印是信息伪装的一种形式,它涉及在软件代码中嵌入一个唯一的标识符[①]。水印提供了一种识别软件所有者和/或软件来源的手段,在开发企业应用程序时就会用到。虽然最初的设想是阻止软件盗窃,但该概念有可能用于验证合法的移动应用程序。信息伪装的一个优点是隐藏的水印在未来需要时可以通过识别器提取并验证软件的来源。这也对移动设备取证有用。

　　基于在线的服务(通过移动设备访问)

　　如果移动设备的数据可能通过电子邮件发送到外部账户或上传到基于在线的服务(例如 Dropbox),那么用户不可避免地失去对那些数据的部分或全部控制。

---

　　①　参见 Nagra,J.,Thomborson,C.,Collberg,C.,2002. A functional taxonomy for software watermarking. In. Oudshoorn,M. J.(Eds.),Proc. 25th Australasian Computer Science Conference 2002,ACS,pp. 177-186,January 2002 中对水印的描述。请参阅: http://crpit. com/confpapers/ CRPITV4Nagra. pdf.

　　对在线服务的攻击越来越普遍，即通过落后的身份验证控制、监视或日志记录的缺失，以及未知人员访问在线存储的数据。不安全的 API 和较差的传输层安全（Transport Layer Security，TLS）是常见的中间人（Man-In-The-Middle，MITM）攻击目标，如令牌/凭证劫持。移动应用程序使用众所周知的 REST/Web 服务或非 REST/Web 服务专有协议的 API 进行交互。由于 API 和服务的实现不够安全，并且没有保持平台持续的强化和打补丁，这就可能允许攻击者在数据传输到应用平台上时危害移动设备上的数据，或者通过移动应用攻击应用平台。同时也需要对 TLS 保障通信安全的重要性加以考虑。

　　诸如 Dropbox 和 Google 云端硬盘等主流的云存储服务也可能被恶意企业操纵并滥用，其对身份验证控制较差的云账户采取网络钓鱼攻击，从而避免使用更复杂的社会工程手段攻击。最近发生了一起广为人知的泄露名人裸照的针对性攻击就是破解了用户账户的用户名、密码和安全问题[①]。

▌3.5　身份管理问题

　　移动信息安全最具挑战性的一个领域是身份管理。在这一领域，迅速准确地识别个体和管理这个身份的能力是绝对必要的，但是如果没有详细的规划和治理，也会出现如下一节所强调的各种身份管理问题。

　　所拥有的移动设备自身成为了身份，而不再仅仅是身份认证的一个因素。例如：

- 手机是移动支付中的身份。
- 手机是访问大量公司网站的身份。
- PIN 或密码仍然被用作身份认证因素。

　　由于与应用商店的紧密集成，在操作系统层缺乏联合身份认证是常见

---

　　① 参见文章《苹果指责针对泄露的裸名人照片的有针对性的攻击》，http://www.computerworld.com/article/2600359/access-control/security-apple-blames-targeted-attackfor-leaked-nude-celebrity-photos.html.

的身份管理问题。例如,用户是否可以在安卓设备上使用苹果账户登录?如果不可以,那么用户需要管理两个身份认证信息。

在为单一身份设计的平台上的存在多身份冲突。以下是在移动设备中使用的不同身份级别:

- 基于移动号码的身份(如 IMSI)。
- 原始设备制造商提供的身份(如三星应用商店)。
- 基于应用商店的身份(如苹果商店,谷歌应用商店)。
- 社交网络提供的身份(如领英,Facebook)。
- 基于消息传递服务的 ID(如 Snapchat,WhatsApp)。
- 公司提供的员工身份。
- 个人银行的身份。
- 付款专用的身份(如 PayPal)。
- 应用程序专用 ID(使用的应用程序越多,身份数量就越多)。

有多少个人信息存储在这些身份中?又是谁负责保护这些信息?这是创建身份的用户还是保存它们的管理员的职责?以 WhatsApp 的身份为例,需要仔细考虑的问题之一是"是谁负责保护我的 WhatsApp 身份?"责任方可以是:

- 作为应用程序开发方的 WhatsApp;
- 作为安卓操作系统开发方的谷歌;
- 作为原始设备制造商、针对其特定设备修改了安卓操作系统的三星;
- 决定首先使用 WhatsApp 的个人;
- 上述所有人。

如前所述具有特权访问权限的应用程序从移动设备窃取的数据,如身份数据和信用卡详细信息,可以被攻击者在加密的"暗网"网站或隐藏论坛上销售。给原始用户带来的麻烦包括需要重新创建身份凭证或替换信用卡,以及不断验证任何可疑的在线付款。

Jericho 论坛发布了一篇对身份(Identity)[①]有教育意义和启发性的论

---

① 耶利哥论坛身份诫命:关键概念。请参阅:https://www2.opengroup.org/ogsys/catalog/G128.

文,该论文区分了核心身份、不同人物角色、属性、隐私和信任。

限制每个人物角色中的信息量最小化了其他人关联不同人物角色时带来的信息泄露风险,这是一种用于保护对角色的控制及其相关信息的隐私增强技术。例如,图书馆或健身房会员资格所涉及的个人信息应该相当有限,而涉及开设银行账户的个人信息量应该更大。

这是供移动设备的用户采用的特别有效的手段。实质上,它关乎身份划分,补充前面提到的应用程序分区。

一个致力于应对这个挑战的小组是全球统一身份基金会(Global Identity Foundation)①,他们正努力地为用户提供增强的安全和隐私管理,并交由用户完全控制。人类的身份是分散的,因为我们在不同的群体中有着不同的身份,所以能够控制不同的角色是迈向创建可信赖的数字交易生态系统的重要一步。

3.6　隐私

▶ 3.6.1　对隐私的需求

与隐私相关的问题有哪些?为什么会有对隐私的需求?不是每个人都了解隐私的概念,但是大多数人都了解秘密的概念。秘密在信息时代更难被保存。这对所有珍视他们隐私的人来说都是个坏消息! 持久的秘密,如可口可乐的配方,是既稀有又遥远的。

除了少数例外,秘密被存储在计算机、网络和移动设备上,这可能容易受到黑客攻击。发布某人的私人信息和信函是不好的,因为在一个自由和多样化的社会中,人们应该有私人空间去思考和行动,这不同于他们在公共场合的想法和行为。

移动设备的用户,特别是使用社交媒体的用户,需要意识到他们可能因为网络上的在线状态而成为敌手们所关注的目标。用户发布的旅行计划信息,比如某人在家或不在家,会经常被作为入室盗窃的暗示。参与高知名度

---

① 全球认同基金会。请参阅:http://www.globalidentityfoundation.org/index.html.

的或国际的活动会不知不觉地向人们提供可供收集的情报，或被用来实施定向的社会工程攻击以破坏该组织的网络。用户应该假定在社交网站上发布的内容是被永久保存的，并且可能被敌人、政府、竞争对手等查看。

为了避免成为隐私泄露事件的目标，用户应该：

- 仔细考虑所发布信息的类型和数量。
- 限制发布的个人信息量。
- 考虑限制对所发布的个人数据的访问，例如，在 Facebook 上使用"仅对朋友可见"选项进行发布。
- 在允许应用程序访问某些资源的权限请求之前，注意并愿意学习应用程序有关权限规定的条款。
- 注意个人信息中的位置分享，例如在社交网站上帖子中的位置标记。App 经常使用位置服务以指示方向或"签到"本地的商店、咖啡店或其他位置，并且在各种社交网络上分享该信息。并非所有的 App 都需要这样的信息才能工作，而且 App 应该明确地说明位置信息会被如何利用。
- 对移动设备上的地理标记做出明智的决定，确保相机和其他不需要当前位置的应用不会意外泄露地址位置信息。例如，特别是当共享一个含有完整位置信息的图像而又不想透露真实位置的时候，需要注意风险和后果。

许多 App 会收集有关用户的信息以用于营销、问题诊断或支撑其提供的服务。这可能包括联系人列表、短信（或其他即时消息）、实际位置，甚至照片和 Wi-Fi 密码。这些信息可能会被 App 开发者保存或分发给第三方，也可能被未授权的用户窃取或拦截。因此，仔细阅读用户协议并考虑 App 可以访问的信息量十分必要。

一个更大的隐私问题是消费者对数字世界的持续信任。在短短几年的时间里，互联网上的社交网络已经成为许多移动设备用户使用诸如推特、Instagram、Facebook 或 WhatsApp 这类应用程序的通信平台。只是因为人们在网络上分享的信息的性质和程度上更加公开，并不意味着隐私保护就没有意义了。1999—2004 年，担任澳大利亚隐私局局长的 Crompton（2015）在其 *Privacy Incorporated：The Business of Trust in the Digital World* 一书中就阐述了这一点。

　　新的 App、计算技术和信息获取的途径正在推动着业务的发展，这涉及基于即时流媒体的业务和将大量相关数据穿针引线的业务。如果企业打算以一种创新的方式使用个人信息，那么问题在于谁来承担事情出错的风险。以这种方式使用个人信息的企业给人们这样一种感觉，即用户对企业如何使用其个人信息正在逐渐失去控制；事情在朝着坏的方向发展，而且问题有待解决。

　　个人会在以下情况下充满自信和信任：

- 获得价值和尊重；
- 感受到可控与安全；
- 发现个人信息的使用是符合预期的；
- 不会感到吃惊；
- 问题得到快速、有效的解决。

▶▶ 3.6.2　隐私的含义

　　隐私有多个含义，包括法律上的和延伸到移动设备上存储的个人信息隐私。隐私的含义包括：

- 访问个人或公司的电子邮件。
- 访问短信。
- 访问图像。
- 访问网络(个人网络、无线网络、公司网络和虚拟专用网(VPN))。
- 访问公司应用程序和数据。
- 发送短信到高价服务(如"话费欺诈")。
- 引起隐私威胁的应用程序并不一定是恶意的，而是由于其收集或使用超过其功能所需的敏感信息。
- 让员工使用个人移动设备的企业应考虑 BYOD 隐私问题和可能出现的其他法律问题。
- 使用基于位置的服务技术，如全球定位系统(GPS)。
- 外包移动设备管理(MDM)，即来自外包商的工作人员可能对所获取的与隐私相关的信息进行不道德的行为。

- 遵守隐私相关的法律。这通常是司法约束,但对于一个跨国公司来说,它可能会带来一些跨境管辖的问题。
- 互联网永远不会忘记。这不仅仅是当时所看到的,而且还有无数服务的存档和记录。删除掉了一条推特并不意味着它不能被用来对付你。

☞ **提示**:注意社交网络隐私设置,而且要清楚正在使用的是社交媒体,发布的信息是公开的,任何人都可以看到。

关于基于领土性的管辖权,即使用 IT 系统的个人具有特定的物理位置,移动设备的位置也可能在使用会话期间发生改变。例如,持有移动计算设备(如平板电脑或智能手机)的人可以通过基于云的服务发起若干对数据库的更新或查询。当这些更新或者查询发生后,用户可以移动到不同的位置。用户进行操作时所处的国家享有管辖权,因为用户和设备在操作发生时处于该国的领土上。

此外,即便可以通过诸如移动云计算的技术对用户发起请求动作的设备进行定位,或通过软件服务和应用程序可以追踪设备的地理位置(如,Wi-Fi 连接位置和设备 GPS 位置),但那些不想被追踪到的人在某些情况下也可以篡改设备提供的地理位置。基础设施、服务提供商、应用程序或设备本身也可能设置为不提供用户的位置。实际物理上的位置对于基于领土的管辖权是充分和必要的,虚假的存在是不充分的。[①]

位置信息是一个需要被管理的重要的个人信息。该个人信息可以通过在社交网站上的帖子中标记位置来显示,也可能在包含位置信息的图像中暴露出来。

企业应制定相关政策用以管理工作场所中所使用的移动设备,包括其员工所拥有但在工作场合中使用的移动设备。企业应能够访问、恢复、擦除或保护移动设备上的数据(例如,当员工停止工作或当设备丢失时)。

---

① Schmitt, M. N. ,等,2013 年。"塔林关于适用于网络战争的国际法手册"(见第 2 条-管辖权第 5 节)。北约合作网络防御中心,剑桥大学出版社,剑桥。请参阅:http://www.cambridge.org/au/academic/subjects/law/humanitarian-law/tallinn-manual-internationallaw-applicable-cyber-warfare?format=HB。

移动应用程序应确保符合相关数据隐私法律，如澳大利亚隐私守则[①]。而在欧盟则必须获得用户同意才可以收集个人身份信息（Personally Identifiable Information，PII）[②]。

随着移动应用原来越受欢迎，很多 App 开始试图收集越来越多的用户信息，但并没有充分的说明这些信息将被如何使用。在 2014 年，全球隐私执法机关网络（Global Privacy Enforcement Network，GPEN）在对超过 1200 个 App 进行第二次年度隐私扫描后发现，近 70% 的 App 未能在下载前向用户提供隐私政策条款或隐私相关的条款与条件[③]。

3.7 漏洞

尽管在移动应用程序自身进行了很多安全改进和架构变化，一些"经典"类别的漏洞并没有显示出减少的迹象。教训是我们还没有吸取教训。尽管许多安全漏洞已经被发现了几十年，可仍然在新平台上重复这些缺陷，而不去实施那些已经存在了相当一段时间的已知修正和改进。这其中包括业务逻辑中的缺陷、未能正确实施的访问控制以及其他的设计问题。另一个重要的问题是，那些 20～30 年前的问题并没有随着用户进入移动时代而神奇地消失。如果说有什么变化的话，那也是由于编程门槛低、缺少正规的安全培训和教育因此漏洞变得更加普遍了。即便是在一个由各种应用组件连接在一起的、一切皆服务的世界，这些永恒的问题可能仍然普遍存在。

漏洞通常与安装在移动设备上的应用程序相关联。然而，重要的是要意识到漏洞是可以在移动设备架构体系的各个层级中被找到并被利用的。

---

① 请参阅澳大利亚隐私权资源，http://www.oaic.gov.au/privacy/privacyresources/all/.

② 参见欧洲议会和理事会的欧盟数据保护指令 95/46/EC。请参阅：http://eur-lex.europa.eu/LexUriServ/LexUriServ.do?uri=CELEX:31995L0046:en:HTML.

③ 请参阅报告"移动应用必须首先提供用户隐私"，网址为：http://www.oaic.gov.au/news-andevents/media-releases/privacy-media-releases/mob-apps-must-put-privacy-first.

▌3.8 威胁

保护移动设备数据免于今天的各种威胁是至关重要的（Whitlock 等，2014）。近年来移动设备（智能手机，平板电脑等）使用率的增长大大超过了控制信息和保护信息的能力。通过下面的数字可见一斑。

- 至 2014 年 6 月底，澳大利亚的互联网用户数超过了 1240 万，而移动互联网的用户数约为 2060 万[①]。2013 年网络犯罪影响了 500 万澳大利亚人，损失近 10.6 亿美元[②]。2013 年赛门铁克（2013）公司发布的"诺顿报告"显示，57% 的澳大利亚移动设备用户不了解移动设备的安全选项，使其移动设备易于遭受攻击。
- 中小型企业（Small-Medium size Business，SMB）遭受恶意软件事件的平均损失为 56 000 美元，而大型企业的平均损失为 649 000 美元[③]。
- 据估计，全球每周有 12 000 台笔记本电脑被盗。
- 恶意软件的年增长率为 77%。

从上面的数字可以很清楚地看到，无论对于个人还是企业，保护移动设备数据是非常重要的。

市场分析师预测，智能手机的数量将在 2013 年将超过个人计算机的数量，并且成为访问互联网的最常见设备。今天，全球智能手机用户数约为 26 亿[④]，并且预计到 2020 年将达到 61 亿。鉴于特定的移动威胁的存在，每个移动 App 在发布之前都应该进行移动威胁的测试。

---

① 澳大利亚统计局，2013，Internet activity Australia，June 2014，Cat. no. 8153. 0，ABS，Canberra at http://www. abs. gov. au/ausstats/abs@. nsf/mf/8153. 0/.

② 这个数字可能是一个低估，因为它是仅基于个人的成本，而不是工业和政府。澳大利亚犯罪委员会 2015 年有组织犯罪报告的信息，请参阅：https://www. crimecommission. gov. au/sites/default/files/FINAL-ACC-OCA2015-180515. pdf，ISSN：2202-3925，2015 年 5 月。

③ 图表来自卡巴斯基实验室 2015 年关于澳大利亚高级威胁减缓战略手册的特别报告 *Preparing Australia Against Future Risks*.

④ 请参见 "6. 1B Smartphone Users Globally By 2020，Overtaking Basic Fixed Phone Subscriptions"，地址：http://techcrunch. com/2015/06/02/6-1b-smartphone-users-globally-by-2020-overtaking-basic-fixedphone-subscriptions/.

丝毫不意外,这些数字也包含一些新的攻击和现有攻击的各种变种。

正如 Pete Singer 和 Allan Friedman 在他们的著作 *Cybersecurity and Cyberwar*, *Every Everyone Needs To Know*(Singer 和 Friedman,2014)中所指出的那样,评估威胁需要三个基本因素:"对方能够识别和利用漏洞的可能性,他们能够利用这些漏洞所能产生的影响,以及他们的意愿。"

像病毒和间谍软件可以危害个人计算机一样,有各种各样的威胁可以影响移动设备。这些移动威胁和风险可以分为几个类别:基于应用的、基于 Web 的、基于网络的、物理的、境外旅行以及无意的数据泄露。

▶ 3.8.1　基于应用程序的威胁

可下载或预安装的应用程序可能会为移动设备带来许多类型的安全问题。安卓中的预装应用程序尤其是个问题,垃圾软件通常包含不安全的应用程序,它们能够带来"开箱即用"的安全和隐私风险。

"恶意应用软件"在下载网站上可能看起来很正常,但它们被设计用于执行各种恶意操作,例如捕获密码、检索信息、在用户不知情的状况下收集个人信息、欺诈、为特定的广告收集信息,或用来实施大规模犯罪(如将设备变成僵尸网络的一部分)。甚至一些正当的软件也可以被用于不正当的目的。基于应用程序的威胁通常符合下列一个或多个类别。

✓ 1. 恶意软件

恶意软件是在手机上安装后执行恶意操作的软件。恶意软件可以在不知情的情况下产生话费、未经确认给联系人列表中的联系人发送邮件,或者让攻击者控制设备。

✓ 2. 电子跟踪(间谍软件或广告软件)

间谍软件被设计用来在不知情或未经准许的情况下收集或使用私人数据。间谍软件的目标通常包括通话记录、短信、用户位置、浏览器历史记录、联系人列表、电子邮件和私人照片。这些被盗信息可用于身份窃取或金融诈骗。

广告软件通常由终端用户不知不觉地安装,并且通常是免费应用程序

（如文件分享工具）的一个通用组件。它被用于收集用户的信息，可以用于横幅式、弹出式的定向广告，并且可以跟踪小型文字档案（Cookie）来跟踪在线行为以确定个人身份，进而进行针对性的攻击。

✓ 3. 易受攻击的应用程序

易受攻击的应用程序是包含缺陷并可被恶意利用的应用程序。此类缺陷可以导致攻击者在不知情的情况下访问敏感信息、执行不良操作、停止正常运行的服务或下载应用到设备上。

网络安全专家预计，移动支付安全威胁将在未来持续增长。2015 年移动支付安全研究①访谈的 900 位行业专家中有 87% 声称数据泄露将在未来一年中有所增加。事实上，只有 23% 的受访者表示，他们曾认为移动支付可以确保个人信息安全，而另外的 47 人断言移动支付绝对不安全。有趣的是，尽管存在着诸多安全问题，移动支付的使用可能并不会受到明显的影响。用户在使用非接触式支付时应该考虑他们在移动设备上保存了多少敏感信息。最近发现有针对安卓设备的比特币挖掘恶意软件。

✓ 4. 勒索软件

另一个发展是针对移动设备的文件加密勒索软件。示例包括 SimpLocker、CryptoLocker 和 2016 年 2 月发现的 Locky。用户通常不能像使用传统的卸载方法那样成功地卸载恶意应用程序，因为系统甚至防病毒软件的用户界面总是被恶意软件的用户界面覆盖。

为了防止这些基于应用程序的威胁，用户应该考虑在其移动设备上安装用于监控恶意软件、间谍软件和广告软件的防护软件。

▶▶ 3.8.2 基于互联网的威胁

由于移动设备几乎总是连接到互联网并且经常用于访问基于互联网的服务，所以基于互联网的威胁持续对移动设备造成了影响。诸如移动互联

---

① 参见 ISACA 研究，网址为 http://www.isaca.org/SiteCollectionDocuments/CSX-Mobile-Payment_whp_eng_0915.pdf.

网首创计划(Mobile Web Initiative)[①]组织的任务就包括了确保网络在尽可能多种类的设备上可用。这包括了持续的移动网络最佳实践和移动网络应用程序最佳实践。正如 Berners-Lee 所说:"移动互联网首创计划非常重要,信息必须可以在各种设备上无缝操作。"[②]

基于网络的威胁通常符合下列一个或多个类别。

✓ 1. 拒绝服务/分布式拒绝服务威胁

虽然实际的拒绝服务(DoS)和分布式拒绝服务(DDoS)攻击占据了新闻头条,但企业也必须充分意识到移动设备无意中无害中断的影响。到目前为止,大多数 DoS 攻击都是一种偶发的短暂的问题,大多数组织有相对完善的应对措施。但如果互联网的核心受到恶意攻击或意外中断的影响,我们都会体会到不便,因为互联网已经成为我们的工作、生活、娱乐和学习的生命线。从移动设备的角度来看,可能重点是围绕用户如何连接网络和获取数据,企业向其客户提供的网络和数据服务,或者是这两者的组合。

✓ 2. 机器人

机器人是当今最复杂和最流行的网络犯罪类型之一。黑客可以通过它们一次控制许多移动设备或计算机并将其变成"僵尸",将它们作为一个强大的"僵尸网络"的一部分,以传播病毒、生成垃圾邮件并进行其他类型的网络犯罪和诈骗。机器人通过网络搜索并感染易受攻击的、未受保护的设备来进行传播。当它们发现了一个暴露的设备后会立刻感染它并向主机进行报告。它们在设备中一直潜伏,直到被通知开始执行某个任务。移动设备和其他网络连接设备的增长让机器人得到了进化。我们开始看到设备被劫持后变为分布式拒绝服务机器人,创建出一个拒绝服务/分布式拒绝服务混合的威胁,从而增加了检测和预防拒绝服务攻击的障碍。

---

① Mobile Web Initiative,请参阅:http://www.w3.org/Mobile/.

② Berners-Lee, T. 请参阅:https://econsultancy.com/blog/65001-28-inspiring-mobile-marketingquotes/.

✓ 3. 高级持续威胁

智能手机、平板电脑和其他移动设备受到被称为高级持续威胁（Advanced Persistent Threat，APT）的高度针对性攻击，它被用来窃取敏感数据。企业中用的移动设备通常是针对特定个人的 APT 式攻击的入门点，以获得对公司信息的访问权限。技术型企业需要进行投资以应对这类威胁，包括应用程序控制、数据丢失预防、移动设备管理以及设备控制。

✓ 4. 网络钓鱼诈骗

网络钓鱼诈骗为罪犯提供有价值的数据。这可以包括用户名、密码、其他个人识别信息（Personally Identifying Information，PII）和财务数据等。在大多数情况下，这是由于缺乏验证消息来源（无法看到电子邮件的完整标题）及在移动设备的小窗口中难以看到完整的链接造成的。此外，这类信息在移动设备上通常很难进行复制（如网址链接），因此网络钓鱼成为可能。

✓ 5. 社会工程

移动设备的社会工程威胁可以通过移动恶意广告（或恶意广告）来进行，这些恶意应用看起来像合法的应用或声称是"安全"的应用。如 Lacey 在他的书中指出的，当攻击者在网络上进行操作时，社会工程攻击可以更安全更容易实施[①]。与 PC 上网络浏览器中显示的广告不同，移动应用程序内显示的广告是由应用程序本身的代码实现的。这可能提供了一个进入设备的后门。已有来自谷歌应用商店的恶意软件和来自第三方应用程序商店的安卓系统木马恶意应用程序的示例，有一些甚至在设备上安装和运行广告程序。

✓ 6. 自动下载

自动下载（Drive-by）通常会以安全证书更新作为幌子提示要安装的应

---

① Lacey, D., 2009. Managing the Human Factor in Information Security, John Wiley&Sons, pp 144, ISBN：978-0-470-72199-5.

用程序包,但有时就只是简单的彩信消息。例如,Stagefright 打开了静默执行恶意代码的可能性。当黑客通过彩信发送含有恶意软件代码的视频时,这个威胁就会发生。最令人震惊的是,受害者不必打开消息或观看视频就可以激活它。因此,黑客甚至可以在受害者发现文本消息之前便获得了对设备的控制,并且即使设备所有者立即找到该消息也无法采取措施以防止恶意软件接管该设备。黑客可以访问、复制或删除所有数据,同时也可以访问麦克风、摄像头和设备上的图片以及蓝牙。

✓ 7. 浏览器漏洞

浏览器漏洞利用了移动网络浏览器或浏览器启动的软件(如 Flash 播放器,PDF 阅读器或图像查看器)中的漏洞。只要访问不安全的网页,就可能触发可以在设备上安装恶意软件或执行其他操作的浏览器漏洞。

▶ 3.8.3　网络威胁

避免或者限制使用开放的、公共的 IEEE 802.11 无线网络。此外,请确保正在使用的是最新的、更严格的安全协议(如 WPA2),并避免早期有缺陷的协议(如 WEP 和 WPA)。尽可能使用虚拟专用网(VPN)连接到组织的安全网络。然而,如果正在使用一个已完全不安全且没有密码的 Wi-Fi 网络,那么未使用 pining 或类似技术验证加密认证会话的落后 VPN 技术可能并不会提供有效的保护,因为网络攻击者可能会通过跟踪键盘按键的中间人攻击获得用户名、密码或通行码以及其他私人信息。移动设备的特点是既支持蜂窝网络同时也支持本地无线网络和蓝牙。每种类型的网络都可以承载不同类型的威胁。

✓ 1. 网络漏洞

网络漏洞利用移动操作系统或者其他在本地或蜂窝网络上运行的软件缺陷,如国际移动用户身份(International Mobile Subscriber Identity,IMSI)捕手。一旦连接上,它们可以截获数据链接,并找到方法在不知情的情况下向你的手机中安装恶意软件。

✓ 2. 电子窃听，例如 Wi-Fi 嗅探和蓝牙/蓝牙入侵

Wi-Fi 嗅探可以截获设备与 Wi-Fi 连接点之间无线传输的数据。有很多应用程序没有采取恰当的安全措施，通过网络发送未经加密的数据，这些数据在传输途中很容易被试图抓取数据的人读取到。加密网络的共享也同样糟糕。如咖啡店、餐馆和书店等公共网站可能有 WPA2，但很可能任何一个有密码的人都可以解密数据包。

蓝牙威胁非常严重。在任何时候都开着蓝牙的人很容易被恶意设备连接并被上传间谍软件。蓝牙入侵是一种使用他人蓝牙设备的老式攻击方式，它是指向区域内所有蓝牙接受者发送未经请求的信息（如 vCards 信息）。这可能导致网络钓鱼和恶意软件或病毒的传播。它最近被用于营销，但更多的现代智能手机已不太容易受到这种蓝牙攻击。

✓ 3. 位置侦测

位置跟踪，即通过用户控制的位置共享程序来跟踪其主动分享的当前地理位置。像 Facebook、Foursquare、Swarm、Tinder、推特、优步和其他类似的 App 会持有并分享实时位置信息，更不用说位置历史。

位置侦测，使用 IMSI 攻击绕过增强 LTE(4G) 的安全措施，也称 IMSI 捕手。网络攻击者使用三角定位法侦测某人的移动设备来确认其位置，此类攻击可能出于多种目的，比如针对名人或者专业人员。使用 IMSI 捕手来跟踪没有主动分享位置的人，与上述威胁相比十分不同。

✓ 4. 酒店或会议设施的网络

精明的网络入侵者已经知道利用酒店或会议网络以获得对移动设备的访问。用户应当避免在未连接到安全网络的设备上传递敏感信息。在可能的情况下尽量避免使用酒店的互联网或者网吧发送或接受重要数据。切勿在公共 Wi-Fi 网络进行商业上的操作。只有在必须使用且可以确保安全的情况下才使用无线通信。

▶ 3.8.4 物理威胁

移动设备小巧、昂贵,而且被随身携带,所以它们的物理安全也很重要。

✓ 1. 由于设备丢失、被盗或报废造成的数据被盗

丢失或被盗的移动设备对数据安全和隐私带来重大风险。移动设备是有价值的,不仅因为硬件本身可以在黑市上转售给第三方,更重要的是由于其可能包含个人和公司的敏感数据。移动设备/智能手机/平板电脑数据泄露可能带来法律上的影响,以及更大范围的数据泄露等影响。

数据也可能通过对报废移动设备/智能手机/平板电脑的攻击而被窃取。这些情况下,攻击者有意图恢复较长时间段内的信息,因为之前的设备所有者或用户通常不再期望尝试利用他们的信息了。在 eBay 或 Gumtree 上出售使用过设备,比如没有验证确实适当擦除了数据的设备,可能在设备上留有可以被下一个所有者恢复出来的个人信息,这可能被利用来对前一个用户发起攻击。事实上,很多安卓/移动设备管理设备擦除已经被证实并不能将数据安全的擦除。iOS 可以,但这意味着如果未经恰当的擦除并验证的话,数据仍然有被第三方读取的风险。

✓ 2. 未授权访问

许多智能手机用户在打开手机或将手机从睡眠模式唤醒时并没有密码锁。这个普遍的安全性缺失使得移动设备成为未授权访问的目标,这可能随后导致数据泄露和系统感染。在 iOS 中可以使用密码或 PIN 加密文件系统,并且激活密码加密的高级功能,例如在若干次错误输入密码后自动擦除设备上的数据。

✓ 3. 赠送

在参加行业活动时,通常会收到 U 盘作为礼物。这里的关注点是有恶意的人可能利用这个机会把预装了恶意软件的电子设备作为礼物。作为礼物的手机或者平板电脑可远不是一个由 USB 供电的装了麦克风的鼠标,因为它可能有更加不同的威胁而应引起更多关注。当设备被使用或者接入到

公司网络或个人设备时，恶意软件可能被安装并运行。

▶▶ 3.8.5 旅行威胁

如果带着电子设备参加知名活动或国际活动，请考虑公司配给设备的损害可能会影响到公司的信息和声誉。在大多数国家，不要期望在酒店、网吧、办公室或者公共场合拥有私密性。损害的影响程度根据使用的设备不同而有所不同，例如，企业设备和个人设备有不同的影响范围。

▶▶ 3.8.6 无意的数据泄露

开发者在应用程序中对设备信息和认证证书落后的实现方式可能将敏感信息暴露给第三方，包括位置、所有者的身份标识（诸如姓名、号码和设备ID）、认证证书和授权令牌。智能手机 App 可以自动访问 NFC 支付、高价电话、漫游数据、短信等。具有可以访问这些 API 特权的 App 可能被网络攻击者利用，尤其是滥用用户的财务资源，从而造成财务损失。

通常显而易见的是，在恶意的内鬼、失败的配置管理或拒绝攻击之外，可能只需要很少的几个步骤和非常低的复杂度即可造成数据损害。

☞ **个人影响**

- 社交工具和网络钓鱼欺诈
- 未打补丁的设备的影响
- 移动恶意软件的认知程度
- 认证凭证泄露
- 位置追踪等隐私威胁
- 使用需要财务明细的应用程序时的注意事项
- Wi-Fi 网络设置

☞ **组织影响**

- 数据丢失
- 供应链威胁
- 基于网络的威胁，例如网络攻击或 DoS 威胁

3.9　风险

　　许多安全术语被混淆了。尤其是风险、威胁和漏洞这三个安全术语,所以在这里做一下解释。术语"风险"是指受到特定攻击、攻击成功以及暴露给特定威胁的可能性,同时也要对风险发生的可能性加以考虑。可能性可以用诸如罕见、不太可能、有可能、很有可能和几乎确定等术语来表示,每个类别在可能性的量级上依次增强。术语"威胁"指的是特定攻击类型的来源和手段。术语"漏洞"指的是可能被成功袭击的系统安全缺陷。有一个常用的公式,$R = TV$(风险 = 威胁 × 漏洞)。例如,用这个公式来说明一下如何评定风险,如果有一个漏洞但并没有威胁,那么就没有风险;或者,如果有一个威胁但没有漏洞,那么也同样没有风险。如果既有威胁又有弱点并且风险发生的可能性是可能或几乎确定,那么风险就很高。

　　随着信息技术的进步,智能手机、平板电脑和其他类型的移动设备其功能更加强大、更多样化。定向的引导可以针对特定的技术或设备实现独特的安全控制,同时它却省略了其他方面的安全控制,但是在风险评估中那部分省略的剩余风险必须得到解决,以充分保护企业正常运营、企业资产、个人资产和其他企业。尽管智能手机和平板电脑提供了计算机的全部功能,但是智能手机和平板电脑上并没有与计算机相同的控制模型和安全控制,因此,试图将计算机的安全策略与流程应用到这些设备上并不能发挥作用。移动设备有自己的安全模型,有些甚至比笔记本电脑更安全。例如,iOS 几年前已经具有完整的文件系统加密,这比大多数公司的笔记本电脑及其终端加密更先进。移动设备管理技术经常提供比标准个人计算机反病毒软件更大的粒度控制和灵活性。此外,移动设备默认尝试更多地使用沙箱技术,这在桌面计算机级别(除了 MacOS X 及苹果商店沙箱)仍然很少被使用。在各个等级的设备中,都还有很多种类的安全控制模型:iPhone 具有与安卓手机不同的风险特性,并且相同设备的不同版本也可能具有不同的风险特性,这进一步使问题复杂化。

　　针对移动设备的威胁和攻击向量(黑客用来攻击计算机或者网络服务器的一种手段)通常是针对其他终端设备各种攻击的交响曲,攻击者通常具有明显不同的动机和目标。例如,一个攻击向量可能为了获得移动电话身份或凭证而采用社会工程或网络钓鱼,其他人可以使用它们来访问电话,就像他们是手机的所有者一样,旨在提取其他信息(如存储在移动电话中的银行凭证),以便稍后获得经济报酬。

目前存在一些涵盖移动设备各种风险的列表,每个列表都有一个稍微不同的重点并识别不同的风险。诸如 ENISA[①]、NIST[②]、开放 Web 应用安全项目(the Open Web Application Security Project,OWASP)[③]和 Veracode[④] 等各种组织都会定期发布风险列表。但是,对用户来说比较明智的做法是避免仅使用基于风险清单的安全模型。移动风险是一个很复杂的领域,有很多方法评估风险;因此,为确定什么是最好的和最适合的,个人与组织需要在上述风险列表和其他各式各样的列表中进行筛选。

相反,理解移动风险的目标应该是组织或个人如何能够识别他们与实际威胁之间的安全距离,以及如何将每天发生的大量现实问题吸收转化在他们的风险预测里。因此,用户应该更多地去了解风险点数,而不是花大量时间研究如何应对的具体步骤。实际市场上存在一些非常安全可靠的方法可以把非常机密的数据保存在移动设备上,这些方法也一直在不断地改进。

☞ **个人影响**

- 了解与个人关系最密切的风险
- 了解并采取确保移动设备安全最有效的方法
- 仅通过可靠的渠道下载应用程序
- 了解使用开放的公共 Wi-Fi 网络的风险

☞ **组织影响**

- 了解与组织关系最密切的风险

---

① ENISA,十大智能手机风险。请参阅:http://www.enisa.europa.eu/act/applicationsecurity/smartphone-security-1/top-ten-risks.

② 国家标准与技术研究所,2013 年企业中移动设备安全管理指南。请参阅:http://nvlpubs.nist.gov/nistpubs/SpecialPublications/NIST.SP.800-124r1.pdf.

③ OWASP,十大移动风险。请参阅:https://www.owasp.org/index.php/OWASP_Mobile_Security_Project#tab=Top_Ten_Mobile_Risks.

④ Veracode,移动应用程序前十名单。请参阅:http://www.veracode.com/directory/mobileapp-top-10.

- 管理移动设备中的恶意功能和漏洞
- 在业务风险控制范围内使用移动设备进行工作
- 数据丢失与组织声誉管理

3.10 移动应用程序开发机构的移动安全策略

不需要开发应用程序的典型企业不会涉及代码审查或开发人员培训。然而,对于任何开发移动应用程序的组织来说,都应在程序开发之前先进行移动安全策略的开发。下面从高层框架的角度列出了一些重点方向以供参考。

3.10.1 体系结构

体系结构应该足够灵活和健壮,能够支撑设备、应用程序和任何后端基础架构的运行及相关的网络连接。移动革命赋予了终端用户难以置信的能力,但这种能力同时取决于对后端信息系统的接入能力。这意味着对于现存系统而言,需要围绕着它们构建一个新的移动应用体系结构。

3.10.2 基本设备管理

对于组织配备的移动设备,应该专门用于工作,而且要禁止在个人设备上工作。

3.10.3 安全软件开发生命周期

移动应用程序应该在整个安全软件开发生命周期内进行定期的源代码复审,以尽早尽可能地检测到并消除任何代码漏洞。

3.10.4 数据验证

开发和实施充分的应用程序安全流程,以防止未经授权的代码篡改。

✓ 1. 开发人员培训

对开发移动应用程序的开发者需要进行移动安全意识的相关培训。

通过静态分析和自动化软件分析相结合的方法,以及雇佣有经验的专家对代码进行人工审查。与移动应用程序网络核心相关的部分需要深入的理解和专业的知识。

✓ 2. 会话管理

为移动应用程序实施恰当的会话管理,通常意味着移动应用程序使用持久令牌进行身份验证/授权以及会话管理。

✓ 3. 加密

应定义和实施移动设备的最低加密设置。

确保设备上已启用设备加密。尽管有一些设备制造商默认启用加密,但其他设备制造商要求在设备设置中手动启用加密。如果设备由个人所有,则应使用个人设备加密。如果设备由组织所有和管理,则建议使用企业级加密。

✓ 4. 数据机密性

考虑移动设备应用程序的默认数据机密性设置。

✓ 5. 环境及生物传感器

设备上的环境及生物传感器(比如加速度、环境温度、指纹或虹膜扫描、地理位置、湿度、手势、方位、距离、声音、视频/静态图像等)应符合组织的数据采集规定,而且他们的使用应该通过移动设备管理进行选择性控制。

✓ 6. 应用程序渗透测试

移动设备应用程序应采用多级测试方法。测试应用程序以确保它符合规定及最佳实践,对于移动设备应用程序,还要测试其网络功能以及应用程序可以连接到的每一个高级应用程序接口或服务器。此外,移动设备应用程序的渗透测试应该在应用程序被上传到应用商店或上线之前进行。

✓ 7. 处理身份管理

用户认证

在允许访问受保护的数据和软件之前,需要确认企业目录服务中描述的用户身份。

建议对机密数据使用双重身份认证,例如用户名/密码组合加上成功回答认证问题或正确的指纹识别。

注意:建议使用下面三种常用的认证方法。

- 单因素身份认证(如密码或个人身份号码 PIN)
- 多因素身份认证(如单因素身份认证加上软件或硬件生成的令牌代码或智能卡)
- 多步骤身份认证(如单因素身份认证加上发送给用户的额外代码)

通常,多步骤身份认证的第二步是让用户通过短信或诸如 Duo 的应用程序接收代码并且在输入个人身份号码/密码的同时(或之后)输入该代码。因为电话可以被认为是"你所拥有的东西",所以这也可以被认为是双因素身份认证。然而,实际使用的代码以及用于访问账户证书/接收代码的设备,在第二步中仍然是"你所知道的东西"。

双因素身份认证特指两种身份认证元素属于"你所知道的东西""你所拥有的东西"和"你是谁"不同分类的身份认证机制。

"你所知道的东西"的一个例子是密码。这是最常用的身份认证方法。我们每天都在用密码访问系统。不幸的是,所知道的东西可能会成为刚刚忘记的东西。如果把它写下来,那么其他人可能会发现它。"你所拥有的东西"的一个例子是智能卡。这种形式的身份认证消除了可能忘记所知道的东西这一问题,但是现在必须有一样东西在需要身份认证时可以随时使用。这个东西可能被盗并被攻击者所持有。"你是谁"的一个例子是指纹,它生来就有且可用来身份认证。毕竟,丢失指纹比丢失钱包要困难得多。

需要两个物理密钥、两个密码或两个生物身份认证的多步骤身份认证不是双因素的,但是这两个步骤仍然是有价值的。

设备认证

确认物理设备的唯一标识,它必须满足安全和配置要求,独立于任何设备用户。

设备访问控制

通过要求成功识别符合策略定义的密码、图案解锁、生物识别扫描、语音或面部识别来保护对设备的物理访问。

✓ 8. 个人携带设备

如果允许个人携带设备,组织应该考虑限制用户仅能使用某些类型的设备而不是所有的设备,这样可以有效的支持那部分设备,要避免消耗大量的时间、精力和资源来支持大量不同的设备。

✓ 9. 移动设备管理

一个深思熟虑的移动设备管理策略是任何成功的移动部署的关键要素。

理想情况下,组织的 IT 部门应至少了解组织中所使用的每一部智能手机和平板电脑,从激活直至报废。实现这一点需要一个统一的移动设备管理计划。建议对资产本身及移动应用程序如何使用这些资产进行定义。包括空中(over-the-air)设备数据擦除(即,擦除设备上所有应用程序和数据)、设备锁定(即,组织设备访问)和远程配置设备的能力。

✓ 10. 移动应用程序管理

定义有意义的可接受的使用策略以帮助设定企业对员工的预期。确保员工清楚哪些应用程序被列入黑名单、哪些应用程序被允许使用。

考虑建立集中的在线企业应用商店,用于分发、下载和跟踪符合策略的移动应用程序以供员工使用。

使用移动应用管理(Mobile Application Management,MAM)工具透明地安装和配置业务或安全类 App,特别是如果允许个人携带设备,不能指望每个员工都能做到准确无误。

建立一种跟踪应用程序下载及持续使用情况的方法,监控以检测过期或已停用的应用程序,并强制删除已列入黑名单的应用程序。

✓ 11. 报废

应该设定一个流程来报废遗留或使用周期结束的移动设备,以避免使易受攻击的设备被继续使用。这将有助于减少组织的技术债务并缩小被攻击面。

✓ 12. 审计

应进行定期的审计以确保策略的有效性,并且确认组织中没有缺口。

☞ **个人影响**
- 管理移动设备管理解决方案中的登记信息
- 确保移动设备上存储的数据是安全的
- 通过强密码或口令以保护移动设备
- 个人携带设备隐私问题和其他法律问题

☞ **组织影响**
- 保持用户对数字业务的信任
- 管理移动设备中的恶意功能和漏洞
- 管理使用周期结束或已停用的移动设备
- 目标是端到端的安全策略,其重点是从移动设备端点到其应用程序、数据到数据中心和/或云的核心的安全功能

▌3.11 缓解措施

随着企业越来越多的涉及移动设备,对移动设备安全性的需求也在增长。本节旨在向用户展示如何正确地实施设备安全。每个个体和/或组织都需要独立评估其用例和环境中的突出风险,并酌情考虑缓解措施。

有助于个人解决移动设备安全问题的一些缓解措施包括如下几个方面。
- 通过正常的生命周期管理维护最新的软件。
- 确保在可能的情况下使用强密码。密码不应该写下来更不能与设备

一起保管。

- 同步或备份移动设备以避免丢失或设备被盗的风险,同时也要确保它是个人整体风险降低策略的一部分。
- 了解有关移动设备的最佳实践。市面上有很多不好的想法和建议,所以核实所读到的建议是一个基本的步骤。尽可能多地使用最佳实践,以确保不依赖于单一控制来保护自己。
- 限制存储在设备上的个人属性。
- 复审隐私设置。
- 限制 App 和资源,例如在 iOS 上拒绝访问摄像头、浏览器、谷歌应用商店、YouTube、音乐和照片共享应用(如 Instagram 和 Snapchat 等)的特定设备功能或数据源。注意,在安卓上,限制应用和资源以及限制这些应用可以执行哪些操作的方法较少。
- 禁用设备从标准应用程序商店(如谷歌应用商店)以外的来源安装应用的功能,并仔细检查你要下载的应用的开发者,并非常仔细地审核应用的合法性。
- 配置诸如数据加密等设备安全设定。
- 总体上的设备和账户清理非常重要。因此,注销不再继续使用的所有社交媒体账号,因为条款和条件可能会发生变化。
- 尽可能禁用蓝牙、无线及"自动加入"网络的功能。这可以防止设备无意中连接到不受信任的网络。
- 如果需要无线功能,需确保设备可以支持的最安全的无线身份认证,而不是使用旧的、安全性较低的协议。例如,请使用 WPA2 进行无线身份认证。
- 禁用高话费通话和应用内购买。
- 使用搜索引擎对"数字阴影"进行研究,以确认是否有不想暴露的内容被通过移动设备放到了网络上,并对以数字形式发送的内容进行管理。注意,此活动并不简单,可能需要更改各种应用程序的设置以限制内容,以及跟进网站所有者对意想不到的和不受欢迎的内容进行删除。
- 仅将移动设备连接到受信任的计算机。在某些情况下,将设备插入未知的计算机,会使移动设备面临未知风险,在此之前应格外小心。将移动设备连接到不受信任的计算机不仅仅需要担心恶意软件,还需要担心破解或越狱,因为许多漏洞通常需要物理访问。同时还必须考虑诸如数据备份和数据拷贝的数据操作以保护数据。

- 为移动设备充电时,应该将充电设备连接到受信任的计算机上,或直接使用墙壁上的插座。还可以使用取消数据引脚、只提供充电引脚的 USB 充电器。

除了上述针对个人的缓解措施以外,一些进一步的缓解措施可以帮助组织解决移动设备的安全问题。

针对组织特别关注的移动设备缓解措施包括如下几方面。

- 类似于防火墙工作的方式将特定的应用程序列入白名单(或者第二首选项将特定的应用程序列入黑名单),默认情况下只允许访问已知的良好的网站而阻止其他所有的网站,而不是默认情况下允许访问所有的网站而只阻止已知的不良网站。
- 指导用户有关移动设备的最佳实践。
- 为企业所有和员工所有的手机创造一种平衡的方法以尊重双方的需求。如果设备由员工所有,则在可以做什么和不可以做什么方面会有诸多限制。例如,位置跟踪是可能违反工作场所监视的行为。同时它也是一个侵犯隐私的行为。
- 在连接企业资源时,只允许通过安全的技术进行连接,如企业级安全的无线网络和虚拟专用网服务。
- 强制执行安全策略以保护企业数据。
- 如果允许员工在网络中使用其自己的设备,则需要强制实施安全的个人携带设备策略。
- 不要将高度敏感的组织数据保存在移动设备上,或者作为次要措施,鉴定并保护存储在移动设备上的敏感组织数据。
- 通过将设备录入移动设备清单的方法在企业移动设备中禁止使用可移动媒介,如 SD 卡,从而禁用存储卡。例如,策略中允许使用 USB 卡但禁止使用 SD 卡。
- 通过上面提到的禁用 SD 卡的方法阻止附件自动运行或下载。

- 通过组织的移动设备管理和移动应用管理解决方案维护基准设备信息，从而检测和防止使用被越狱或破解的设备。
- 使用内部隔离来控制移动设备可以在网络中访问什么内容，例如 VLAN 分隔或网络过滤。
- 通过全面和选择性擦除加快处理不安全、被盗或报废的智能手机。
- 提供流氓程序保护机制及已安装应用程序清单。
- 确保移动应用程序的分布/配置。
- 定义和强制允许使用的设备类型、操作系统和补丁级别。
- 通过实施诸如保护通信安全的最新传输层安全、正确的密码、拒绝攻击 DOS 保护及定期安全评估等方法保持后台 API（或服务）和平台（或服务器）的安全。
- 确保与第三方应用程序或服务的数据交互安全。
- 遵守隐私法中关于同意概念的要求。例如，特别注意征求和保存用户对手机和使用用户数据的许可。

☞ **个人影响**
- 在移动设备上采取最佳实践。
- 管理证书。
- 安全地管理数据。
- 隐私。
- 设备和数据的丢失。
- 在丢弃移动设备前清空数据。

☞ **组织影响**
- 执行安全策略以保护企业数据。
- 管理个人携带设备资产（如果在组织中允许使用）。
- 维护和管理移动设备管理和移动应用管理解决方案。
- 对员工和移动应用程序开发人员提供移动设备培训。
- 遵守法律和法规要求。
- 保持后台服务和平台的安全。
- 遵守隐私法的相关规定。

在实施缓解措施时应当认识到对个人和组织所关心的内容存在共享/

重叠的部分。随着个人携带设备策略使用率的增加，这两个世界有互相连通的趋势，这意味着重叠模糊了两者之间的差别。

▶ 3.11.1　渗透缓解措施

渗透缓解措施是为了防止漏洞被滥用。它们通常通过诸如地址空间布局随机化(ASLR)或类似的技术使得未经授权的代码不能被执行或执行受阻进而不影响合法程序来达到漏洞不被滥用的目的。

新版本的智能手机和平板电脑操作系统已经在渗透缓解措施方面取得了显著的改进。供应商非常积极地开发和实施这样的技术，不仅因为它们可以帮助保护用户，而且它们也可以使越狱更难，因为越狱依赖于对安全漏洞的滥用。

注意：组织或个人对于供应商提供的渗透缓解措施技术所知甚少，无法确保平台已更新到最新版本的可用硬件和软件。无法自己启动这些技术(必须由供应商完成)，而且必须采购兼容的软件/硬件。

▶ 3.11.2　旅行缓解措施

对于公司配发的设备，在出发前，请咨询你的 IT 安全团队。他们能够确认设备配置是否正确，是否已安装所有更新、修补程序、加密和 AV 软件，并将出发前的设备设为基准，以备在返回后查找任何损害迹象。

从设备中删除所有不重要的数据。特别是重新考虑将敏感信息带到海外的必要性。

保持对移动设备(无论是自己的还是公司配发的)的物理控制，不仅是为了最小化被盗或丢失的风险，而且是为了保护存储在设备上的信息的机密性。建议随身携带设备，不要信任酒店、客房保险箱或其他服务所提供的设备保管。旅途中，切勿托运电子设备，设备应该放在手提行李中带进客舱。

在海外旅行时避免将不安全的 Wi-Fi 连接用于商业目的。只使用诸如有密码保护的商业 Wi-Fi 或可信的 Wi-Fi 网络。尽可能连接到组织的虚拟专用网以使用互联网。注意：可能无法在不使用 Wi-Fi 的情况下执行此操作，而且因为在虚拟专用网连接建立之前可能会发生什么，所以也存在虚拟专用网程序是否可信的问题。例如，很多设备在加入网络后仍然会泄露信息。

最后，当返回后，如果设备因为任何原因离开过身边请告知 IT 安全人员，尤其是当去了一个高风险的国家。如果设备被置于宾馆房间里很长时间，也请告知 IT 安全人员。IT 安全人员应该能够检查出设备中是否存在恶意软件或者被损害的证据。

▌3.12 移动安全技术控件

本部分包含移动设备安全下的一些有关技术控件的建议。有许多技术控件可用于降低使用移动设备所产生的风险，然而并不适用于所有类型的移动设备。

为了预防丢失、被盗或设备被放错地方的风险，下面是一些可以保护数据的措施。

▶▶ 3.12.1 密码、口令和生物识别

密码是一个重要控件，因为弱密码可能导致绕过或使许多其他控件失效。如前所述，一个重要旁路风险是因为使用了简单的个人身份号码 PIN 作为保护，而同时丢失/被盗的设备被连接到电脑上以进行暴力破解并挂载文件系统。

在笔记本电脑上使用长而复杂的密码并不会给用户带来不便，因为笔记本电脑通常都具有全键盘，可以很轻松地输入密码。

确保用户为智能手机和平板电脑选择安全的密码可能特别具有挑战性，因为他们通常在一天中经常使用手机，用户会定期检查短时间内收到的信息，而不是延长工作时间。

密码或口令保护设备并启用自动锁定。在设备上安全地处理密码凭据，例如选择设备可以支持的最强字母数字密码或口令。

用户过高地估计了设计一个好密码的难度。这个努力是值得的，因为

一个强密码比一个可能很容易受到字典攻击的密码更难被破解。

一个好口令同时也是对移动设备友好的例子是"scratchybrownv-iny1420",这 21 个字符里使用了随机选取的常用单词和一些数字,或者"Back2dafewture!"这个简单好记的 15 个字符的短语,其中包含大写字母、数字、一个代称、一个拼写错误的单词和一个特殊字符,虽然全部输入进去有点麻烦。其他示例密码还有"x-Ray vision Is g00d",或者混合使用不同语言的文字,例如在英语短语中间添加一个马来西亚字符。

还应当注意,一些先进的移动设备上具有生物识别锁,这通常可以提供更安全的、可以作为补充或者替代的安全控制。

▶▶ 3.12.2　加密

虽然几十年来加密一直是 IT 系统的主要部分,但是在移动设备中的实现加密却遇到了明显的挑战,这是由于需要管理的设备其数量不断在增长,因此用户转而使用自动化企业系统。其中一个原因是某些手机品牌的成本对某些经济体来说是高得惊人的,这为不包含这种特殊芯片的安卓或 Windows 手机的普及铺平了道路,这可以使它们便宜三到四倍。如 Auguste Kerckhoffs 所述,即使在移动设备中,除密钥之外关于加密的一切知识都是共识。这里强调了为链路加密或者保护数据安全而生成安全密钥算法的重要性。

✓ 1. 代码加密

开发人员或组织有多种理由对其移动应用程序中使用的代码进行加密。从操作系统的角度看,它可以通过提供检测代码是否违反完整性的工具来帮助维护系统的完整性。从用户的角度看,它可以保护他们免遭信息窃取或隐私侵犯。

并不是所有移动操作系统供应商都默认实现代码加密。比如 iOS 默认执行二进制加密,然而安卓设备并不都是这样。需要注意的是,代码签名与代码加密不同,因为大多数移动应用程序管理委员会都会要求应用程序进行不同程度的签名。我们稍后会进一步讨论这个问题。

代码加密可以帮助防止逆向工程或代码篡改,但是,这种控制的有效性已受到许多从业者的质疑。因为糟糕的密钥管理实践和不安全的算法实现严重降低了代码加密的有效性,所以这些从业者提出的问题点是,在被加载到处理器中被执行之前,加密代码必须在设备上进行解密。在这个运行时间点,可以轻而易举的提取到内存中已解密的代码。

基于身份的代码执行利用代码签名技术可以很好地解决大部分的安全和隐私问题,并且可以克服单独的代码加密未能完全解决的诸多限制。和任何技术控件一样,必须在实施期间保持意图。证书和密钥管理技术可以涵盖适当的过程和技术控制,从而实现代码签名的益处。自签名证书和管理不当的私有密钥对代码签名没有真正的益处。

✓ 2. 数据加密

数据加密能够保护用户和消费者的数据和隐私。应用代码自身也是数据,有实际的用途,可以按照其数据类型的不同定义相应的主要控制目标。在定义"是谁的数据"时,更容易地看出这种描述是从我的角度来、基于我所知道的和从事的事情,还是来自应用程序、基于开发人员的知识产权以及他们的基础设施和架构。当谈到代码时,从合理正当的观点来看,主要的控制目标应该是数据完整性。这并不意味着代码的保密性不重要,但是当知识产权的完整性得不到保证时,保护知识产权并没有什么意义。例如,如果你不能保证诚信,你怎么能确定别人看到的信息就是你实际发布的? 用户期望移动设备中的用户生成的内容被本地存储在设备中。但是,在某些情况下数据并没有保存在本地,这不仅对安全和隐私具有影响,而且对弹性和业务连续性也有影响。用户数据被同时保存在本地和云中。我们来看看下面两个环境中提供的安全控制。

本地

随着对隐私的关注越来越多以及对使移动操作系统切合企业 IT 的探索,几乎所有移动操作系统在其最近的版本中都提供了一种全磁盘加密的解决方案。在这种情况下,全磁盘加密仅仅指的是在将数据提交到磁盘之前对数据进行加密,并在将数据提供给进程调用之前进行解密的过程。这并不意味着整个磁盘都被加密。事实上,一些移动设备供应商只对某些卷进行加密,但仍称之为全盘加密。

云

云存储由移动应用程序管理者提供,移动应用程序开发人员在某些情况下提供备份数据并提供多设备支持和同步的手段,因为他们希望挖掘个人数据以将其销售给第三方或生成广告。

以下是经常存储在云中的一些数据类型,以及一些存储供应商提供的现有安全控件。

可能存储在云中的数据类型:

- 联系人列表
- 浏览器书签
- 聊天日志
- 系统和应用程序特定的设置和日志
- 下载的免费和付费内容,包括应用程序
- 密码(例如已保存的密码,如 Wi-Fi 网络的密码)
- 照片
- 游戏存档

实际上,几乎所有应用程序中涉及数据的功能都可能向在线服务器传输/保存数据。在线服务器的缺点是它们需要一直保持数据连接。

可以肯定的是,离开设备的静态数据是能够被其他人读取的,除非它在移动设备内已经根据用户输入而生成的密钥进行过本地加密。

☞　标注:也许值得回想一下有多少移动应用程序或者平台在其向云中存储数据之前要求输入用于生成备份加密密钥的信息。你认为数量并不多,对此我们并不惊讶。

应用程序的个人身份号码/密码与应用程序数据的加密之间也有区别。许多应用程序在启动之前需要一个额外的个人身份号码选项,但这并不意味着数据被加密,用户需要阅读开发人员的说明来确定这一点。

经常看到有公司声称他们的产品是安全的,因为他们使用传输层安全TLS 协议等。虽然它们确实解决了传输层安全问题,但它们对云存储中静态数据的安全性没有影响。如果解决方案需要用户输入变量用于数据的加密和解密,则可以最好地保证静态数据的安全。

以下实现可以为存储在云中的数据提供一定级别的保护。

- 密钥生成过程发生在设备上
- 此密钥使用用户提供的输入进行加密
- 使用此密钥加密个人数据
- 只有用于数据加密并被加密过的密钥和加密的数据被保存在云中
- 数据只有在被恢复到设备后才会被解密

任何其他的密钥管理设计实现都是有问题的。例如，硬件安全模块（Hardware Security Modules，HSM）并不是设计用来管理上百万密钥的。所有这些方案都有一个理论上的限制，包括那些附加了云端资源，但表现得非常传统的方式。在设备中可以拥有类似于 HSM 的功能，例如受信任的平台模块（Trusted Platform Module，TPM）和苹果的加密处理器，即便如此，正如本文介绍的那样，它们只是将问题带到了设备自身而已。把上百万个密钥放在一个解决方案中的设计，即使在理论上可行也绝对不是一个好设计，因为解决方案可能因为系统开销过高而成为瓶颈。

密钥管理设计

密钥管理设计描述了如何保护、管理和分发加密密钥。在核心部分，任何密钥管理设计都遵循相似的方法。虽然设备或平台的具体实现可能不同，但都包含以下主要组件。

- 信任链

这是密钥层次结构的起点，即起源。在大多数情况下，此起源是移动设备的唯一设备标识符（UID）。有多个不同的机构提出这个唯一设备标识符不能被看到，也无法被任何人提取出来，包括设备生产商在内，但这可能难以实现。为了本书的目的和对概念产生一个基本的理解，除非唯一设备标识符仅由设备用户利用设备自身在设备内生成，否则我们不能确定设备制造商是否具有访问你数据的能力。话虽如此，我们还是要重申的是，加密是延迟访问数据的科学，而不是阻止它。

- 主密钥

主密钥可以由唯一设备标识符创建，也可以在没有使用唯一设备标识符的设备中创建，一些密码学库函数可以被用来生成主密钥。这些函数可以利用环境变量生成主密钥。一些制造商声称他们只使用内核级密钥导出函数。这种深层功能的目的是在模块级别的数据上实施加密，并不是什么真正的安全优势。该主密钥用于加密密钥存储或包括诸如数据加密密钥在内的其他密钥。

- 用户设定的个人身份号码/口令

在大多数情况下,这个用户设定的变量(此后简称为个人身份号码)仅被用于加密主密钥。从设计角度,有一个很好的理由解释在数据加密密钥的实际生成过程中不包含个人身份号码。根据设计,用户设定的个人身份号码预计会被频繁更改。当用户更改个人身份号码时,除非加密数据的密钥是完整的,否则需要将整个卷解密,然后再用新密钥重新加密。虽然我们在使用这个用户设定的变量来生成主密钥时没有看到任何重要的设计约束,但是这种实现并不常见,原因并不为我们所知。即使目前没有任何人讨论这个话题,这也应该是最重要的话题之一。因为这个话题不符合本书的意图并且本书的基调不适合做更深入的探讨,所以在这里只对其进行了高度概括的阐述,但它是需要在其他场合进行更深入的探讨。

- 密钥商店

在某些实现中也称为密钥袋,这是用于存储加密密钥的软件结构。这些密钥商店常驻在设备中,也被用于将密钥传输到其他系统,如授权进行备份/同步的设备及管理服务器。

即便使用了如此复杂的实现,数据也只是在启动后或者启动并解锁设备之后(取决于实现方式)才会受到保护,此时介质将被解密,数据将以明文形式提供。这并不是一件可怕的事情,因为这是一个控制周期的解决方案,例如全盘加密控制周期结束。在包括笔记本电脑和工作站在内的任何类型的设备上实施全磁盘加密解决方案的实现都是如此。这里要注意的重要检测内容是,在设备启动以后,直到用户成功地通过解锁过程验证了他的身份之前,数据不应该被解密。需要重申的是,当系统在重新启动后被解锁,唯一可以用来保护设备上的数据是你的个人身份号码。图 3.2 来自 *NIST Special Publication* 800-63,其展示了密码长度与猜测密码的困难度(表示为熵)的对应关系。

虽然上述设计是常见的,但它不是通用的。我们鼓励读者了解更多,并向他们的供应商和解决方案提供商提出问题。这是对解决方案的安全性有详细保证的唯一方法。

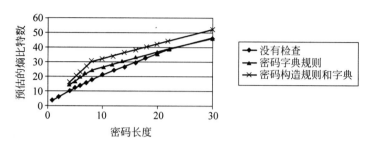

图 3.2　猜测密码的困难度

✓ 3. 密钥管理

　　密钥管理通常作为其他安全活动的基础,因为大多数保护机制以某种方式依赖于密钥。有太多具有不同程度复杂性(感官上的)的密钥被不适当的密钥管理基础设施所管理。图 3.3 展示了在管理每个密钥类型方面的相关复杂性的整体状况。目前人们已经意识到,如果有明确的需求定义和感知管理以及少量的技术投资,在这一领域是有一些快速取胜的机会的。

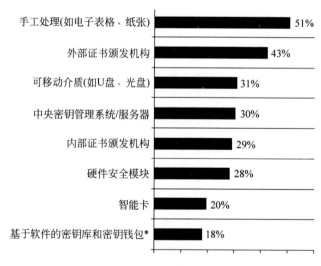

图 3.3　全球加密和密码管理趋势研究(2015 年 4 月 20 日)

---

　　*　密钥钱包通常是指存储可信证书、证书请求和私钥等凭据的容器。——译者注

尽管如此，需要承认在管理用于公钥基础设施和持久数据保护时遇到了密钥数量不断增长带来的诸多挑战。密钥管理系统（如果有的话）没有按比例扩建以满足管理密钥的增加及保护这些密钥的要求。此外，用作密钥管理系统的一些技术不是专门管理密钥的。例如，在图3.3中可以全面地观察到一个概念，即认证机构（Certificate Authority，CA）是一个密钥管理系统，尽管它并非设计用于密钥管理（图3.3）。

在我们看来，密钥管理系统/解决方案是用于生成、分发和管理加密密钥的集成方法，而不是用来给设备和应用程序发放证书的。密码技术的有效性高度依赖于保护密钥的系统和过程的有效性。如果不能确保密钥的完整性，那么加密数据的完整性也无法得到保证。仅执行加密却没有适当的密钥管理，就失去了控制的目的。密钥生命周期的管理涵盖了密钥从创建、初始化、分发、激活、停用到终止。

▶▶ 3.12.3　虚拟专用网

虚拟专用网（VPN）经常被那些不能保证网络连接安全，但又可能需要访问组织资源的移动工作人员所使用。如果配置正确，它可以防止攻击者拦截和修改数据流量，同时允许获得访问权限的操作使用内部资源。然而，虚拟专用网在以下几种情形下不能保证安全，攻击者控制了移动设备，或攻击者与虚拟专用网用户在同一网络中，例如在咖啡店、酒店、网络服务提供商（ISP）/电信网络，甚至是虚拟专用网运营商内部的网络。配置不当但安全的虚拟专用网可能会带来风险，因为它们可能会暴露敏感资产，并可能允许攻击者访问组织的内部网络、信息系统或凭据，使其能够在组织内获得立足点，为后续攻击提供方便。增强虚拟专用网安全的一种方法是部署多步骤认证或多因素认证以加强虚拟专用网的安全状态。

有三种主要类型的虚拟专用网可用：
- IPSec虚拟专用网，当网络端点已知并保持固定时，在点对点连接中非常有用。
- SSL虚拟专用网，通过网络浏览器提供访问，通常由远程工作人员（远程办公人员或商务旅行者）使用。
- 移动虚拟专用网，当移动设备通过其他无线或有线网络连接时，允许移动设备访问网络资源和软件。移动虚拟专用网用于工作人员需要在整个工作日中始终保持应用会话打开的情形,他们通过各种无线网络连接接入,当遇到网络覆盖范围不足时,会暂停并稍后恢复网络连接以保持电池寿命。常规虚拟专用网不能幸免于这样的事件,因为网络通道被中断导致应用被断开、超时、失败,甚至导致计算设备本身崩溃。移动虚拟专用网越来越多地被移动专业人士和白领工人采用。它们常用于公共安全、家庭护理、医院设施、现场服务管理、公用事业和其他行业。

▶ 3.12.4　用户培训

用户培训比技术控制更重要。在安全性较差的设备上受过教育的用户比具有"强"安全性设备上的未受过教育的用户更安全。

如何实际地使用所有已布置的安全控件、信息资产价值意识和了解大局的重要性是非常重要的,应该是任何培训计划的重点。注意:这是一个值得进一步考虑的非常重要的话题。如果用户甚至移动应用程序的开发人员对安全没有正确的认识和理解,那么世界上的所有技术控件都没作用。

▶ 3.12.5　越狱和破解

越狱和破解是指移除设备制造商施加的限制的过程,修改操作系统以便删除本机操作系统的限制,并且可以对操作系统和底层文件系统的任意部分进行修改。这允许最终用户安装从应用商店以外的第三方软件。本质上说,越狱后允许使用未经制造商认可的软件。

设备厂商不希望用户对其设备进行越狱以绕过操作系统的限制,进而对默认软件进行更改或者运行第三方应用程序。要实现越狱,必须有人找到一个允许设备被"利用"以绕过制造商保障措施的安全漏洞。

安卓允许用户安装谷歌应用商店以外的第三方应用程序,所以安卓不需要越狱。这既是一个很棒的功能,同时也是对操作系统安全的一个威胁。因此用户需要了解这一点并在安装第三方应用程序时进行权衡。

破解是获得设备"根权限访问"的过程,即获得对设备的控制特权或管理员访问权限,并绕过安卓为避免用户享有管理员访问权限而设计的安全架构,在绝大多数情况下用户不需要这样的权限。

注意,破解通常发生在安卓设备上,使得用户能够执行那些普通用户无法执行的操作,但是破解也可能在其他设备上发生。

在某些设备上,破解可能需要通过安全漏洞实现。就像看待越狱一样,制造商通常不希望你进行破解,因为它会影响设备的性能和行为,并可能导致售后支持问题。如果对底层操作系统和应用程序进行了更改,那么功能可能会发生异常引起客户投诉,并可能导致糟糕的用户体验。

应当注意的是,经过越狱、破解的非制造商设备可能不响应数据擦除命令,因此在设备丢失被盗或丢失的情况下会对用户的敏感信息构成风险。

☞ **注意**:为了安装未经批准的第三方应用程序或功能而移除移动设备中的硬件限制(例如在安卓上执行破解,或在苹果上进行越狱)可能会削弱内建的安全防护功能,让手机容易遭到恶意软件的攻击。

▷ 3.12.6 补丁

修补是修改软件缺陷和改进软件功能的过程。当发现漏洞时,智能手机和平板电脑需要更新补丁。然而,由于在当今的移动操作系统可以通过配置来限制应用程序所能执行的操作,所以重要的攻击都是面向操作系统本身。但应当注意的是,越狱或破解破坏了这种保护。因此,许多攻击者、安全专家和越狱者都在尝试寻找移动操作系统中的安全问题,或更频繁地在供应商分布式应用程序中查找可以被利用为操作系统漏洞的入口。例如,苹果在 iOS 9 升级中改进/修复了 iOS 8 最后一次发布中的大约 100 个安全问题。

▷ 3.12.7 资产管理

资产管理是企业决定政策和监督其实施的重要控制方法,同时也是对违约或安全问题的有效响应。

移动设备管理软件可从许多供应商那里获得，包括简单的资产列表在内，每个供应商都可以提供一系列功能。然而，移动设备管理软件很少向智能手机或平板电脑的操作系统中添加控制，相反，它为访问设备本身内置控件提供了便利。因此，移动设备管理解决方案可以提供的控制级别取决于设备，有时取决于设备的版本甚至设备制造商。

▶ 3.12.8 移动设备管理

移动设备管理（MDM）解决方案提供了诸如安全访问公司电子邮件、自动的设备配置、基于证书的安全性以及对企业设备和用户自有设备上选择性擦除企业数据的功能。

移动设备管理软件通常可以显示设备是否被越狱。越狱会取消激活或绕过许多重要的安全控制，因此建议对其进行跟踪并取消配置所有被越狱的设备，以防止其访问组织的资源。

以下部分涵盖了组织的一些特定移动设备管理领域。

✓ 1. 库存清单

组织的移动设备管理应该维护一份需要被管理的设备的列表，即移动资产库存。

移动设备管理库存清单应该包括以下几项。

设备库存清单

除基础信息（例如，设备 ID、硬件模型、固件版本）以外，移动设备管理可以帮助记录和报告诸如无线适配器和移动存储器等相关资产。

库存清单分类

移动设备管理可以通过移动操作系统版本或状态（例如，未知、已授权、预分配、已停用）来自动对设备进行分类。

库存清单维护

移动设备管理可被用于定期轮询设备，在网络连接时检查变更或执行由管理员启动的审核。

物理跟踪

由于许多智能手机现在都支持 GPS，所以基于位置的移动设备管理功能是可能的。

数据库集成

移动设备管理能够使用库存导出或报告将被管理的移动设备收录到公共数据库中。

✓ 2. 设备资格

设备资格取决于许多特性,包括组织准备支持的操作系统和供应商/型号/版本。组织需要决定支持哪些平台(例如,苹果 iOS、黑莓操作系统、谷歌安卓、微软 Windows Phone)和最低型号或版本(例如,运行安卓 4 + 的三星 SAFE 设备)。与设备无关的管理选择应尽可能做到实用,同时建立特定业务用途的基准接受标准(例如,带有远程查找或擦除功能的硬件加密设备)。

✓ 3. 设备注册或用户登记

移动设备管理可以帮助管理员注册组织配发的移动设备,或者让用户注册他们自己的设备(例如,通过注册门户)或这些方法的组合。

有了良好的移动设备管理,用户可以快速地自行注册他们的移动设备。

✓ 4. 屏幕锁定

如果发现移动设备违反策略、丢失或被盗,或者员工离开组织,移动设备管理服务器可以采取措施通过多种方式保护公司信息。

移动设备管理可以远程擦除设备,永久删除设备上的所有媒体和数据并将其恢复为出厂设置。如果设备仍在寻找过程中,IT 部门还可以选择给设备发送远程锁定命令。这将锁定屏幕,并要求通过用户的密码进行解锁。

✓ 5. 政策

为了获得用户的赞同,组织策略可能需要平衡用户的访问愿望和组织的安全愿望。政策应该在理解业务和用户需求的情况下制定,因为经验表明当用户感到限制太多时会尝试绕过或以其他方式禁用控制。因此,应该教育用户了解限制的原因以及绕过它们的影响。

☞ **注意**：无论使用何种手机,启用自动更新功能以确保操作系统和应用程式保持最新状态都是至关重要的。旧版本的软件可能存在安全问题,不怀好意的人可利用这些问题读取你的数据。

✓ 6. 个人携带设备和选择自己的设备

如果个人携带的智能手机和平板电脑被用于商业目的,那么建议使用移动设备管理软件对其进行管理,因为这可以确保遵循组织策略。

个人携带设备的替代方案是选择自己的设备。与允许员工携带自己想要的智能手机或平板电脑相比,让员工在批准的设备中进行选择就为 IT 提供了更多的控制。

然而,选择自己的设备策略意味着员工的自由度较低,可能无法提供与个人携带设备一样高的满意度。

企业可以让员工从那些确定可以被管理和被保护的设备中进行选择。这对于处理安卓碎片化(市场上有大量运行不同安卓版本的手机)很有用。选择自己的设备确保仅支持最新和最安全的操作系统版本。

✓ 7. 远程擦除个人携带设备

许多配置允许公司管理员擦除已被使用的个人携带设备。有效的移动设备管理解决方案实际上可以进行选择单个应用程序擦除并且只擦除组织数据,即仅删除公司信息的"选择性擦除",而不需要擦除整个设备。但是,在某些情况下,管理员需要擦除整个设备,例如,如果没有围绕企业数据的容器则在擦除企业数据时就不得不导致擦除整个设备,这意味着个人数据也将在擦除过程中丢失。一个完全可能发生的用例就是员工未在其他设备上进行备份的家庭照也被擦除掉。管理员可能希望擦除设备以确保组织数据的安全,而员工可能希望等待设备中的数据被恢复。擦除设备可能会给组织带来法律问题。

因此,政策和用户教育至关重要,所以组织强烈鼓励针对个人设备制订一项将远程擦除考虑在内并确保用户了解其影响的策略。同样的,用户需要在移动设备管理解决方案可支持的范围内及组织策略的众多要求下完成他们的工作。

▷ 3.12.9　移动应用管理

　　成功的企业移动性管理需要具有企业应用商店的移动应用管理（MAM）解决方案，以及具有保护移动应用安全、验证最终用户、区分业务应用程序和个人应用程序、监控应用程序性能和使用情况、远程擦除被管理的应用程序、必要时撤销应用程序的能力。

　　移动应用管理与移动设备管理不同，其专注于对应用程序的管理。它提供了对设备的较低程度的控制，但是提供了对应用程序的更高级别的控制。移动设备管理解决方案通过说出需要什么主操作系统、配置设置及对所有应用和应用数据的管理、诸如账户（例如，电子邮件账户）或网络连接（虚拟专用网，Wi-Fi）等关键因素等等对设备进行管理。

▷ 3.12.10　远程跟踪与擦除

　　远程跟踪与擦除与远程擦除略有不同。远程跟踪与擦除旨在减轻设备被盗或丢失的风险。对许多人来说，这个功能给终端用户提供了找回丢失设备的自助服务，给予用户与生俱来的控制能力。iOS内置了这个功能，最近的安卓设备也开始支持这个功能。它能够令设备保持互联网连接或定期建立连接以检查更新，甚至进行背景连接通信。

　　大多数当代的智能手机和平板电脑平台都具有内置到操作系统中的远程擦除和跟踪功能。由于平板电脑可能并不总是具有移动互联网连接，因此在连接到数据网络之前，跟踪或擦除平板电脑可能更加困难。

▷ 3.12.11　防病毒或反恶意软件

　　防病毒解决方案是常见的预防恶意软件的有效控件。旧版防病毒解决方案的缺陷是，必须先检测并分析恶意软件，然后才能通过防病毒产品识别恶意软件，但这种风格已经不再那么常见。许多较新的移动解决方案使用行为分析并将信号发送回远程的云服务器来分析恶意软件，数字签名依然在使用，但已经出现了越来越多的其他解决方法。

　　无论所有权如何，使用Windows的企业系统所使用的防病毒解决方案具有更高的价值,但这也是威胁所在。此外,由于防病毒依赖于更新以便有效地工作,所以安全策略应确保防病毒软件能够及时更新。

适用于 iOS 和 Windows 设备的防病毒解决方案(如 iPhone,iPad 和 Windows Phone 设备)提供内置于操作系统中的安全“控件”,但它们同时也带来安全风险。因此,这些设备上的防病毒通常被限定于只扫描特定文件,而不是提供对文件的后台访问扫描。如果防病毒可以在平台上自由操作,这意味着恶意软件也可以。然而,这样的权衡是值得鼓励的。不希望任何软件对操作系统或设备进行完全和无限制的访问——只有操作系统内核和严格限制的 API 才可以。

安卓是另外一种情况,因为操作系统更加宽容,却同时也带来了诸多问题。宽容是有代价的,如果用户愿意接受该代价,那么就能够获得额外的控制和保护功能。恶意软件已出现在安卓设备上,因此防病毒产品可能会像在笔记本电脑上那样为移动设备保驾护航。

▶▶ 3.12.12   传输安全

大多数智能手机能够使用包括 Wi-Fi、运营商网络(3G、4G、CDMA、GSM、LTE 等)、蓝牙等多种网络连接方式,如果用户允许应用程序使用不安全的传输通道,那么其传输的敏感数据就可能会被拦截。因此,建议在不使用 Wi-Fi 或蓝牙时应禁止无线自动连接,以便止未经授权的无线连接对设备进行访问。

☞   **注意**:网络攻击者可以通过免费的公共 Wi-Fi 捕获信息。使用公共 Wi-Fi 进行敏感的在线交易(如网络购物或网上银行)是有风险的,应该加以避免。在连接到可靠的 Wi-Fi(如在家中)时可以更加安全地执行这些活动。

▶▶ 3.12.13   移动设备使用控制

移动电话电信服务提供商具有用于控制移动设备的各种选择,包括隐私和使用的控制,过滤内容以及位置和监视设置。

✓ 1. 使用控制

大多数公司允许用户关闭一些功能,如下载视频或图像、短信、昂贵收费电话、海外呼叫和互联网接入。这些控制包括控制呼叫次数或文本信息的数量，以及设置限制时间等等。

✓ 2. 内容过滤

内容过滤可以阻止对某些网站的访问，增强了移动浏览的安全性。某些过滤器也可以限制视频和其他多媒体。

✓ 3. 位置和监控设置

这些控制允许用户使用内置的 GPS 系统来跟踪移动设备的位置。

☞　**注意**：移动设备上的位置服务非常适合找到路线或定位附近的服务。它也可用于共享当前所在位置的详细信息。公开共享此信息可能会给用户带来风险。

▶ 3.12.14　内存

大多数现代移动设备都包含 SIM 卡和可移动存储（例如 SD 卡），并且大多数设备具有一定量的内部存储空间。如果打算使用新的移动设备替换旧的设备，在处理旧移动设备之前，请务必考虑从 SIM 卡、可移动存储设备和内部存储中删除所有的个人信息、照片、邮件和联系人。然而，值得注意的是，一些信息可能仍然存储在设备上某个遗漏了的或受制造商限制的位置。

▶ 3.12.15　跨境数据窃取

移动设备作为数据离开组织管理范围的载体并不是什么新鲜事，因为从笔记本电脑开始的固有移动性一直使其无法依靠强大的周边获得充分的保护。云计算革命和无数位置不固定的托管应用服务使数据更容易跨越国界。随着移动设备使用规模的增加，存储有应用程序和数据的移动设备被带到世界各地使用，这给个人和组织都来了风险。此外，在移动设备之间传输数据所需符合的法律和限制在每个辖区都不相同。因此这个架构涉及很多法律/管辖的问题，组织机构也只是刚刚开始着手解决。

网络犯罪的跨国性质意味着各组织应该通过改进数字文件安全技术来确保良好的文件保护措施。第二个方面是对于那些具有国际办事处的组织，他们经常要跨境交换文件,因此应与世界各地的同事建立积极的关系,以确定和最大限度地减少应对跨境数据盗窃而采取的迅速有效国际合作的障碍。

▶ 3.12.16　监管保留

移动设备能够保存和处理的数据数量已经急剧增长。

越来越多地使用移动设备的固有存储和计算能力,造成了新的数据保留风险。例如,公司董事会成员使用 iPad 访问公司的机密数据和董事会报告的现象日趋普及。虽然在设备上提供纸质文件的电子副本可能是安全的,但是那些在设备上做出的对文档的批注所构成的法律文件并没有被企业收集和保存。这对于遵守法定记录保存要求和预防法律风险来说非常重要,例如所得税评估法,它要求企业在未来若干年里依然要保存所有记录,包括批注,并能够解释所有交易及与法案相关的其他行为。"公司法"也是如此,它要求公司在完成记录的交易后,保留公开公司交易、财务状况和业绩的文件若干年。和这些法案类似、具有不同保留期的法案有很多,具体取决于所涉及的国家。

☞　**个人影响**
- 管理凭据
- 安全地管理数据
- 保持移动设备的更新
- 在不使用时锁定移动设备
- 隐私
- 设备和数据丢失

☞　**组织影响**
- 管理上述全部事项的全面技术控制
- 处理与越狱和破解有关的问题

▌3.13　取证

移动设备取证涉及在合理条件下从移动设备恢复数字证据或数据,因为诉讼要求必须保留"证据"。

随着移动设备的普及,手机和其他电子设备提取的法庭证据可能是调查人员在民事和刑事诉讼案件中的宝贵证据。更智能、更强大的移动设备隐藏了对调查人员和检察官而言非常宝贵的潜在证据。移动设备中的数据可以被提取出来,然后用于生成关于一系列数据的报告,包括个人的通信、位置和旅行习惯。例如,在犯罪调查中,包括诸如日历事件、通话记录、电子邮件、信息(短信/彩信/电子邮件)和照片通常能够以报告的形式提交给调查官员。为了使证据可以在法庭上被采纳,则必须遵循相关的取证流程。

有许多框架为构成这些程序基础的数字取证提供指导。数字取证框架已经出版(Kent 等,2006;McKemmish,1999;Martini 和 Choo,2012),包括移动取证程序和工具(Me 和 Rossi,2008 年;Owen 和托马斯,2011 年;Savoldi 和 Gubian,2008 年)。这使得从业者能够在高级别的取证流程的开发中做出合理的决定,指导在特定案例中使用特定工具(Guo 等,2009)。

数字取证从业人员,特别是执法人员面临的关键战略挑战之一是数字取证技术能否跟得上通信和信息技术的快速发展,并能够被公众和罪犯广泛接受(Adams,2008;Choo,2011)。例如,智能移动设备比传统移动电话复杂得多,并且具有一系列的个人数据管理设施,这些移动设备更像个人计算机,而不像手机。因为保存了大量的对取证调查者来说可能感兴趣的数据,这使得对智能移动设备的分析特别有趣。2016 年 FBI 想要苹果解锁圣伯纳迪诺案件中枪手的手机一事被媒体广泛地报道,但这远远不是一个孤立的案例[①]。正如 URX.COM 的 Nate Smith 所说:"移动设备的未来是一个更复杂的应用程序互联的生态系统!'被墙围起的花园'将被拆除,应用程序之间的道路和桥梁将被建造起来。用户在他们的手机上安装的各个应用程序之间的关系对消费者和企业本身而言将变得越来越重要。"然而,与传统取证计算机硬盘相比,移动设备收集证据的方法是完全不同的。

☞ **个人影响**
- 在移动设备上存储不必要的数据可能会暴露个人习惯

---

① 美国正在进行的手机解锁案例,参见 http://techcrunch. com/2016/03/30/aclu-map-showslocations-of-63-ongoing-phone-unlocking-cases/.

☞ **组织影响**

- 在快速发展的移动环境中维持取证能力
- 符合法律要求的证据才能够被采纳

3.14 总结

本章提供了有关个人移动设备风险意识的信息，以及为组织考虑的事项。

在本章开头部分对数字时代如何保护移动设备的安全提出了十个步骤的建议。

应用程序设计人员、移动设备制造商和电信运营商都需要为用户提供安全保证，他们应该在保护移动设备信息安全、建立值得信任的数字经济方面承担责任。这意味着应用程序负责任地访问数据、数据可以安全地保存在移动设备中以及电信运营商提供安全的数据传输。当所有这三者结合在一起时，才能够满足用户的期待从而获得用户的信任。

个人要注意的一些关键风险是：

- 信息泄露。请注意在移动设备上保存高度敏感或机密的个人数据的风险
- 移动设备提供的技术能力所带来的隐私影响
- 如果设备丢失或被盗，信息随之而去，并且可能被未经授权的人查看
- 每个人都拥有或将拥有移动设备，这意味着每个移动设备都是可以被利用的目标
- 由于未实施加密而缺乏数据保护可能直接导致数据泄露。例如，倾向于信任移动设备默认设置将导致持续数据泄露
- 移动设备信息暴露的范围和风险通过远程控制能力被扩展到间谍活动

组织的一些关键问题：

- 组织必须制定适当的战略来保护移动设备[①]

---

① 请参阅 http://www.tisn.gov.au/documents/mobiledevicesecurityinformationforitmanagers.pdf 中可信信息共享网络中 IT 管理员的移动设备安全信息.

- 对商业信息的机密性有影响
- 组织必须将重点转向以数据为中心的模式，而不是以系统或设备为中心的模式，以确保他们有适当的安全覆盖，因为风险已经转移
- 移动设备管理控制大体上可以保证安全。然而，它不是一种通用的保护方法，而且各类产品在功能和使用方法方面的差别很大
- 通过加密保护数据
- 在移动应用程序或应用程序发布前进行移动测试
- 隐私权问题
- 身份管理
- 为员工提供移动设备的安全意识培训
- 与客户保持数字信任
- 考虑个人携带设备计划及其对组织策略及组织内综合安全的影响

这可以总结在图 3.4 中，显示了个人和组织之间的重叠。

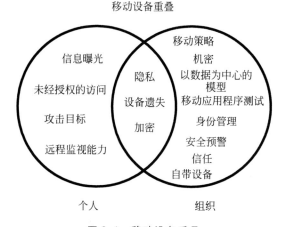

图 3.4　移动设备重叠

　　遵守以下十个步骤以实现数字时代安全和私密的生活，并确保移动设备安全以及其上的一切内容安全。

- 在不使用移动设备时锁定移动设备

　　一定要使用强大和独特的密码短语、模式序列或生物识别。如果设备使用强密码或"密码短语"(混合使用一系列三个、四个字和一些数字)，那么

人们很难获得对宝贵信息的访问。

- 考虑加密数据,以防止未经授权的访问

确保设备上已启用设备加密。虽然有些设备制造商默认启用加密,但其他设备制造商则要求在设备设置中手动启用此功能。如果设备丢失或被盗,请尽快与移动设备制造商或操作系统制造商联系。制造商或操作系统制造商可能具有远程擦除或禁用设备以防止未经授权的访问或删除存储在设备上的数据的本地功能。此外,请与电信服务提供商联系,他们有能力处理由于恶意软件从设备发送的非请求邮件而产生的费用,并且可以禁止设备在移动网络上注册。

在设备被盗的情况下,联系当地的警察机构,因为如果报告及时,他们可能能够与服务提供商一起跟踪和恢复设备。

- 更新设备

为操作系统和设备上运行的应用程序安装更新。这些更新通常提供功能改进和安全增强,以防止恶意攻击。

- 了解应用,并从受信任的来源下载它们

使用官方应用商店,这些应用商店更有可能筛选恶意或假冒的应用,如果下载了可疑应用,则比使用其他下载网站时更容易收到安装恶意或假冒应用通知。

请务必阅读用户协议并研究应用程序会读取哪些信息。如果对应用请求的权限不满意,请考虑不去安装它。

- 关闭位置服务或停用特定应用程序的位置服务

位置服务通常可以完全禁用或仅允许个别应用程序使用位置服务。请考虑停用位置服务或限制哪些应用程式可使用位置服务。这样做不会阻止服务提供商或执法机构使用你的位置信息。

- 限制在开放和未受保护的 Wi-Fi 上使用应用程序或浏览器

通常无法知道访问的 Wi-Fi 是否安全。如果不确定,请不要使用移动设备,或限制使用范围。

大多数免费的公共 Wi-Fi 网络未加密或开放,因此最好使用移动数据连接或受信任、有密码保护的 Wi-Fi 网络进行诸如网上银行或发送和接收敏感资料等活动。如果有智能手机,请使用虚拟专用网提供另一层安全和保护,尤其当发送敏感信息时。虚拟专用网通过常规和无线网络在传输过程中加密数据。

- 不使用时关闭蓝牙

在不需要使用时停用蓝牙服务，以帮助防止网上诱骗企图和恶意软件或病毒的蔓延。

- 不要破解或越狱设备

破解或越狱违反大多数设备制造商的服务条款，它可能会暴露设备，带来更大的恶意应用程序的伤害。

- 备份设备

同步或备份移动设备。许多移动设备都具有同步和备份到个人计算机或云的能力。丢失、损坏、甚至软件更新都可能导致丢失所有数据。如果没有备份，则重要的电话号码、收藏的照片和其他数据可能会永久丢失。

- 在交易，销售，捐赠或以其他方式处置设备之前，务必清空设备

从所有 SIM 卡、可移动存储器和内部存储器中删除全部的个人信息、照片、消息和联系人。

考虑将设备带到服务提供商或经销商处，并将其重置为出厂默认设置，以便删除那些可能存储在设备上却忽略了的或被制造商限制访问的区域中的信息。

▋3.15　移动设备安全资源

移动设备用户、开发人员和企业存在大量的安全资源。一些有用的安全资源包括：

- ENISA 智能手机安全开发指南：http：//www.enisa.europa.eu/activities/application-security/smartphonesecurity-1/smartphone-secure-development-guidelines
- Google 身份平台移动应用最佳实践：https：//developers.google.com/identity/work/saas-mobile-apps
- 来自可靠信息分享网络的 IT 经理们的移动设备安全信息：http://www.tisn.gov.au/documents/mobiledevicesecurityinformationforitm

anagers. pdf

- NIST 移动设备安全项目与移动安全的最佳实践：https://nccoe. nist. gov/projects/building_blocks/mobile_device_security
- NIST 计算机安全：http://csrc. nist. gov/publications/nistpubs/800-57/sp800-57_PART3_key-management_Dec2009. pdf
- OWASP 移动安全项目：https://www. owasp. org/index. php/Mobile
- OWASP 十大移动控制：https://www. owasp. org/index. php/Mobile ♯Top_10_Mobile_Controls
- OWASP 十大移动风险：https://www. owasp. org/index. php/Projects/OWASP_Mobile_Security_Project_Top_Ten_Mobile_Risks
- iPhone 6s/6s Plus 的安全提示和技巧：https://blog. malwarebytes. org/mobile-2/2015/10/security-tips-tricks-for-theiphone-6s6s + /
- 在线安全在线移动安全信息：https://www. staysafeonline. org/stay-safe-online/mobile-and-on-thego/
- 移动网络计划：http://www. w3. org/Mobile/

▌参考文献

[1] Adams C. W. Legal issues pertaining to the development of digital forensic tools. In: Proceedings of the SADFE Third International Workshop on Systematic Approaches to Digital Forensic Engineering,2008;123-132.

[2] Choo K.-K. R. Harnessing information and communications technologies in community policing. In: Putt J., ed. Community Policing in Australia. Canberra: Australian Institute of Criminology; 2011. Research and Public Policy Series No. 111.. Available from http://www. aic. gov. au/publications/current% 20series/rpp/100-120/rpp111. html.

[3] Crompton M. Privacy Incorporated: The business of trust in the digital world. Sydney, NSW: Information Integrity Solutions,2015. 978-1-942-52670-4.

[4] Guo Y. H., Slay J., Beckett J. Validation and verification of computer forensic software tools-searching function. Digit. Investig. 2009,6(3-4):12-22.

[5] ISACA, n. d., Securing mobile devices using COBIT® 5 for information security. Available from http://www. isaca. org/knowledgecenter/research/researchdeliverables/

pages/securing-mobile-devicesusing-cobit-5-for-information-security. aspx.

[6] Kent K. , Chevalier S. , Grance T. , Dang H. Guide to Integrating Forensic Techniques into Incident Response. SP800-86 Gaithersburg, MD: US Department of Commerce; 2006. Available from http://csrc. nist. gov/publications/nistpubs/800-86/SP800-86. pdf.

[7] Martini B. , Choo K.-K. R. An integrated conceptual digital forensic framework for cloud computing. 2012. Available from https://fenix. tecnico. ulisboa. pt/downloadFile/563568428736506/Martini2012. pdf

[8] McKemmish R. What is Forensic Computing? Trends & Issues in Crime and Criminal Justice No. 118. Canberra: Australian Institute of Criminology; 1999. Available from http://www. aic. gov. au/media_library/publications/tandi_pdf/tandi118. pdf

[9] Me G. , Rossi M. Internal forensic acquisition for mobile equipments. In: Proceedings of IEEE International Symposium on Parallel and Distributed Processing. 2008:1-7.

[10] Owen P. , Thomas P. An analysis of digital forensic examinations: mobile devices versus hard disk drives utilising ACPO & NIST guidelines. Digit. Investig. 2011,8 (2):135-140.

[11] Savoldi A. , Gubian P. Data recovery from windows CE based handheld devices. Adv. Digit. Foren. 2008, IV(285):219-230.

[12] Singer P. W. , Friedman A. Cybersecurity and Cyberwar, What Everyone Needs To Know. Oxford: Oxford University Press; 2014. 978-0-19-991809-6.

[13] Soulodre L. Reinventing Enterprise Architecture for the Digital Age. Available from https://www. linkedin. com/pulse/reinventingenterprise-application-strategy-digital-age-soulodre. 2015 May 5,2015.

[14] Symantec. 2013 Norton report: total cost of cybercrime in Australia amounts to AU $ 1. 06 billion'. Available from: http://www. symantec. com/en/au/about/news/release/article. jsp?prid=20131015_01. 2013 October,2013.

[15] Toffler A. Future Shock. London: Pan Books,1970: 195.

[16] Whitlock S. , et al. W-142 Protecting Information: Steps for a Secure Data Future. San Francisco,USA: The Open Group,2014.

▌术语

　　本术语表中的定义来自于如谷歌、Webopedia 和维基百科等网络资源，以及思科、因特尔、Lookout、诺顿和趋势等特定的供应商网站。整理如下仅供参考。

随机地址空间布局（**Address space layout randomization, ASLR**）　这是用于操作系统的内存保护流程，其通过使系统可执行文件被加载到存储器中的位置随机化来防止缓冲器溢出攻击。

安卓（**Android**）　安卓是由谷歌开发的移动操作系统，基于 Linux 内核，主要面向智能手机和平板电脑等触摸屏移动设备。

防病毒（**Antivirus, AV**）　防病毒解决方案旨在检测、删除和防止系统中的恶意软件。恶意软件被防病毒供应商检测和分析后，系统通过被创建出的病毒特征来识别病毒。

应用程序编程接口（**Application Programing Interface, API**）　是用于构建软件应用程序的程序、协议和工具的集合。

资产管理（**Asset management**）　登记和控制访问公司资源的设备（资产）的行为。

非对称加密（**Asymmetric cryptography**）　使用共享的公共密钥与保密的私人密钥来保护数据的实践。使用公共密钥加密的数据只能使用私人密钥进行解密，反之亦然。可用于没有秘密的安全通信。

生物识别（**Biometrics**）　生物识别是指依赖于自动检查可测量的身体特征进行认证的技术，诸如开始在一些移动电话上使用的对单个独特指纹的分析，或者作为一种选择，对音调、韵律和人声的频率。还存在其他类型的生物识别方案，例如面部、视网膜、虹膜、签名、静脉和手几何形状等，但是这些在移动设备中并不常用。

蓝牙劫持（**Bluejacking**）　通过蓝牙向另一个启用蓝牙的设备发送未经请求的消息，例如发送包含名称字段消息（即，用于 Bluedating 或 Bluechat）的 vCard。

个人携带设备（**Bring Your Own Device, BYOD**）　允许员工使用个人移动设备访问组织数据和系统的 IT 策略。

证书颁发机构（**Certificate Authority, CA**）　一个受信任的、明确地将一个实体连接到一个公共密钥的数字签名"证书"的组织。用于非对称加密用户确定他们正在与正确的一方进行通信。

选择自己的设备（**Choose Your Own Device, CYOD**）　允许员工在经批准的设备中进行选择，并为 IT 提供更多的控制，而不是允许员工带来任何他们想要的智能手机或平板电脑。

代码加密（**Code encryption**）　代码加密是由开发人员或供应商对源代

码进行加密以保护其知识产权或业务逻辑的过程。代码加密是水印或代码混淆以外、用于防止对以特定编程语言所编写的源代码进行未授权访问的方法之一。

密码学（Cryptography）　通过将信息转换（加密）为不可读格式（称为密文）来保护信息的技术。只有拥有密钥的人才能将消息翻译（解密）为可读取的纯文本或可处理的信息。

数据丢失预防（Data Loss Prevention，DLP）　一种被设计用来识别和预防关键或敏感数据从私人领域被"舍弃"或"泄露"的控制。

自动下载（Drive-by downloads）　自动下载可以在用户访问网页时自动下载应用程序。在某些情况下，用户必须采取措施打开下载的应用程序，而在其他情况下，应用程序可以自动启动。

地理位置标记（Geotagging）　这是将全球定位系统（GPS）坐标嵌入在在线共享的信息（例如照片和评论）中的过程。这是通过智能手机和其他移动设备上的 GPS 功能发生的，这可能会最终暴露你的家庭地址和其他敏感的位置信息。

硬件安全模块（Hardware Security Module，HSM）　专用于在存储和保护密钥时创建密钥的硬件设备被称为硬件安全模块。它们被用于锁定重要的加密信息，从而增加数据加密的安全性。

身份管理（Identity management）　这涉及广泛的管理区域，其涉及在系统（例如计算机、网络或企业）中对个人用户进行识别，并通过将用户权限和限制与所建立的身份相关联来控制他们对该系统内资源的访问。

iOS Apple 公司运行在 iPhone 和 iPad 上的基于 UNIX 的操作系统。

密钥（Key）　在密码学中用于加密或解密文本的数据字符串。较长的密钥难以通过尝试和错误进行猜测，因此密钥长度几乎与算法（例如，128 位 AES 与 192 位 AES）内的较大安全性直接相关。一个例外是椭圆曲线密码（ECC）证明较小长度的密钥可以具有与非椭圆曲线密码和较大长度的密钥相同的优势。这对所需的计算能力和实际功率具有实际的影响。注意：密钥长度在诸如尝试比较例如 128 位 AES 密钥与 1024 位 RSA 密钥的算法时没有实际意义。

恶意软件（Malware）　具有恶意意图和功能的软件，例如间谍软件、特洛伊木马、病毒和蠕虫，其目的是攻击、中断和（或）损害其他计算机和网络。

移动应用管理（Mobile Application Management，MAM）　描述负责在

公司配给的和个人携带设备的智能手机及平板电脑上设置和控制访问内部开发及可用于商业上的移动应用程序的软件和服务。

移动设备管理（**Mobile Device Management，MDM**）　用于管理移动资产的软件。

近场通信（**Near-Field Communication，NFC**）　使得电子设备之间能够通过将设备触摸在一起或使它们靠近（通常在 10cm 或更小的距离内）而建立无线电通信的协议和硬件的集合。

操作系统（**OS**）　一些常见的例子是安卓、iOS、Windows、黑莓、火狐操作系统和 Ubuntu Touch OS。

可移植应用（**Portable applications**）　不经任何修改就可以在各个平台上执行相同语义的程序（例如，脚本、宏或其他可移植的指令）。

勒索软件（**Ransomware**）　一种可锁定设备或加密设备上的数据、然后要求支付赎金以解锁设备或解密数据的恶意软件。

侧向加载（**Sideloading**）　指在两个本地设备之间，特别是在计算机和诸如移动电话、智能电话、个人数字助理（PDA）、平板电脑、便携式媒体播放器或电子阅读器之类的移动设备之间传输数据的过程。其目的是向未经授权的或不是官方应用商店认可的移动设备上安装和运行应用程序。

智能手机（**Smartphone**）　一个不仅仅可以接打电话和发送消息/短信的移动电话。例如，它可以拨打电话、发送/接收 SMS 消息、运行第三方应用程序，以及充当相机、GPS 设备和音乐播放器。

社会工程学（**Social engineering**）　通过操作人们揭露信息、提供访问或者被操纵做出不符合真实本质的行为等手段利用人性进行攻击的一种方法。

软件水印（**Software watermarking**）　嵌入到一段软件中的唯一标识符。

特洛伊木马（**Trojan horse**）　任何包含隐藏恶意功能的软件程序。

可信平台模块（**Trusted Platform Module，TPM**）　为敏感数据提供保护的集成安全模块。

用户标识符（**User Identifier，UID**）　与其他访问控制标准一起使用以确定用户可以访问哪些系统资源。

病毒（**Virus**）　可以被附加到合法程序或文件中并引起损害的恶意软件。

虚拟专用网（**Virtual Private Networks，VPN**）　允许计算机通过不受信

任的通信通道建立可信任的连接的技术。

有线等效保密（**Wired Equivalency Privacy，WEP**）　IEEE 802.11 无线网络的安全算法，是原始 IEEE 802.11 规范的一部分。其目的是提供与传统有线网络相当的数据保密性，已被 WPA2 所取代。

Wi-Fi 保护访问（**Wi-Fi protected access，WPA**）　用于保护无线计算机网络的一个旧的、较不安全的安全协议和安全认证程序，已被 WPA2 所取代。

Wi-Fi 保护访问 II（**Wi-Fi protected access II，WPA2**）　用于保护无线计算机网络的一个新的、更为安全的安全协议和安全认证程序。

蠕虫（**Worm**）　一个独立的、能够自动自我复制的、可以通过网络自动传播的恶意程序。即使没有恶意的净负荷，也可以通过快速复制和扩展占用大量网络流量从而使网络瘫痪。

▌关于作者

　　Shane Tully 是一名在澳大利亚州政府机构、运输和金融服务行业拥有丰富经验的企业安全架构师。他的兴趣在于国际企业的安全。

　　Shane 是 Oneworld 航空联盟 IT 安全论坛的创始人、全球安全思想领导小组管理委员会杰里科论坛的创始成员之一、2007 年亚太经合组织数据隐私研讨会的受邀参加者、2009 年 8 月至 2013 年 6 月受邀参加澳大利亚政府信息技术安全专家咨询组（ITSEAG）的 SCADA 代表。他为云安全联盟与 SABSA-TOGAF 的整合、澳大利亚政府信任信息共享网络（TISN）、澳大利亚法律改革委员会、NIST 和各种其他安全举措做出了贡献。他也是 2010 年涉及澳大利亚、新西兰、加拿大、英国和美国的政府和行业的 Cyberstorm Ⅲ 演习的澳方牵头人。

　　最近的成就包括成为信息安全专业人员研究所（IISP）第一位英国以外的研究员，并获得 The Open Group 对其在 2004—2013 十年中在外围信息安全领域所做出的持续贡献所颁发的信息安全十年奖，该奖项颁发给了全球范围 11 位为信息安全做出贡献的个人。

　　Shane 目前正与全球范围的各种利益相关者合作，为 SABSA 协会（The SABSA Institute，TSI）开发安全服务计划，他还是信息安全专业人员协会（Institute of Information Security Professionals，IISP）的顾问。

Yuvaraj Mohanraj,是一个具有支付行业背景的、面向业务的 IT 安全专业人士。他被公认为在开发和制造提供详细、分析和预测市场趋势和客户需求方面具有良好的记录。

Yuvaraj 在澳大利亚和印度的大型跨国公司的 IT 和 IT 安全方面拥有超过 13 年的经验,涵盖金融服务和运输部门。

最近的成就包括开发从证书管理服务到全套安全基础设施服务的加密服务,以及进一步促进垂直和水平服务的扩展。

他拥有 SABSA 的认证,持有 CISSP,是一名合格的 PCI-ISA 和 ISO 27001 主任审核员。

第4章
移动安全——终端用户是系统中最薄弱的环节

L. Lau,亚太技术与社会协会(Asia Pacific Association of Technology and Society, APATAS),香港特别行政区,中国。

▌摘要

　　过去三十年间,互联网在发达经济体(北半球)和欠发达经济体(南半球)得到商业化和广泛使用。据估计,至 2014 年 6 月,全球 39% 的人每天都会使用互联网。随着互联网个人用户的大量增加,特别是近年来,发展中经济体(南半球)中的移动和便携式设备的使用率日益提高。然而,随着越来越多的商业活动从传统的个人计算机平台迁移到移动设备平台,移动安全逐渐成为关注点。跨国公司可能已经投入了大量的财力和人力资源来加强他们的网络和移动安全等,虽然还不完善,但总体而言其网络和移动安全(尤其是他们的内部网络安全)都已经相对成熟。而中小企业由于固有的财务限制,在网络和移动安全方面只有一些零零散散的投资。同时,由于多样化的便携式个人设备的激增,互联网和移动终端用户的安全情况可能更加糟糕。很多人不愿意在便携式设备的安全软件上投资,或者是没有意识到他们的设备在恶意的攻击下是多么的脆弱。因此,互联网和移动终端用户是移动安全链上最薄弱的环节。本章将重点介绍移动生态系统中的一些风险、终端用户是移动安全链中最薄弱环节的原因、以及提出一些方法以期打破这个最薄弱的环节。

▌关键词

移动安全、终端用户。

▌4.1 定义："互联网络"的安全

计算机系统安全有多种定义。根据牛津字典，"安全"通常是指"始终没有危险或威胁"。如果严格遵循这个定义，"互联网"系统必须设计为能够提供最大安全性，可以防止任何"恶意"攻击或"不请自来的访问"进入系统；也就是说，它必须是一个实际上任何人都不能穿透或进入的无懈可击的系统。一般来说，机器内部的数据比机器本身更有价值，更传统的"互联网络"安全定义仍然包含关于保护物理设备的三个标准。这些标准是：（一）防止其他人窃取或损坏计算机硬件，（二）防止其他人窃取或损坏计算机数据，以及（三）防止计算机服务中断或使其影响最小化。另一个定义和互联网安全更贴近，总的来说分为两个层次。它们是：（一）互联网浏览器的安全性，以及（二）操作系统整体的安全性（即"网络安全性"）。由于浏览器本质上可以看作是在万维网（WWW）上检索、呈现和遍历信息资源的应用程序，浏览器的安全是互联网防御的第一层，可以保护网络数据和计算机系统免遭不速之客的攻击。每当浏览器与网站通信时，作为该通信的一部分，网站会收集关于浏览器的一些信息，用来处理要发送的页面格式，并使得页面对于用户可读。因此，常用的浏览器安全方法被称为"周边防御"。这涉及防火墙和过滤代理服务器，它们能阻止不安全的网站并对下载的任何文件数据进行防病毒扫描，从而阻止恶意网络数据到达浏览器。

由于涉及互联网的核心功能——操作系统中的"互联网的心脏"或互联网的"引擎"，网络安全远比浏览器安全复杂，通常会涉及安全协议的不同层或"套件"。主要有：网络层安全协议，它主要由传输控制协议（Transmission

Control Protocol,TCP)和因特网协议(Internet Protocol,IP)这两种类型的协议组成。两者都提供端到端的连接,对数据进行格式化分组、寻址、传输,直到在目的地被接收。TCP 和 IP 协议通过加密算法和安全协议确保安全性。互联网协议安全(IPSec)专门设计用于以安全的方式使用加密来保护TCP/IP 通信,它由两个协议组成,封装安全载荷(Encapsulating Security Payload,ESP)协议和网络认证(Authentication Header,AH)协议。这两个协议为 IP 层提供数据完整性、数据源验证和反重放服务,可以单独使用或组合使用。

　　如之前所讨论的,计算机系统安全并没有一个单独的定义,而是由一系列的定义构成的信息技术(Information Technology,IT)安全。为方便起见,本章采用了互联网安全这个定义。从技术上讲,今天的智能手机提供的主要功能类似于个人计算机但比它更小、更具移动性。这就把智能手机带入了计算机安全的范围内。

▋4.2　智能手机漏洞的增长

　　过去三十年间,互联网得到商业化和广泛使用。据估计,至 2014 年 6月,全球39％的人每天都会使用互联网,包括发达经济体(北半球)和欠发达经济体(南半球)。

　　尤其是近些年来,大量的个人使用互联网,使得移动设备的使用率急剧攀升,即使是在发展中经济体(南半球)中也是如此。随着越来越多的商业活动从传统的个人计算机平台迁移到移动设备平台,移动安全逐渐成为关注点。

　　拥有一部智能手机不再是能够支付得起高价技术费用的少数用户的特权,亚洲制造商正在向消费者市场推出越来越便宜的设备。例如,在中国内地,小米①智能手机每台只需 140 美元。根据 2015 年 10 月 Pew 研究中心对

---

　　①　See the Xiaomi Mobile official website. Available from: http://www.mi.com/hk/(accessed 09.11.15).

电子产品所有率调查①的结果显示,有68%的美国成年人拥有智能手机,在2011年这个数字只有35%。在18～29岁年龄组中,近90%的人拥有智能手机,而30～49岁年龄组的比例是83%。

同样,智能手机在亚洲的普及率也很高。BBC在2015年9月报道,亚洲有25亿移动智能手机用户,其中有大量人沉迷于智能手机。BBC新闻报道说:

> 亚洲的25亿智能手机用户上演了一系列与电话相关的"不幸事件",例如,来自中国四川省的一位女士因看智能手机而跌入排水井被消防队员救出。②

图4.1③显示了智能手机用户的数量和智能手机在亚太地区手机用户中的渗透率。如图所示,智能手机用户的比例很高并为手机革命带来了方向,特别是在中国内地。

2015年9月1日的Mobile Marketing报告显示,亚洲的智能手机使用率逐年上升:

> "东南亚智能手机的需求量在2015年上半年达到新高度,销售额同比增长了9%,今年前6个月销售的产品近4000万台。该地区七个主要市场(新加坡、马来西亚、泰国、印度尼西亚、越南、菲律宾和柬埔寨)的消费者今年迄今已经创下了超过80亿美元(52亿英镑)的销售额,2015年1至6月的销量相比去年同期增长了320万台。"④

> 根据Statista⑤的报道,三星和苹果分别是智能手机两个主要市场的领导者。

---

① See Pew Research Center Technology Device Ownership Survey, October 2015. Available from: http://www. pewinternet. org/2015/10/29/technology-device-ownership-2015/(accessed 09. 11. 15).

② *BBC News* report on 7 September 2015: "Asia's Smartphone Addiction. " Available from: http://www. bbc. com/news/world-asia-33130567 (accessed 10. 11. 15).

③ eMarketer, September 16, 2015. Available from: http://www. emarketer. com/Article/Asia-Pacific-Boasts-More-Than-1-Billion-Smartphone-Users/1012984 (accessed 11. 11. 15).

④ See Mobile Marketing. Available from: http://mobilemarketingmagazine. com/smartphone-market-insoutheast-asia-h1-2015/(accessed 10. 11. 15).

⑤ See Statista. Available from: http://www. statista. com/statistics/271490/quarterly-global-smartphoneshipments-by-vendor/(accessed 23. 11. 15).

	2014	2015	2016	2017	2018	2019
智能手机用户数（单位：百万）						
中国内地	482.7	525.8	563.3	599.3	640.5	687.7
印度	123.3	167.9	204.1	243.8	279.2	317.1
印度尼西亚	44.7	55.4	65.2	74.9	83.5	92.0
日本	46.2	51.8	55.8	58.9	60.9	62.6
韩国	32.2	33.6	34.6	35.6	36.5	37.0
菲律宾	21.8	26.2	29.9	33.3	36.5	39.2
越南	16.6	20.7	24.6	28.6	32.0	35.2
泰国	15.4	17.9	20.0	21.9	23.4	24.8
澳大利亚	13.5	14.6	15.4	16.0	16.5	16.8
马来西亚	8.9	10.1	11.0	11.8	12.7	13.7
中国香港地区	4.4	4.8	5.0	5.2	5.3	5.4
新加坡	3.8	4.0	4.2	4.3	4.4	4.6
其他	74.5	91.1	106.7	121.3	134.7	147.2
亚太	**888.0**	**1023.9**	**1139.8**	**1254.7**	**1366.3**	**1483.4**
智能手机用户普及率（占移动电话用户百分比）						
新加坡	83.1%	85.2%	86.3%	87.2%	88.0%	88.9%
韩国	79.5%	82.3%	84.3%	86.0%	87.6%	88.4%
中国香港地区	76.6%	80.7%	84.0%	85.9%	87.2%	88.3%
澳大利亚	74.3%	78.4%	81.0%	82.6%	83.6%	84.3%
中国内地	48.1%	50.9%	53.3%	56.0%	59.3%	63.3%
日本	44.0%	48.9%	52.4%	55.1%	56.9%	58.4%
马来西亚	42.6%	46.6%	49.2%	51.3%	54.3%	57.3%
泰国	34.9%	39.2%	42.8%	45.8%	48.1%	50.0%
印度尼西亚	32.6%	37.1%	40.4%	43.2%	45.4%	47.6%
菲律宾	32.0%	36.6%	40.0%	43.1%	46.1%	48.4%
越南	30.4%	36.2%	41.5%	46.8%	50.9%	54.6%
印度	21.2%	26.3%	29.8%	33.4%	36.0%	39.0%
其他	25.1%	29.0%	32.1%	34.5%	36.4%	37.8%
亚太	**37.3%**	**40.8%**	**43.6%**	**46.2%**	**48.7%**	**51.5%**
备注：任何年龄段，至少拥有一台智能手机且每月至少使用一次智能手机的个人						
193860				www.eMarketer.com		

图 4.1 智能手机用户和亚太地区的普及率（2014—2019）

到目前为止，对于智能手机制造商和终端用户都是积极的消息。终端用户可以有多种选择，还可以享受到更低的价格，因为大多数智能手机都是在亚洲制造的，如三星、华为和小米，甚至苹果的 iPhone 手机也在亚洲生产。然而，在每种新技术带来新好处的同时，也带来了新的风险。智能手机也不例外，尤其是数据的安全风险。例如，根据 Mobile Industry Review 报道[①]，智能手机中存在相当多的风险。这包括国家政府资助的间谍软件 License to Kill，美国和英国政府被揭露通过设置移动塔来窃听和监控个人谈话。

另一个与智能手机安全和隐私方面有关的例子是广告软件和木马病毒。不法分子通过发送包含木马病毒的短消息以窃取智能手机用户的财务信息，例如信用卡信息。

根据 PC World 所述，"虽然可以部署坚如磐石的安全网络，使用复杂的强密码，安装最好的抗病毒软件。然而，大多数安全专家都认为，世界上没有任何可以防止人为错误的安全方法……"[②]，个人终端用户仍然是安全链上最薄弱的环节。

来自 Science Nordic 的一个类似的评论也提到："个人是 IT 安全中最薄弱的环节。"

"黑客经常利用 IT 安全中最薄弱的环节，即从用户入手获取 IT 系统的访问权限。新的 IT 安全系统旨在消除人为因素导致的安全风险。当可以轻而易举地通过个人用户入侵系统的时候，就没有人会通过社会工程技术入侵复杂的安全系统……"[③]

例如，鱼叉式网络钓鱼是一种经常被用于侵入个人用户智能手机和信息设备的技术。据 Bloomberg Businessweek 报道，"美国司法部消息人士称，黑客使用常见的鱼叉式网络钓鱼技术从个人用户那里窃取了用户名和

① See Mobile Industry Review："Smartphone security—what's the risk?" Available：http://www.mobileindustryreview.com/2014/10/smartphone-security.html (accessed 23.11.15).

② See *PC World*. Available from：http://www.pcworld.com/article/260453/users_are_still_the_weakest_link.html (accessed 02.12.15).

③ See Science Nordic. Available from：http://sciencenordic.com/you-are-weakest-link-it-security (accessed 02.12.15).

密码,然后攻击了若干家公司。仅 2013 年,就有 45 万次网络钓鱼攻击的报告,共造成 59 亿美元的损失。"①

在另一个新闻报道中,移动应用程序使用弱密码是造成损失的根源所在。如在新闻中广泛报道的,幽灵小偷在美国利用个人的星巴克应用账户提现。

Maria Nistri,48 岁,是本周出现的一个受害者。犯罪分子窃取了这位奥兰多女士预存在星巴克应用里的 34.77 美元,由于她的账户开通了余额为 0 时自动扣款预存的功能,还有 25 美元被同时窃取。接着犯罪分子将她账户的自动预存金额提高到 75 美元后又盗取了这笔钱。以上所有的操作发生在 7 分钟内……这场盗窃是在星期三上午 7:11 开始的,当时她收到一封自动发送的电子邮件,声称她的用户名和密码已更改,如果不是她本人授权更改请立即致电客服。她试着拨打客服电话,但是她所拨打的电话回复说在 8:00 之后才有人处理。她说,无论是谁干的,它是专门掐着这个时间点进行盗窃的。当 Nistri 运行星巴卡应用后,她看到了盗贼首先窃取了 25 美元,然后是 75 美元的全过程——其他星巴克应用用户也报告过遭受的类似盗窃行为。②

以上只是潜在安全问题的一个简单例子,却证明了个人终端用户是网络安全链中最薄弱点的事实。根据各方面的报道,超过 70% 的网络安全相关事件(包括智能手机攻击事件在内)是由于人为错误造成的。即便企业本身和它的信息技术系统相对安全,个人也会把网络系统整垮。出现这种个人用户带来的漏洞影响整个网络安全的一个原因是我们没有对信息安全进行完善定义,需要更多的方法定义、提升以及更好地设计安全的信息系统。

---

① Cited in Cloud Entr. Available from: http://www. cloudentr. com/latest-resources/industrynews/2014/6/10/top-security-weakness-users-fall-for-password-phishing-scams(accessed 02. 12. 15).

② See Consumer Affairs. Available from: http://www. consumeraffairs. com/news/hackers-steal-moneyfrom-starbucks-apps-accounts-presumably-those-with-weak-passwords-051815. html(accessed 02. 12. 15).

▌4.3 企业网络安全

商业公司的主要目标是为股东创造利润。因此,商业公司的网络系统设计宗旨是专注于业务增长。通常,一个网络系统的安全性是按照国内外法规可接受水平或标准水平设计的。因此,实际地说,企业的计算机系统并不是将安全作为最重要的设计目标,事实上,只有军事类的计算机系统才会把安全作为最重要的设计目标。

然而,由于各方面原因,跨国公司已经在努力提高其网络的安全性。首先,商业公司都需遵守当地国家法律,因为大多数国家已着手修订原有的法律法案或新制定并通过网络相关问题的法律法案。尤其是法案已明确指出,数据和个人客户的详细资料受到隐私协议的保护。此外,泛区域贸易集团和全球机构在这一领域一直都很积极。例如,欧盟(European Union,EU)议会通过了网络立法和区域性公约,为设在欧盟的组织制定了网络安全标准,如欧洲网络犯罪公约理事会。此外,联合国拟订了一项指导条约,要求自身及成员国应遵循"联合国网络安全和网络犯罪条约最佳实践"所规定的条约。所有这些与网络相关的新法律、公约和条约,无论是在国内还是在国外,都迫使跨国公司严格遵守数据保护和安全的规定,以满足并达到要求的贸易标准。

第二,迫于选民和政党成员的压力,政治团体和政党会对跨国公司施加压力令其提高网络安全。第三,非政府组织(Nongovernmental Organizations,NGO),如消费者权益团体,也非常积极地代表消费者进行游说,迫使政府立法并监管跨国组织的网络安全。最后,公众和消费者本身也通过抵制在法律或网络安全行业方面不符合公约标准的电子商务网站及其企业,积极地向那些跨国企业施加压力。由于以上这些原因,跨国企业必须完善自身网络安全。更重要的是,跨国企业具备足够的财力,以及维持必要网络安全所需的人力资源。跨国银行和金融投资机构尤其如此。因此,跨国企业的网络系统安全措施都很成熟。

理论上说,中小企业(SME)及其网络的安全也应受到与跨国企业相同的监管,因为中小企业在大多数国家的经济中发挥了重要作用,特别是在提供就业和减轻贫困方面。而实际上,在网络安全实践中,中小企业和跨国企业之间却存在一定差距。这是因为中小企业受到一些固有特性的约束。首先,中小企业的财力和人力资源比跨国企业有限得多。例如,如果商业环境发生了变化,特别是不断出现的技术变革进入市场,中小企业可能不像跨国公司一样,拥有充足的资源有效地响应变革,因为它们可用于获取市场信息的资源有限。第二,作为单一业务企业,虽然可能有些中小企业在其国土范围内或贸易区域内运营,但中小企业主要在当地开展业务。这意味着如果商业环境发生变化,中小企业可以做出的选择会受到公司资源、位置和行业的限制,而跨国公司可以通过退出该业务领域来应对。第三,中小企业往往处于不同的发展阶段,某个中小企业的发展阶段不一定可以代表其他中小企业。

虽然中小企业在网络安全方面受到同样的监管控制,但是它们受到政治家和公众的关注程度会低于跨国企业,同时他们也受到更宽容的待遇。一个可能的原因是当中小型企业破产时,它对社会的影响不如跨国公司破产时那样深远,因为受影响的人数(在客户数量和运营的地理覆盖面等方面)要少得多。当一个跨国企业破产时,对社会的影响要大得多,有时数以百万计的客户受到影响,因此公众的期望更高,监管当局的监督也更加严格。然而,近年来,中小企业也正在将更多的有限资源投资于网络安全,因为一个公认安全的网站可以提高销售额,增加客户对网络安全的信心并留住他们。此外,近年来,由于新闻媒体报道的一些高调的、全球性的网络攻击事件激起了管理层甚至领导层对预防网络犯罪的兴趣,工商业界内的网络安全意识有所提高。同时,中小企业也增加了网络安全的预算。然而,任何企业的生存取决于它如何更好地满足客户的需求,这包括让客户在访问网站时的障碍最小化,例如减少冗长的在线认证流程。遇到障碍时人们会本能的避开,这时候企业就可能为了给客户提供更便利的在线访问而做出战略性的业务决策,有时可能包括取消或减少严格的认证过程而降低了网站安全性。

4.4　个人网络安全

前面提到过,没有人喜欢障碍,人们会竭尽全力避免麻烦。但是,目前没有任何法律强迫个人安装防病毒软件,它不仅可以保护用户不受智能手机犯罪的侵害,还可以成为第一道防线防止间谍软件或特洛伊木马等恶意软件安装在它们的设备上,尤其是在智能手机上。是否为智能手机购买和安装防病毒软件完全取决于个人,即使这意味着他将成为智能手机犯罪的受害者并承担心理和/或经济上的损失。从统计学上讲,成为智能手机犯罪受害者的可能性并不遥远,全球范围内 Facebook 的活跃用户数量为 16 亿(截至 2015 年 11 月①),电子邮件用户每天发送将近 3 亿条消息,这里大量的个人数据存在被窃取的可能性。例如,肇事者可以在社交网站上通过钓鱼攻击获得有效的姓名和其他个人数据,如 Yachi Chiang 所解释的:

> Facebook 的隐私设置选项让用户难以理解。用户需要了解用户隐私选项,但在隐私保护运动的压力下,Facebook 频繁地更改其隐私选项模型,这却使得 Facebook 和隐私之间的关系更加复杂……因此,Facebook 上有许多用户经常忽略的隐私陷阱。②

Chiang,2015,p. 230

难以探究为什么用户忽略社交网站上更强的隐私保护选项,但我们想到一些可能的解释。首先,如前所述,近年来,现代科技产品的拥有者和用户快速增长,特别是移动设备和智能手机,尤其是在亚洲。现在,先进的科技产品不再局限于被高级科学实验室或大学里的技术极客所使用,而是广泛被普通大众购买和使用。20 世纪后期,过度消费与现代科技产品(如智能手机)的巧妙营销结合,使这些设备不仅是语音通信的工具,还是日用品和生活产品。移动设备已经代表了某种时尚潮流,它具有非常短的产品生命周期和不断扩展的附加配件,比如蓝牙耳机。第二,随着越来越多的新科技产品涌入市场,竞争不可避免地降低了新一代产品的价格。在亚洲尤其如此,不仅是因为大多数的科技产品在这里制造,同时也因为这里是世界大多数人口的居住地。此外,虽然越来越多的消费者购买这些产品,但他们却不

---

① See Statista. Available from:http://www. statista. com/statistics/272014/global-social-networks-rankedby-number-of-users/(accessed 07. 12. 15).

② Chiang, Y. -C.,2015. When privacy meets social networking sites-with special reference to Facebook. In:Smith, R. G., Cheung, R. C. -C., Lau, L. Y. -C. (Eds.), *Cybercrime Risks and Responses:Eastern and Western Perspectives. Palgrave Macmillan*,London,p. 230.

一定完全理解需要做什么来保护他们的隐私。这个问题只会随着购买智能设备的消费者数量不断增长而倍增。第三个原因与第二个原因直接相关，正如赛门铁克的 Nick Sulvited 所指出的：

> 个人（科技产品的消费者）缺乏安全意识……超过 70％的智能手机犯罪主要发生在缺乏警觉的个人终端用户身上，这个问题只会随着迁移到智能手机的用户越来越多而不断增加……①

个人终端用户对智能手机安全和隐私缺乏意识可能导致苦果。下面是一个实际生活中的例子：2015 年 11 月 5 日，Eurosport② 报道，澳大利亚珀斯的一位女士在墨尔本杯赛马中买中了 100 赔 1 的"彭赞斯王子"，赢了 900 澳元的她欢乐之余把投注单拍照并上传到 Facebook。她的帖子还写有一条赌博赢家的一句口头禅："Winner winner chicken dinner!"即"大吉大利，晚上吃鸡"，但是，她的喜悦是短暂的，因为很快有人将她 Facebook 照片上的条形码偷走，然后通过另一个智能手机在自动机器中兑现了奖金。

这个智能手机用户没有意识到发布在 Facebook 上的数码照片基本上是一个 0 和 1 的二进制代码，并且她的投注单上的条形码在任何智能手机上都有效。这种安全意识的缺乏可能归因于几个因素。首先，终端用户目前过于依赖他人为自己提供安全的网络，特别是，就像讨论过的那样，终端用户依赖服务的提供商来保证网络安全，他们认为如果企业希望终端用户使用他们的在线购物服务，那么企业就必须确保网络安全。此外，企业被法律约束必须保证网络安全，而个人并不是。然而，即便终端用户想要为智能手机配备安全软件，市场上的产品其安全标准也是多种多样的和分散的，用户很难选择。

因此，个人终端用户可能没有足够的知识和能力甄选安全产品。此外，可靠的安全产品往往需要用户付费，并且用户越来越习惯于企业提供网络安全，终端用户倾向于不为他们的智能手机购买防病毒软件。第二，大多数

---

① The researcher watched this live TV interview on December 1, 2015, on *Singapore Tonight*, Channel News Asia, Singapore.

② See Eurosport. Available from: https://uk.sports.yahoo.com/news/esp-horse-racing-woman-fumesselfie-allows-facebook-friend-110425012--rah.html (accessed 06.11.15).

国家没有提供公共智能手机安全保护意识的运动或教育,特别是在西方的发达经济体,因为在那里有比较坚定的观点是,这些应该由用户自己不是由公众买单。这有一点感情用事,事实上当发生智能手机犯罪时,整个社会仍然需要以某种方式为它买单,无论是警察调查的成本,还是采取措施防止同样的犯罪再次发生。然而,除了伦理和道德问题,网络犯罪的成本预计将逐年增加,包括对个人、组织和政府的智能手机犯罪。正如我们所看到的,许多上述原因已经纠缠在一起。对网络犯罪没有给予足够的重视,政府只给予有限的资源,并将其视为较低政治优先事项。让个人从计算机上养成的习惯转移到移动设备上还是取决于个人,但是这样的技能转移是一个缓慢的过程,因为计算机上的知识与移动设备上的知识并不相同。此外,个人智能手机用户需要意识到,他们自己必须对其移动设备上的个人安全负责,例如购买可靠的防病毒软件。

4.5 结论

如本章所述,跨国公司投入了大量财力和人力加强其网络和移动安全。虽然可能还有少量的问题,但是整体上网络和移动安全还是相对成熟的,尤其是他们的内部网络安全。然而,中小企业由于固有的财务限制,在网络和移动安全方面的投资不足。而个人智能手机终端用户对网络和移动安全的意识不足到十分可怕的地步,如珀斯的赛马冠军的例子,用户几乎不具有对智能手机移动安全和隐私问题的防范意识或知识。然而,随着个人和个性化便携式设备的激增,这些问题将只会倍增。此外,有证据表明,人们不愿意为便携式设备的安全软件投资,或许是没有意识到他们的设备对于那些恶意的第三方访问是多么的脆弱。可见,智能手机终端用户是移动安全链中最薄弱的环节。

最后,开发移动设备的易用性和可负担性将不可避免地促成包括物联网(Internet of Things,IoT)在内的新产品爆炸式增长。在不久的将来,这些系统的安装使用量将达到一个非常惊人的数字,并为攻击者提供足够的吸引力而导致犯罪。为确保安全和隐私能跟上科技进步,网络犯罪方面的专家、从业者、技术供应商和制造商以及垂直解决方案提供商都应该努力培训终端用户,并指导他们如何更好地使用智能设备,如 ISO 27001 信息技术管理标准。或者,在适当的情况下,在移动设备架构中缺省地加入安全控件,从而减少智能设备的违规和犯罪,进而降低整个社会和个体终端用户所遭受的损失。

▌参考文献

Chiang Y.-C. When privacy meets social networking sites-with special reference to Facebook. In：Smith R. G. ，Cheung R. C.-C.，Lau L. Y.-C.，eds. *Cybercrime Risks and Responses*：*Eastern and Western Perspectives*. London：Palgrave Macmillan；2015.

第5章
老年移动设备用户的网络悟性

C. Chia,墨尔本大学,墨尔本,维多利亚州,澳大利亚。

K.-K. R. Choo,得克萨斯大学圣安东尼奥分校,得克萨斯州,美国;南澳大利亚大学,阿德莱德,南澳大利亚州,澳大利亚。

D. Fehrenbacher,蒙纳士大学,墨尔本,维多利亚州,澳大利亚。

▌摘要

新加坡是亚洲移动设备普及率最高的国家之一,也是人口老龄速度最快的地区之一。年龄在 45 岁及以上的用户是在信息和通信技术不够先进、英语教育稀缺的时代长大的。考虑到这些因素,这个群体不太可能意识到移动安全。我们对 55 位老年参与者的调查显示,他们中的大多数人通常不曾了解与移动使用设备相关的安全和隐私风险。因此,我们应用情境犯罪预防理论为这个老年用户组提出了一些建议以减少潜在的网络犯罪受害者。我们的研究结果凸显了定期进行网络犯罪教育以及在老年"数码移民"用户中推广安全文化的重要性。

关键词

网络安全,移动安全,老年人和技术,情境犯罪预防理论。

致谢

我们要对 Zhuang Haining 先生表示衷心的感谢,他代表我们接触并获得参与者们对移动设备的反馈,以及帮助招募本次调查参与者的 Seet Chong Boon 先生。

5.1 概要

数字时代读写能力可以定义为"在线环境中阅读、写作和交换信息的实践"(Selfe and Hawisher,2004,第 2 页),例如使用智能手机和平板电脑。新加坡是亚洲智能移动设备普及率最高的国家之一,截至 2014 年(新加坡信息通信发展局,2015 年)新加坡的移动设备与居民的比例为 1.48 比 1。然而由于各种原因,年纪较长的用户比年纪较轻的用户在数字时代读写能力方面更欠缺一些。老年人群(本章中定义为 45 岁及以上)在移动设备和智能移动设备技术尚未发明或缓慢发展的时代长大,这些人有时被称为"数码移民"。他们甚至因为拒绝或不愿将新科技融入他们的日常生活而被视为"老龄化的基础设施"。相比之下,"数码原住民"在一个电脑和后来的智能移动设备"不是科技,而是生活的一部分"的时代中长大(Fieldhouse 和 Nicholas,2008)。

在过去数码原住民和数码移民之间的数码鸿沟可能更加直观,即前者拥有一些数码设备而后者很少拥有或者根本没有这些数码设备。然而由于越来越多的数码移民拥有移动设备,目前和未来的数码鸿沟很可能存在于对数字时代读写能力的认知和意识方面。因此,有必要提高数码移民的数字时代读写能力。

随着数字化的日益普及以及人口老龄化变得越来越普遍,我们希望这项研究能够为那些社会当中的数码移民提供一些有用的建议。

尽管如前所述,与日益数字化的社会有着可比的相似之处,但重要的是要了解新加坡一些可能对数字移民数字时代读写能力产生影响的特征。英语是多种族国家新加坡的官方语言,然而广泛使用英语并不意味着每个人都精通英语。在新加坡华人的比例高达 74.2%,仍有相当数量的人只接受过单一的非英语教育。截至 2010 年,有 20.6% 的人只能够读写中文,而这其中年龄在 45 至 64 岁之间的比例最高。这反而成为我们制定参与者年龄标准的主要原因之一,即 45 岁及以上。新加坡人口中只能够读写中文的人主要来源于那些从未获得过任何学历的人,总数为 199 063 人;其次是只接受过初级教育的人,总数为 94 279 人(新加坡统计局,2010 年)。(注:人口普查每 10 年进行一次。)

新加坡官方通行的语言是英文,这意味着那些只接受过中文教育的人可能难以阅读那些大多只有英语版本的官方文件。由于一些新加坡人缺乏英语表达能力,他们可能无法理解在线调查网站上关于网络安全问题的英文介绍。

▶ 5.1.1 贡献

在本章中,我们着重于 Imgraben 等(2014)的工作,并努力更好地了解新加坡华人智能手机用户面临的安全隐私风险,特别是只有中文读写能力的用户。更具体地说,我们提供以下见解:

中老年用户使用的智能移动设备的流行度和类型。

智能移动设备相关的安全事件的流行度、性质、损失和影响。

这项调查很好地体现了与智能移动设备使用相关的风险,也是对这一群体进行长期研究的基础。

这项调查的重点是检查识字水平,以了解用户是否由于缺乏英语阅读能力而在使用智能移动设备时遇到困难。据我们所知,这是首次以学术的角度研究中老年用户在使用智能移动设备时由于不会英语而遇到哪些困难和他们对网络威胁有哪些认识。以前的研究,如 Kurniawan(2008)和 Elliot 等人(2013),侧重于调查中老年的数字时代读写能力和科技吸收能力。接下来我们将解释如何利用情境犯罪预防理论降低安全风险,即通过减少针对移动设备用户进行犯罪活动的机会,通过增加感知力、增加感知风险、减少回报、消除和减少挑衅的借口等手段使得网络犯罪更加难以实施。

▶ 5.1.2　章节概要

本章的其余部分组织如下：在 5.2 节中记述调查设计。在 5.3 节中,对调查结果进行论证并提出四个建议。教育计划是应对网络犯罪风险的重要组成部分。因此,在 5.4 节中,我们解释了犯罪学理论的作用,更具体地说,可以帮助提供和加强网络犯罪预防策略的情境犯罪预防理论。5.5 节对本章进行了总结,并着眼于今后的工作,提出本章调查的分析和结论。

5.2　调查设计

该调查包括五个主要部分,每个部分代表移动设备用户通常面临的主要威胁：(1)一般安全,(2)恶意软件,(3)未经授权的访问,(4)Wi-Fi 和蓝牙安全,(5)网络钓鱼。问题涉及 2012—2013 财年(即 2012 年 7 月 1 日至 2013 年 6 月 30 日),除非另有说明。

这项研究是基于便利抽样法,因为这样可以获得基本数据和趋势,特别是中文读写能力如何影响网络安全意识,这在过去是没有研究过的。接下来将在更广泛的范围内进行随机抽样。与参与者的初步联系是通过电子邮件、Facebook 和 WhatsApp 进行的；还有一些是通过我们的朋友联系的,他们希望将自己父母和/或有联系的中老年人引入调查范围。这种方法有一个典型限制,是自我选择偏差,因为参与者不太可能代表整个目标群体。对参与者的选择主要基于两个因素：他们的年龄及他们拥有的智能移动设备。选择过程必须考虑多个因素,包括如何参与调查的意愿(同时支持在线版本和硬拷贝的调查形式)、参与者是否将智能移动设备用作功能手机(只用于通话和短信),因为一些参与者无法使用英文所以要求参与者用中文完成调查。

我们曾初步打算包括所有族群的新加坡人,但因为研究人员无法在中英文以外的其他媒介(即泰米尔语和马来语)起草调查问卷,所以不得不放弃这个想法。这种英语阅读能力的不足也是本研究的动机因素之一,以进一步检查不能或基本不能阅读英文的用户如何使用智能移动设备。

数据分析基于 55 位参与者,包括 28 位男性和 27 位女性。参加者年龄为 45 岁及以上,51 岁至 55 岁年龄段的人数最多,如图 5.1。

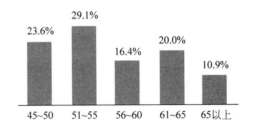

图 5.1　参与者年龄组(n = 55)

除了一个从未受过任何教育的受访者外,其余受访者的受教育水平的范围从小学至大学水平。参与者识字水平的范围包括:只认识英语、只认识中文、中文和英语都认识、中文和英语都认识但偏向于中文,如图 5.2。

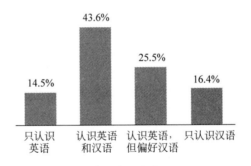

图 5.2　参与者识字率(n = 55)

本调查除收集调查结果之外,还收集了通过电话访谈和电子邮件得到的用户反馈,在这个过程中有些用户也解释了他们为什么无法参与调查。这种反馈可作为了解用户对智能移动设备持何种态度的额外参考资料。

这项研究汇集了 23 位懂很少或者完全不懂英语或更喜欢用中文使用智能移动设备的参与者。这项研究的结果表明,英语水平不足与智能设备的使用便利性和用户对网络威胁的意识直接相关。为了测试使用智能移动设备的便利性,我们在设计调查期间考虑了几个因素。这包括询问参与者在更改或不更改语言设置的条件下使用智能移动设备是否遇到困难,还包括他们对网络钓鱼有哪些意识。

5.3　结果和讨论

虽然读写能力是本研究关注的重点之一,但我们还将介绍智能移动设备的中老年用户通常面临的主要威胁。关于这些威胁的调查结果从对参与调查的 55 位参与者进行分析得出,调查涵盖了调查设计中提到的五个部分。罗列在表 5.1 和表 5.2 中。

表 5.1　参与者对一般安全的反馈($n=55$)

一般性安全问题	参与者反馈
你是否使用"记住我"功能保存你的密码、登录凭据或信用卡信息?(选择所有适用的)	7 位参与者保存密码,其中 2 位还保存登录凭据
你是否使用任何加密软件来保护你的移动设备上的信息?	尽管有 4 位参与者回复"是的",但这是值得怀疑的,因为参与者可能不知道什么是加密软件,他们很有可能指的是他们的设备上的密码
你是否曾"越狱"或者"破解"过你的移动设备?	只有 1 位参与者回复"是的"

表 5.2　参与者对遗失/失窃的反馈($n=55$)

遗失或失窃的问题	参与者反馈
过去的自然年(2013 年 1 月 1 日至 2013 年 12 月 31 日)中你是否有移动设备遗失或被盗?	只有 1 位参与者回复"是的"

55 位参与者中的 18 位(约 32.7%)反馈难以理解智能移动设备上所呈现的信息。在这 18 位参与者中,有 15 位只具有中文读写能力。参与者中有 5 位具备中文和英文读写能力,但喜欢用中文使用他们的智能移动设备(例如,将设备的语言设置改为中文),见表 5.3。

表 5.3　参与者对未授权访问的反馈($n=55$)

未授权访问的问题	参与者反馈
在下载程序之前,你有多大可能阅读信息?	参照图 5.3
你是否从不可靠的或未知来源的应用商店获得过应用程序?	4 位参与者回复"是的",5 位参与者回复"不确定"
过去的自然年(2013 年 1 月 1 日至 2013 年 12 月 31 日)中是否有人未经你的允许使用了你的移动设备?	3 位参与者回复"不知道"($n=54$)

　　缺乏英文读写能力或者更倾向于使用中文,这表明用户可能无法理解智能移动设备上所有或大部分可用的功能,例如即时消息、电子邮件和网站或社交网络上的信息。即使用户将语言设置设定为中文,这些信息通常也不会被翻译成中文。

　　65.5%(36 位)的受访者具有中英文读写能力,但其中有 9 位喜欢用中文进行问卷调查(共有 15 位受访者以中文完成问卷调查),这反映出他们更喜欢用中文进行阅读和理解。用户还回复说,即使更改语言设置后,他们也难以使用他们的智能移动设备。

　　首先,我们看一下只能够读写中文或以中文为首选媒介的 23 位参与者。其中,69.6%(16 位)将语言设置更改为中文。在这 16 个参与者中,68.8%(11 位)仍然难以理解他们的设备上的信息,并且这 11 位参与者中的 9 位在改变语言设置之后仍然难以理解。

　　在 11 位参与者经历过的困难中,回复最多的是下载应用程序时的应用说明(81%)。一个参与者还回复说,很难理解在玩在线游戏和访问社交网络时弹出的消息以及朋友或未知联系人发来的加入游戏和社交网络的邀请,同时也担心泄露如银行账号、信用卡详情或个人照片或视频等敏感信息和个人身份识别信息(Personal Identifiable Information,PII)。

　　剩下的 2 位参与者对下载应用程序时的应用说明没有阅读和理解困难,但他们回复说在理解广告、朋友或未知联系人发来的加入游戏和社交网络的邀请时遇到困难,同时也担心泄露敏感数据和个人身份识别信息。

　　对理解移动设备上信息有困难的问题不仅仅发生在那些只有中文读写能力或习惯使用中文的参与者身上。

　　然而,造成上述问题的原因可能不全是用户无法理解信息的内容,更多的可能是不确定该如何去应对,以及应对后会遇到什么样的后果。这说明随着智能移动设备的特征和功能的增加,新应用和设备功能的形式越来越多,使用这些功能的数码移民可能在使用他们的设备时会遇到更多困难。

☞ **建议1**:智能移动设备和应用程序设计人员需要在设备和应用程序的设计中考虑其易用性,特别是对于那些不熟悉动态变化的数码环境的新用户和中老年用户。

　　对于不习惯用英文阅读的人来说,如何了解智能移动设备上各种功能的介绍信息可能比较困难,这也可能打消他们在下载应用程序之前仔细阅读的念头。更重要的是,参与者可能不知道应用程序的下载可能会读取敏感数据和个人身份识别信息。38.2%(21位)的参与者回复说,他们不太可能在下载应用程序之前仔细阅读信息。在这21位参与者中,52.4%(11位)回复"完全不可能",9位参与者回答"有点不太可能"(如图5.3)。另外八位参与者回答在下载应用程序之前"偶尔"会仔细阅读。

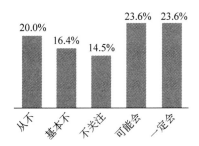

图5.3　下载应用程序之前读取应用程序信息的可能性($n = 55$)

　　除了缺少对下载应用程序可能会检索敏感数据和个人身份识别信息的意识之外,有4位参与者回复说曾安装过来自不可靠或未知来源(如第三方应用商店)提供的应用程序。还有5位其他参与者"不确定"他们的应用程序是否来自不可靠的或未知的应用提供者。

　　例如,惠普安全研究(2013)进行的一项研究表明,被检测的2107个移动应用程序中有90%容易受到攻击,97%的移动应用程序会访问用户的敏感数据和个人身份识别信息,86%的移动应用程序存在隐私相关的风险。86%被检测的移动应用程序被鉴定为含有缺少二进制编码保护的安全漏洞。另一个主要漏洞是,在75%被检测的移动应用程序中,保护移动设备上所存储的敏感数据的加密方案过于脆弱或未妥当实施。D'Orazio 和 Choo（2015 年）的一项研究显示，由于密码算法的不当实施，以及在澳大利亚广泛使用的政府医疗保健应用程序存储敏感数据和个人身份识别信息的数据库未被加密，这导致存储在设备中的这些信息可能受到攻击。在另一项相关工作中，作者还披露了四个视频点播应用、一个电视直播应用和一个安全数字版权保护（DRM）模块（D'Orazio and Choo，2016）中的漏洞。

☞ **建议 2**：考虑到中老年移动设备用户可能不习惯阅读非常冗长的信息，可以在智能移动设备的包装里附加不同语言（英语以外）的易于阅读的手册（说明书和软件以及音频/视频格式），或者通过易于访问的在线服务以通知用户潜在的网络犯罪风险，并且提醒他们在使用设备或应用程序时需要注意的潜在风险。

缺少对移动应用程序信息的了解，加上在下载和安装来自不可靠的或未知来源的应用程序之前仔细阅读信息的可能性很低，可能会使这些用户面临泄露其个人信息的风险。这表明需要在这些领域提高防范意识。

将上述问题与上述关于应用信息的了解不足以及在下载应用程序之前阅读信息的可能性较低的问题联系起来，我们也考虑到了参与者所拥有的不同类型的智能移动设备可能带来的影响。

55 位参与者中有 35 位（63.6%）拥有安卓设备。一直以来安卓使用的基于权限的方法来确定应用程序的合法性已被证明不足以可靠地分类恶意应用程序。另一方面，苹果使用的审查过程对开发人员来说更具限制性，因为每个应用程序在向公众发布之前已经对安全问题进行了彻底的分析（虽然有报告称有潜在的恶意应用程序通过了苹果审核人员的审查）。

我们研究的一些参与者对于他们在使用下载的应用程序时遇到广告表示担忧，这可能表明应用内广告在应用程序中是很常见的。我们预测权限的增加与应用内广告有关，但这需要使用额外的资源进行数据挖掘（Shekhar 等，2012）。2012 年对 10 万个 Android 应用程序的研究表明，应用程序使用的一些移动广告库导致个人信息的直接泄露，一些广告库导致不安全地从互联网获取和加载动态代码。例如，100 个确定的广告库中有 5 个具有下载可疑有效载荷的不安全做法，这允许主机应用程序被远程控制（Grace 等，2012）。

　　此外,安卓设备用户必须选择接受应用程序所需的所有权限才能下载,要么就取消安装。在这其中某些权限可能不是必需的,授予所有权限可能会对安卓用户带来隐私风险。在 2014 年的研究中,已经对 7 个安卓社交网络应用进行了检查(Do 等,2014),发现 Facebook 应用程序需要"读取联系人"权限,这意味着应用程序可以检索用户的联系人数据,也包括联系人号码、联系地址和电子邮件地址,这些不必要的信息。Facebook 和 Tango 都需要"读取手机状态"的权限,这就包括允许应用程序访问设备的电话号码、设备的国际移动设备标识符(IMEI)。由于国际移动设备标识符常常被用作定位设备的唯一标识符,因此提供这样的信息可能对用户是不利的。

　　在我们的研究对象中,56.4%(31 位)的人平时使用 Facebook,其中有 20 位(64.5%)是在安卓设备上使用该应用。在安卓设备上使用 Facebook 应用的这 20 位参与者中有 9 位主要使用中文。由于他们在下载应用程序时缺乏对信息的了解,这些参与者可能因授予超过必要的权限而面临风险。如果用户对权限知之甚少,而且用户在安卓设备上下载应用时对(英文)介绍信息缺乏了解,甚至在下载应用之前仔细阅读信息的可能性都比较低,正如我们从参与者身上看到的,那么用户的个人敏感信息和个人身份识别信息非常有可能已经被泄露但却毫不知情。

☞　**建议 3**:尽管诸如 Do 等(2014)的研究中建议安卓设备中的权限删除可被用于加强用户的隐私保护,我们仍建议使用灵活的语言设置以帮助英语读写能力较弱或不具备英语读写能力的用户能够删除不必要的权限。

　　在公共场所或工作环境中将物品置于视线之外而无人看管可能是一件冒险的事情,特别是现如今智能移动设备中包含大量的敏感数据和个人身份识别信息,如照片、所安装应用程序的登录信息、公司和个人电子邮件以及关于你认识的人的其他信息。虽然大多数参与者回答"非常不可能"和"不太可能",但仍然有 10.9% 的参与者回答"很可能"(3 位)和"有可能"(3 位)。其中可能有一半的参与者有因其工作性质而将他们的智能移动设备留在公共场合或工作环境中无人照看,例如他们在室外工作,经常需要从一个地方移动到另一个地方,因此他们的物品无人看管的可能性很高。例如,调查中有 3 位参与者在戏剧业工作。在这种环境中工作的用户如果需要将智能移动设备放在无人看管的地方必须更加谨慎。如果说智能移动设备无人看管存在风险,那么没有为设备设置密码或不知道设备是否在未经许可的情况下被使用就可能会进一步增加风险。在可能将智能移动设备遗留在无人看管状态的 6 位参与者中,有一半没有使用密码或个人身份号码(PIN)来锁定他们的设备。虽然大多数其他参与者回答说他们的设备无人看管的可能性很低,其中 43.6%(24 位)没有锁定他们的移动设备。3 位参与者回复说,他们"不确定"是否有人未经他们的许可使用了他们的设备。

智能移动设备的未授权访问对于员工在其智能移动设备上存储敏感数据和/或凭证的任何组织而言都是一个严重的威胁。使设备处于无人看管的状态,尤其是如果没有锁定机制,可能暴露设备上存储的任何个人和公司数据,这应当被当成一个常识来对待。即使数据已从设备中删除,仍然可能使用开源和商业取证软件(例如 Micro Systemation XRY 和 CelleBrite UFED Kit)(Tassone 等,2013;Quick 等,2013)对其进行检索。虽然通过智能移动设备访问互联网如今变得很容易,但是连接到公共 Wi-Fi 网络可能使用户面临暴露敏感数据和个人身份识别信息的风险。使用 Wi-Fi 热点时,局域网中的黑客可以通过复制合法供应商的登录或注册网页来窃取这样的信息。当被问及是否会连接到未知的 Wi-Fi 网络时,我们的 4 位参与者回答"是",10 位回答"有可能"是(见表 5.4)。

表 5.4 参与者对 Wi-Fi 和蓝牙安全的反馈(n=55)

Wi-Fi 和蓝牙安全的问题	参与者反馈
你是否始终开启移动设备的 Wi-Fi?	27 位(49.1%)回复"是"
你会连接到未知的 Wi-Fi 网络吗?	4 位回复"是",10 位回复"有可能"
你是否始终打开移动设备的蓝牙?	5 位回复"是"
你会接受来自未知来源的蓝牙配对请求吗?	3 位回复"有可能"

本研究还旨在测试参与者对网络钓鱼的认知情况。我们的研究结果表明,不了解网络钓鱼的参与者比例很高,如图 5.4。

这种趋势跨越所有年龄组和教育水平。但是,对于揭示主要使用中文是否会影响用户对网络钓鱼的认知这一方面,这些样本可能是有偏差的,因为很难收集这样的参与者。

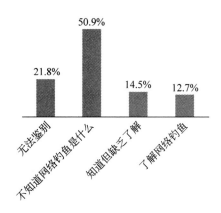

图 5.4　对网络钓鱼的了解程度($n=55$)

87.3%（48 位）的参与者不知道或不了解网络钓鱼；15 位参与者中有 8 位表示他们知道网络钓鱼的存在但是无法识别调查中列出的一些网络钓鱼案例，23 位参与者将执行一个或多个以下操作：

（1）打开未知联系人发来的短信（20 位）

（2）打开电子邮件（7 位）

（3）读取即时消息请求（Facebook，MSN）（2 位）

表 5.5 说明了关于网络钓鱼的问题，表 5.6 和表 5.7 说明了调查中列出的 10 个网络钓鱼案例和参与者的回答。有 5 个例子是为了主要使用中文的参与者而设立，另外 5 个例子是内容相同的英文版本。这是为了测试那些主要使用中文的参与者如何反应，即他们是否会在没有咨询建议的情况下访问、忽略或者向家人/朋友寻求建议。以粗体标记的数字表示知道有网络钓鱼的参与者人数。

表 5.5　参与者对网络钓鱼的反馈($n=55$)

网络钓鱼的问题	参与者反馈
你会访问未知联系人提供的以下内容吗？	23 位参与者将访问以下一个或多个内容：打开未知联系人发来的短信，打开电子邮件或读取即时消息请求（Facebook，MSN）
你能够识别在移动设备上收到的网站钓鱼诈骗吗？	参见图 5.4 对网络钓鱼的了解程度($n=55$)

表 5.6　网络钓鱼英语调查的反馈($n=55$)

钓 鱼 示 例	反　　馈		
	P	L	N
本地银行钓鱼邮件($n=39$)	**18**	5	16
银行升级短信钓鱼($n=39$)	**21**	3	15
允许应用访问消息、个人信息、网络($n=38$)[a]	**17**	8	13
eBay 钓鱼邮件($n=39$)[b]	**20**	4	15
Facebook 钓鱼邮件($n=40$)	**16**	4	20
亚马逊钓鱼邮件($n=40$)	**19**	1	20
PayPal 钓鱼邮件($n=40$)	**21**	5	14
Facebook 请求($n=40$)	**34**	0	6
Facebook 钓鱼邮件($n=40$)	**16**	4	19
银行钓鱼邮件($n=40$)	**21**	5	14

P,网络钓鱼；L,合法的；N,不确定。

a. 此处的例子与应用程序权限相关。当参与者被问到这种许可是否必要时,他们将回答"是" "否"或"不确定"。"否"选项在"网络钓鱼/是"列中计算,意味着参与者意识到此要求是不必要的。

b. 询问电子邮件是否合法,因此"否"选项将被归类为"网络钓鱼/是",意味着参与者意识到此电子邮件不合法。

表 5.7　网络钓鱼中文调查的反馈($n=55$)

钓 鱼 示 例	反　　馈		
	P	L	N
QQ 钓鱼邮件	**9**	1	5
微信短信钓鱼	**14**	0	1
请求登录的钓鱼邮件	**14**	1	0
允许应用访问消息、个人信息、网络	**12**	1	2
下载免费杀毒软件的钓鱼软件警报	**12**	0	3
英语版本网络钓鱼示例	**I**	W	S
本地银行钓鱼邮件	**8**	0	7
PayPal 钓鱼邮件	**11**	0	4
eBay 钓鱼邮件	**12**	0	3
Facebook 请求	**14**	0	1
Facebook 钓鱼邮件	**11**	1	3

P,网络钓鱼；L,合法的；N,不确定；I,忽略；W,会读取；S,寻求建议。

　　我们测试了网络钓鱼与年龄和教育水平等变量的相关性。在能够识别所有网络钓鱼案例的 7 位参与者中,6 位具有大学学历,1 位具有研究生学历。他们的年龄组也更集中在 45～50 岁年龄段(4 位),其次是 51～55 年龄段(2 位)和 56～60 年龄段(1 位),其中有 1 位参与者偏好使用中文。然而,由于能够识别网络钓鱼的参与者数量很少,因此我们需要进行更多的测试数据以获得更可靠的结论。

　　最近的一项研究表明,到 2017 年,全球超过 10 亿用户将其智能移动设备用于银行业务。网络犯罪正走向智能移动设备时代的"后 PC"时代。我们需要注意,一些用户可能对术语"网络钓鱼"比较陌生,但其他一些用户可能对网络钓鱼的概念有一些了解;网络钓鱼即假装来自可靠实体的电子邮件或网站。

☞　**建议 4**:鉴于调查的结果和针对移动设备的网络犯罪风险日益增加,我们迫切需要提高(中老年)用户对网络钓鱼的认识,见 5.4 节。

　　除了调查的反馈外,本研究还收集了一些我们已经接近但未参与调查的参与者和其他老年智能移动设备用户的一些反馈。一位没有参与调查的用户回复说他有"技术恐惧症",他只知道电话上的一些功能,例如拨打电话、短消息和照片,这些功能主要是功能手机的功能。该用户偶尔使用他的移动设备和计算机访问 Facebook。

　　大多数用户不确定如何使用手机的全部功能,如上网、在线游戏和社交网络。妨碍他们使用智能移动设备的一个重要因素是使用触摸屏,因为他们经常在运动和感觉运动上遇到困难,比如智能移动设备上划动与触摸的时机。

　　作为数字移民,这些中老年人可能与功能手机的接触多于智能手机,所以他们需要更多的时间更有效地练习使用智能手机。值得注意的是,一家新加坡公司制造了 iNo Mobile,这是一款适合中老年人使用的手机,其中一些型号支持智能移动设备的功能(Dyeo 等,2010)。然而,我们的参与者都没有拥有这样的移动设备。

▌5.4　情景犯罪预防方法

典型的预防犯罪干预措施是创造不利于犯罪的条件。例如,常规活动理论是用于解释犯罪事件的流行理论。该理论提出,当一个合适的目标在缺少有能力的监护人的情况下出现在一个有动机的罪犯面前,犯罪就会发生(Cohen and Felson,1979)。犯罪的动机是理论中的一个关键因素,它通过在人类行为规律的背景下合理利用"机会"来设计预防策略,特别是在能够进行人为干预的情况下。具有高价值和吸引力的用户由虚弱的监护人保护,犯罪分子被假定为在此背景下拥有充足的资源能够理性地实施犯罪(Felson,1998;Yar,2005);并且被害风险是受害者具有何种容易招致犯罪的典型行为和生活方式(Imgraben等,2014)。例如,有密码保护的设备对于机会主义的小偷来说可能没有什么用。

智能移动设备用户,与以窃取财产为动机的网络犯罪分子及情境状况(例如机会和监护能力弱)之间的相互作用对情况有很大的影响。例如,设计恶意软件和网络钓鱼网站是否容易面向可能不具备 IT 专业知识和网络专业知识的中老年用户,以及被逮捕并在法庭上被起诉的风险有多高。

因此,我们应该研究如何创造不利于犯罪的条件。例如,根据情境犯罪预防理论(Clarke,1997;Cornish and Clarke,2003),针对移动用户减少犯罪的五大分类(包括 25 种技术)如下。

- 增加感知效果:目标强化、控制对设施的访问、安全出口、预防犯罪、控制工具/武器
- 增加感知风险:扩展监护、协助自然监控、减少匿名、聘用地方管理人员、加强规范监督
- 降低收益:隐藏目标、移除目标、识别属性、扰乱财产、拒绝优势
- 消除借口:缓解沮丧和压力、避免纠纷、减少情绪唤起、中和调剂压力、阻止模仿
- 减少挑衅:制定规则、张贴说明、提醒良知、协助遵守规则、控制药物和酒精(我们将用"挑衅因素"取代)

表 5.8 中概述了用户、移动设备和应用程序设计者、应用程序商店运营商和政府机构可以为确保安全的移动环境而采取的措施。

表 5.8 基于情境犯罪预防理论的网络安全措施

增加感知效果	增加感知风险	降低收益	消除借口	减少挑衅
目标强化,如安装防病毒软件或定时升级软件	通过禁止设备或应用收集与其功能或活动无关的设备唯一标识符和/或个人信息来扩展保护范围	在不使用移动设备的情况下隐藏目标,使用不同的电子邮件地址进行可疑应用程序注册等	通过提供透明的在线报告系统,缓解沮丧和压力,用户可以向应用程序商店报告恶意应用程序以进行修复操作等	制定规则,例如制定设计移动应用和设备的最佳做法,以确保用户数据的安全和隐私,以及规范第三方应用商店
控制对设施的访问,在设备不使用时对其进行保护	协助自然监控,诸如向恰当的政府部门报告丢失或被盗的设备以及网络欺诈	移除目标,诸如避免访问可疑的网站或避免从第三方应用程序商店下载应用程序	通过允许用户选择或退出对其个人信息的收集或使用,通过识别第三方并提供链接指向隐私政策中关于用户如何修改或删除被第三方使用的个人信息,实现避免应用程序设计者和用户之间的纠纷	张贴说明,例如限制在公共论坛(如社交网站)上传播敏感和个人身份信息
安全出口,如在报废移动设备之前删除移动设备或应用程序中的个人信息	通过在应用程序商店注册上传应用程序的供应商或个人来减少匿名	识别属性诸如使用物理标记标识移动设备或使用远程擦除和定位功能查找应用程序	通过禁止或删除鼓励暴力或促进犯罪行为的应用来减少情绪唤起	通过定期的用户教育来提醒良知,培养他们如何保持警惕,让设备和应用程序提供商对第三方库和代码等进行尽职调查

续表

增加感知效果	增加感知风险	降低收益	消除借口	减少挑衅
通过降低罪犯进行犯罪行为的可能性和动机来预防犯罪，如迅速地为软件和硬件安装补丁	聘用地方管理人员，在批准设备和应用程序公开发布之前，负责审核设备和应用程序，保护从用户收集的数据等	通过对销售丢失或被盗设备及开发恶意应用程序定罪来扰乱市场	中和同侪压力，以避免造成恶意肇事者勾结移动设备用户的情况	通过鼓励用户报告网络欺诈、撤销恶意的功能或不合规的应用程序或设备供应商、阻止设备或应用程序供应商获取及保存不必要的个人信息来协助遵守规则
控制工具，例如使用隐私增强应用或选择不与第三方共享个人信息	加强规范监督诸如监控应用程序的行动（例如，是否在未获得用户许可的情况下使用集成的位置和运动传感器收集用户的活动）	拒绝优势诸如使用加密，使用字母数字混合且不好猜测的密码，同时也对违法者进行起诉	阻止模仿诸如弄虚作假的或有误导的应用程序	使用诸如设定规则之类的措施控制挑衅因素，以不损害可行性来阻止不合规行为

　　根据这项调查的结果，结合如 Imgraben 等（2014 年）的研究，我们看到一个现象，即许多中老年人（和一些年轻的大学生）智能移动设备用户通常没有意识到他们可能每天都把自己暴露在风险中。然而，更值得关注的是，移动设备用户似乎没有充分地了解他们的智能设备被使用的情况以及其安全性如何。正如前面的研究以及我们自己的研究所指出的那样，参与者一般不知道他们所承受的风险，例如，通过始终打开 Wi-Fi 和蓝牙连接，尤其是那些还可能会执行网上银行（我们有 4 位参与者这样做）和其他活动（2 位参与者使用在线商店）的用户，可能会将个人信息暴露给攻击者。

　　可以说，需要由政府机构、移动设备和应用程序提供商以及社区和教育组织(例如,第三世界大学,见 http://www.u3aonline.org)进行综合、协调和齐心协力,以打击使移动设备用户受害的网络犯罪活动,这有助于确保向用户提供最有效的网络犯罪预防建议(澳大利亚代表协会通信常设委员会,2010 年)。

网络犯罪教育计划的成功可以通过一系列个人、语境和文化因素来进行衔接。我们还应该指出,教育不是唯一的或最可靠的解决方案。网络犯罪教育的广泛目标应该是促进行为改变,提高用户意识。

虽然像新加坡这样的国家有各种网络犯罪教育活动,但是对这些教育活动的评估却十分有限。对这些教育举措的评估和研究非常重要(例如,要充分了解什么是有效的、什么不起作用、以及为什么),因为执行不力的教育举措可能不会带来任何所希望的收益,无论这些教育举措是如何精心设计的。

此外,我们建议为智能移动设备用户开发的所有教材都应该针对不同的用户组(例如,X 年代、Y 年代、婴儿潮一代,以及来自不同文化和语言背景的终端用户)和不同技术及文化背景的终端用户。

▌5.5 结论

在研究中我们发现,一些掌握很少或者完全不掌握英语的参与者难以理解安装在他们的智能移动设备上的应用程序的说明。除了已经在大多数设备中可用的智能移动设备的语言设置,我们的发现还得出了结论,即在其功能的语言设置方面也需要具有更多的灵活性。我们迫切地需要提高用户在网络安全措施方面的意识。

这项调查将来可能扩展到对其他不同国家中只使用英语或者其他某一种非英语的中老年用户进行调查,并采取有针对性的方法来帮助开发网络安全教育材料,其中有一小部分中老年移动设备用户将被选中参加面对面的访谈,并且进行多轮的问卷调查,每轮调查前都会提供一份根据上一轮调查结果所特别修订的教育材料。整体结果可用于显示材料所具有的效果,并且来自参与用户组的反馈可用于进一步改进教育资料。

▌参考文献

[1] Australian Government House of Representatives Standing Committee on Communications. *Hackers*, *Fraudsters and Botnets*: *Tackling the Problem of Cyber Crime*. Canberra: Commonwealth of Australia,2010.

[2] Clarke R. New York, NY: Harrow and Heston; . *Situational Crime Prevention*: *Successful Case Studies*. 1997,vol. 2.

[3] Cohen L. E. , Felson M. Social change and crime rate trends: a routine activity approach. *Am. Sociol. Rev.* 1979,44(4): 588-608.

[4] Cornish D. B. ,Clarke R. Opportunities,precipitators and criminal decisions: a reply to Wortley's critique of situational crime prevention. In: Smith M. J. ,Cornish D. B. ,eds. *Theory for Practice in Situational Crime Prevention*. Monsey, NY: Criminal Justice Press; 41-96. *Crime Prevention Studies*. 2003,vol. 16.

[5] D'Orazio C. ,Choo K. -K. R. *A generic process to identify vulnerabilities and design weaknesses in iOS Healthcare apps*. In: Hawaii International Conference on System Sciences 2015,2015: 5175-5184.

[6] D'Orazio C. ,Choo K. -K. R. An adversary model to evaluate DRM protection of video contents on iOS devices. *Comput. Secur.* 2016; 56:94-110. doi: 10. 1016/j. cose. 2015.06.009.

[7] Do Q. ,Martini B. ,Choo K. -K. R. *Enhancing user privacy on android mobile devices via permissions removal*. In: Hawaii International Conference on System Sciences,2014: 5070-5079.

[8] Dyeo C. , Lee T. M. , Abdul Rahman N. B. *An exploratory study on the emotional, cognitive and behavioural inclinations of the Singapore elderly towards mobile phones*. Wee Kim Wee School of Communication and Information (WKWSCI) Student Report (FYP) Singapore: Nanyang Technological University,2010: 1-49.

[9] Elliot A. J. , Mooney C. J. , Douthit K. Z. , Lynch M. F. Predictors of older adults' technology use and its relationship to depressive symptoms and well-being. *J. Gerontol. B Psychol. Sci. Soc. Sci.* 2013,69(5): 667-677.

[10] Felson M. *Crime and Everyday Life*. New York,NY: Pine Forge Press,1998.

[11] Fieldhouse M. , Nicholas D. Digital literacy as information savvy: the road to information literacy. In: Lankshear C. , Knobel M. , eds. *Digital Literacies*: *Concepts, Policies and Practices*. New York,NY: Peter Lang,2008: 47-90.

[12] Grace M. C. ,Zhou W. ,Jiang X. ,Sadeghi A. -R. *Unsafe exposure analysis of mobile*

in-app advertisements. In: ACM Conference on Security and Privacy in Wireless and Mobile Networks,2012: 101-112.

[13] Hewlett Packard Security Research. *Hewlett Packard press release*. http://www8. hp. com/us/en/hp-news/press-release. html?id=1528865. 2013（accessed 01. 08. 15）.

[14] Imgraben J. ,Engelbrecht A. ,Choo K.-K. R. Always connected,but are smart mobile users getting more security savvy? A survey of smart mobile device users. *Behav. Inform. Technol.* 2014,33(12): 1347-1360.

[15] Infocomm Development of Singapore. *Facts and figures, telecommunications*. http:// www. ida. gov. sg/Infocomm-Landscape/Factsand-Figures/Telecommunications#1. 2015 （accessed 03. 08. 15）.

[16] Kurniawan S. Older people and mobile phones: a multi-method investigation. *Int. J. Hum. Comput. Stud.* 2008,66(12): 889-901.

[17] Quick D. , Martini B. , Choo K.-K. R. *Cloud Storage Forensics*. Amsterdam: Syngress/Elsevier,2013.

[18] Selfe C. ,Hawisher G. Introduction: literate lives in the information age. In: Selfe C. ,Hawisher G. ,eds. *Literate Lives in the Information Age: Narratives of Literacy From the United States*. Mahwah,NJ: Lawrence Erlbaum Associates,2004: 1-28.

[19] Shekhar S. , Dietz M. , Wallach D. *Adsplit: separating smartphone advertising from application*. In: Proceedings of the 21st USENIX Security Symposium,2012: 1-15.

[20] Singapore Department of Statistics. *Census of population* 2010. http://www. singstat. gov. sg/publications/publications-andpapers/population#census_of_ population_2010. 2010（accessed 03. 08. 15）.

[21] Tassone C. ,Martini B. ,Choo K.-K. R. ,Slay J. Mobile device forensics: a snapshot. *Trends Issues Crime Crim. Justice.* 2013,460: 1-7.

[22] Yar M. The novelty of'cybercrime': an assessment in light of routine activity theory. *Eur. J. Criminol.* 2005,2(4): 407-427.

第6章
移动设备在提高警务系统效率和效益方面所发挥的作用——从业者的观点

F. Schiliro，南澳大利亚大学，阿德莱德，SA，澳大利亚。

K.-K. R. Choo，得克萨斯大学圣安东尼奥分校，得克萨斯州，美国。

▌摘要

执法机构常常要应对、侦查并预防犯罪，从这个角度来看，我们必须承认警务人员在适应和应对常见状况（例如盗窃或家庭纠纷方面）甚至意想不到的或未知的情况发挥了重要作用。因此，我们使用"意会"（Weick，1995；Dervin，1983，1992，1996）和态势感知这两个概念研究并改善警察与信息技术之间的关系。

信息在三个方面具有战略意义：了解环境的变化、为创新提供依据、为决定行动方案提供支持。这些看似截然不同的部分实际上互为补充，耦合在一起构成了完整的拼图，而且与被各种方法分析的信息行为综合在一起更好的解释了执法机构是如何利用信息的。

通过"意会"，组织中的人对组织的事件和行为赋予了意义。通过知识创造，个人的见解被转化为可用于设计新产品或提高效能的知识。最后，在决策过程中，了解和认识集中在如何为行动方针的选择和实际实施提供帮助。

关键词

ICT 系统,交互式巡逻系统(ICOPS),智能个人助理,LTE,拘留数字评价。

6.1　概要

信息和通信技术(Information and Communications Technology,ICT)是一个总称,包括任何与通信有关的设备或应用程序,如移动电话、计算机、网络硬件、软件、互联网和卫星系统等。ICT 还指相关的各种服务和应用,例如视频电话会议和远程学习。澳大利亚境内的警察机构,同世界各地的其他警察机构一样依赖通信技术来运作。随着 ICT 的发展,对通信技术的需求也在增加。

设计和实施不当的信息通信技术系统妨碍了警察的正常工作。一个更好的信息通信技术系统可以提高警察的生产力,使同样的工作量可以由更少的警力完成,或者利用现有的警力完成更多的工作。

多年来,技术创新如电话、移动无线电和磁带录音机已被引入到警务工作中以提高效率。他们对公安系统的运作方式以及警察如何开展工作产生了重大影响(Choo,2011;Ready and Young,2015;Tanner and Meyer,2015;Koper 等人,2015)。

当大型计算机技术在三十年前被引入到警务工作时,尽管在那个时候没有得到充分的认可,但它确实对警察机构的运作产生了深远的影响。它能够收集、存储并便于检索大量数据,因而使警察信息系统成为现实。然而,警察机构由于工作需要必须使用许多表格来呈现数据,而且警务人员需要通过填写大量的表格来汇总数据;然后,必须雇专人来对数据进行编码并输入到计算机中,同时还有一些人负责以不同的组合检索和分发数据,交由另外一些人进行结果分析。从本质上来讲,大型计算机技术创造了更多的就业并创造了官僚体系,也为警务人员带来了更多的文书工作。

现在客户端/服务器形式的计算机技术已经增强甚至取代了大型计算机的主机功能,并且彻底改变了一些基本的组织功能和文书系统。警务用品的采购、账单和薪水的支付以及库存管理都可以通过更少的工作人员和更简洁更迅速的业务流程在电子系统中进行管理。例如,在执行任务时警察可以在出警和调查走访时使用笔记本电脑直接收集数据。内部电子邮件系统和互联网也使警察可以轻松地检索各种信息以更有效地开展工作。警务人员也可以更容易地使用内部信息系统。一部分警察的培训也可以实现自动化,以方便警员单独进行,从而降低了培训成本,避免了让许多警员同时脱岗的问题。这一时期的信息技术趋势对警察工作产生了明显的影响。警察机构甚至探索整合所有司法信息的系统,以便司法人员和机构能够在系统之间和/或跨管辖区域轻松地在线访问和共享信息从而避免了复杂的文书工作。一些机构已经将其部分地实施到其系统中。与警务相关的网站和服务器也使警务人员能够通过互联网与世界各地的同事磋商和分享信息。

然而,一种新型的连接电信网络的平板手机更有可能改造警察的日常工作方式。随着智能手机规模的扩大,平板手机的便利性和性能也在不断发展。平板手机有一块对角线长 135~178mm(5.3~6.99inch)的屏幕,其大小正适合进行如浏览移动网络和观看多媒体的操作。平板手机还可以安装包括针对使用手写笔进行勾画和注释进行优化的软件。或许正是这些特征、屏幕大小和手写笔让平板手机在警务系统中越来越得到普及?

虽然三星的 Galaxy Note 在 2011 年推出时在全球范围内成为开拓智能手机市场的先驱,但具有类似形式的早期设备却可以追溯到 1993 年。当 Galaxy Note 3 上市时,如澳大利亚联邦警察等警务机构已经概念化了警务组织如何能够将信息从 IT 后端传递到前线警员,这要部分归功于平板电话的使用所带来的好处。这个平板手机会成为未来警察的主要智能设备吗?

ICT(信息通信技术)在刑事调查中发挥着重要作用,但警察的能力和管理也很重要。为了使 ICT 发挥重要作用,那么必须将其同有效的管理水平、优秀的侦查能力和严谨的调查思路结合在一起,将其采纳为卓越警务工作的必备技能。

6.2 交互式巡警系统

警察的典型职责涉及对犯罪的响应、侦查和预防。警员需要对出勤时可能出现的各种情况做出反应。法律和组织机构的政策和流程制定了警员在执勤时必须要遵守的行为规范。

为了对他们执勤时可能出现的各种情况及时做出响应,警员必须在某种情况下进行批判性的思考并做出正确的决定。但什么是批判性思考或者说批判性思维?我们有很多方法来初步的定义它。不幸的是,批判性思维领域的内部辩论经常集中在理论家之间的分歧上(Hale,2008)。Hale令人信服地认为,虽然理论家往往强调批判性思维的不同方面,但几乎所有人都同意,对批判性思维的分析和评估应该着重于如何改善它;它应该适应每个人自己的智力特点进行研究和开发;还要综合其他人和学科内的主流理解和评价。

因此,根据这些文献,我们可以将批判性思维分为以下几个方面。

- 熟练的智力分析:将重要的知识结构划分为几个组成部分,以便内化和评估它们。
- 熟练的智力评估:确定知识结构及其组成部分,并评估其品质。
- 智力改进:在面对智力分析和智力评估发现的弱点和优点时,能够创造性地制定策略旨在改善弱点和提高优点。
- 智力特点:发展成为公正的批判性思想家所必需的心理特征,例如:毅力、诚信、勇气、同情和自主。有人认为这样的特质能够防止诡辩或自欺欺人的思考。
- 关于非正常思维方式的认知:诸如自我中心主义或将思想陷入过于简单和偏见的精神状态。

此外,这些维度还需要应用于以下各种情况。

- 正常的思考(自己的想法,教授、同事、朋友、父母、配偶/伴侣的想法)。
- 学科内的专业思考(每个学科都有特定的、有时是独特的分析和评估形式)。

- 对于个人生活的方方面面,无论是重大决定如购买汽车或房子、关乎职业发展的决定,还是日常活动如饮食和锻炼、育儿、投票和政治、管理财务等,都可以应用批判性思维。

但是,在确定调查范围的时候,要开发一个使警察在现场更有效率和有效的手段,就必须对那些广泛的和非争议的批判性思维框架有所了解。知识和思想之间存在着密切的相互关系,因此,警务活动的一个重要能力是对知识的系统掌握。如图 6.1 所示,交互式巡逻系统(ICOPS)是安装在平板手机上的一个移动应用程序,或者它也可以安装在平板电脑上。应用程序提供了一个平台和框架,通过它可以为现场的警员提供了整个公安系统的技术支持。交互式巡逻系统可以应用在两个典型场景:情报共享和交流沟通,它能够增强出勤警员的学问和经验。它能够在应对突发事件时提供重要情报,提高警察的选择和决策能力。

图 6.1　交互式巡逻系统提供的八个功能的示例

该框架能够使警察更有效地开展工作。

例如,在轮班结束时,警察通常需要将收集到的情报和数据带回到警局,这包括将书面文本传真到特定区域并手动输入到系统中。每个班次的警务人员大约要花费50％的时间在警局中,其中很大一部分原因归结于他们必须要处理与情报采集和报告相关的行政任务。越来越多的警察发现,不断增长的文书任务要求他们提前开始轮班并延后下班才能完成。情报处理的延误以及未能及时提供给所有相关人员给警察的快速响应带来了困难,并增加了警察和公众的安全风险(维多利亚警察局,2014年)。

6.3　能力

6.3.1　信息管理与知识交流权限模型的局限性

在技术方面,尽管有复杂的录音机和电脑,最简单、最经济、最基础的调查工具仍然是纸质的笔记本,警察用它记录在调查期间观察到和了解到的所有事实。

现如今,警察可以采用先进的交互式巡逻系统来做相同的事情,它安装在平板手机上便于携带,而且它可以在刑事调查时发挥重要作用。

对于警察所扮演的"知识工作者"(由Peter Drucker在1959年创造的一个术语)的角色,技术正成为沟通、协作和获取更多情报的重要推动力。

交互式巡逻系统采取结构化的方法呈现知识,并提供了许多功能,其中一个最重要的功能是提供一套流程化的工作方法,指导一线警察如何获取情报和工作任务。该系统还将用户链接到一个技术支持平台,其中包含信息门户、基于业务规则或算法实现的自动化决策系统、文档或内容管理系统、业务流程管理和监控系统以及团队协作工具。这种技术通常被称为案件管理系统,因为它们允许用户在系统中完成整个案件或全部相关的工作。案件管理可以在信息密集型的工作任务上应用某种流程或者将信息归纳在某种固定模式的结构中,并能够创造价值。直到最近,结构化方法主要被用于重复的、可预测的并因此更容易实现自动化的低级信息任务中。

生产率代表每单位工作时间内所完成的关键任务数,当在一些组织机构

147 ·

中实施这些技术时,生产率通常可以提高 50%。这是因为应用这些技术后员工几乎不用花费时间在信息的搜索上,因此更容易集中精力做重要的事情。

　　为了提高效率,在大多数情况下,组织机构可以将任务分配给任何有时间且具备所需专业知识的工作人员。例如,如果某一位警察休假暂时离开工作岗位,管理系统能够自动将案件交给另外一个人进行处理。工作流程因此变得更加透明,人员管理、案件处理和对改进状况的跟踪都变得更加容易。结构化模型还便于协作和任务的协调,在需要时它可以协调许多工作人员和小组来同时处理同一个任务。这些系统还经常吸收由专家学者确定的业务规则或算法,这有助于组织机构决定最佳行动方案。对于管理者来说,这些系统可以提高决策的质量和一致性,同时通过自动化或半自动化加快决策速度。

　　通过使用基于自动化工作流程的智能表单,如图 6.2 和图 6.3 所示,警方可以在现场完成事故报告。这将减少信息处理的延误,以供其他人立即使用,从而减少了在警局完成文书工作所花费的时间。

图 6.2　搜索结果

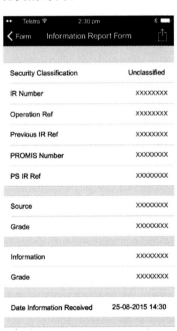

图 6.3　信息报告表

▶ 6.3.2　智能个人助理

执法部门开始使用一种新的技术,它被称为智能个人助理(Intelligent Personal Assistants,IPA),它实际上是一种先进的网络服务应用。苹果的 Siri、谷歌的 Google Now 和微软的 Cortana 都属于这一类新兴的智能个人助理。它利用用户的语音、视觉(图像)和上下文语境,通过回答问题(使用自然语言)、提出建议和执行动作来提供帮助。这些智能个人助理已经被部署在诸如 iOS、安卓和 Windows Phone 等众所周知的平台上,而且成为增长最快的互联网服务之一,现如今它们在全球的移动设备上无所不在。

三十年前,如果一名年轻警员刚从警校毕业,那么他很可能会与一名老警察做搭档。这位老警察通常见多识广,拥有超过 10 年的经验和知识。然而现如今,出现了一个新的趋势打破了过去的传统,即越来越多的人认为做警察是不能干一辈子的,因此他们很可能不会在警察这个行业里待上十年,这就导致符合传统的能够带新人的超十年工龄的老警察越来越少。

现在我们可以创建一个强大高效的信息管理系统,它将 ICOPS 集成到无限数量的公共和私人数据库中,采用数据挖掘技术,并与现有执法通信系统(如计算机辅助调度、GPS 指导定位系统和移动数据计算机)进行通信。在现场使用这种工具的警察可以通过简单地与设备对话并发出口头命令来同时完成许多任务。

▶ 6.3.3　通信

高效员工管理的一个关键因素就是在传达指令、回复和信息时要做到清晰和准确无误。交互式巡逻系统的一个主要优点是减少了警察对传统无线电通信的需求,因为以前需要使用无线电通过信息中心进行查询的信息现在可以通过使用交互式巡逻系统的移动设备来获得了。

当公共安全管理机构选择长期演进(Long-Term Evolution,LTE)技术时,曾设想该网络将用于数据和视频服务,并为澳大利亚的一线警察提供接入服务。同时也设想,该网络将成为全国互通协作的基石,将有助于解决公共安全管理结构三十多年来遇到的种种问题。但 LTE 网络的重要性被全社会所周知反而是由于近年来一系列灾难性事件中出现的通信故障所导致的，如恐怖袭击、工厂爆炸、洪水和风暴等。

在交互式巡逻系统中按下"一键通"按钮就可以享受即时连接。在紧急状况或危险环境中，指挥中心和现场前线人员之间必须快速传递命令和情报（图 6.4 和图 6.5），因此随时提供连接的这一功能就变得极为重要。

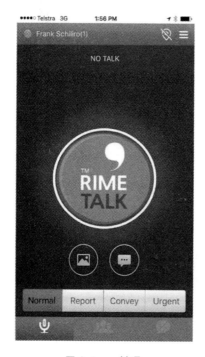

图 6.4　一键通

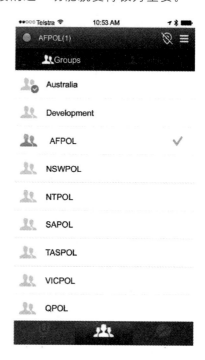

图 6.5　组间协同

6.3.4　拘留管理

在澳大利亚，所有被拘留者必须满足以下条件：

- 作为调查程序的一部分被拘留，或
- 作为不是调查程序的对象被拘留，或
- 作为未被正式逮捕的嫌疑犯，以获得法医样本

　　当被拘留者被监禁时,警察需要对拘留的每个流程和完整记录进行管理。由于大多数的拘留是在现场发生的,交互式巡逻系统为此进行专门设计以协助警察完成这项任务。交互式巡逻系统将为每个被拘留的人员创建一个带独一无二编号的拘留记录,这个编号被称为拘留数字编号(Custody Reference Number,CRN)。该拘留记录将独立于被指控的罪名,并且可被所有警员查询。

　　一旦记录被创建,输入信息的警官将被视为拘留记录管理者,并能够向该记录中添加信息。这么做带来了很多好处,如减少了警员花费在填写表格上的时间,并使调查时间得到准确监控。交互式巡逻系统中的拘留管理功能将允许拘留管理者:

- 自动计算调查剩余时间,避免超时并提醒警务人员在必要时延长拘留时间(如图 6.6)

图 6.6　管理被拘留人的例子

- 向警务人员发出警告,提示他或她在调查时间结束之前要延长拘留时间
- 将所有操作都显示在同一屏幕上
- 列出在保管期间发生的所有操作,并能够输出拘留管理记录
- 列出当前被所有被拘留人员的名单

▶ 6.3.5　情景意识

情景意识通常是指一个人知道他或她周围发生了什么。

执法本质上是一种十分危险的职业。在任何时候,无论是在停车检查、刑事调查还是处理家庭暴力,警察都不会比接近陌生人、潜在精神紊乱或精神障碍的人更容易受到攻击。通常情况下,对警察最好的保护是尽可能多地了解他们正在面对什么样的人、他们被派遣到什么样的地方、他们已经逼停的车辆和司机是否具有危险性,以及有关其管辖区中正在进行活动的其他情报。这些关于情景意识的情报显著地提高了警察安全和公众安全。当进行停车检查时,标准操作程序是警员在接近车辆之前需要通过国家数据库查询车辆牌照,以获取关于车辆所有者(通常是驾驶员)的尽可能多的信息。通过信息查询以确定车辆所有者是否需要被逮捕,比如提示警察在接近车辆之前是否请求增援。当开始与驾驶员接触时,如果能够知悉一些额外的信息(比如对车辆中其他人的身份识别)将进一步增加情景意识。

执法人员需要用到一些工具以便能够在现场收集准确、及时和完整的情报。此外,执法机构在执法时经常会用到各种各样的技术,如地理信息系统(Geographic Information System,GIS),它可以帮助建立全面的情景意识。建立企业级的信息共享系统使执法机构能够更好地获得情景意识(图6.7)。

警员还可以通过使用社交媒体或可用的在线服务来增强情景意识。例如,在大型公共事件中,遇到骚乱的第一批目击者很可能会在手机的 Twitter 上发布第一手的消息或者照片甚至视频,这通常迅速地给执法机构带来关键的地理位置和战略情报。来自 Google 地球和其他来源的图片可以告诉警员歹徒可能的逃跑路线,或者告知在建筑物内或建筑物周围躲藏的嫌疑人可能带来的威胁。通过手持设备实时访问监控系统或交通摄像机可以帮助警员有的放矢。然而,在利用公共资源时,特别是在事态迅速发展的情况

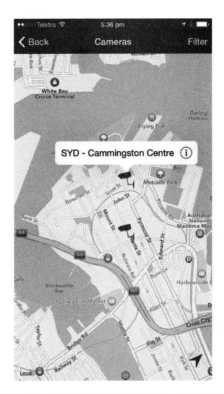

图 6.7　如何将情景意识信息推送给一线警员的示例

下，必须考虑情报的准确性和可靠性。执法机构必须制定关于使用不可靠公共信息的策略，并且必须培训警员如何有效地使用这些工具。

▶ 6.3.6　生物特征

　　随着生物识别技术的发展，识别个人的方法以及识别的准确性也在增加。指纹是唯一的一个在现场经常被保存下来的生物特征，留在一片物理证据上的生物特征痕迹被称为潜在指纹，它们也可以被称为踪迹或标记。指纹非常重要，在可预见的未来，它将成为执法机构最为看重的生物证据。目前有研究正在进行低分辨率下手指表面/纹理图像的完整检验和完全自动化识别。这项研究本身和获得的成果非常有意义，因为它们可以通过网络摄像头捕获的非接触图像进行个体识别，而且还可以进一步扩展到其他来源的图像上,比如通过手机相片或视频进行个体识别。

✓ 面部识别

有效的个体识别对于执法来说变得越来越重要。警方很关心他们是否已经和嫌疑人打过交道以及他们对嫌疑人了解到什么程度,例如他们是否有过犯罪记录、他们是否持有武器和是否具有暴力倾向等。

面部识别是一种相对较新的生物识别技术,正在受到越来越多的关注。面部识别具有许多优点,其中一个主要优点是它是唯一的一个可以通过常规手段暗地里获得的生物特征,因此它常常被用于监控。面部识别不如指纹识别那么精确——至少目前还没有——但随着技术的发展和演进,面部识别的准确率也在一直提高。

科学家们使用许多不同的算法来测量面部特征。大学里的研究员和生物识别公司的研究实验室一直在开发新的识别方法。每种方法的工作方式均有所不同,比如观察人脸的不同部位或者以不同的角度和方式观察人脸。例如,对耳朵形状的识别是一些面部识别系统的重点研究对象,随着年龄的增长,耳朵的形状变化很小。这些面部识别系统目前还无法做到 100% 准确,但有一些系统的准确率正在接近这一目标(如图 6.8 所示)。

随着对各种面部识别算法的融合,人脸识别的准确性也将会提高。例如,位于澳大利亚昆士兰州的一家名为 Imagus 的公司拥有良好的面部识别算法。他们开发了一个移动应用程序,允许警察在现场进行面部识别而不会妨碍正常的警察执法活动。通过对不同的算法进行融合并取长补短,其结果是识别精度会越来越高,我们相信市场上出现

图 6.8　面部识别的移动应用程序

精确可靠的面部识别应用程序并不是一件遥远的事情。

✓ 虹膜识别

虹膜识别是近来兴起的另一种生物特征技术。虹膜是眼睛周围的彩色环,它和指纹一样是在子宫中受孕后才形成的,这使得任意两个人(即使是双胞胎)也不会具有相同的虹膜。也许每个人都有这样的经历,在相片或电视上看到一位非常年长的老者,比如一个 100 岁的女人,有时在她脸部的特写画面中你能看到她的眼睛闪闪发光,她的眼睛看起来仍然很年轻。这是因为她的虹膜与她在 19 岁时没有任何差别。她的皮肤可能随年龄而沟壑纵横,但虹膜根本没有改变。因此虹膜可被用于身份验证和识别。然而,到目前为止虹膜识别还无法应用于监控,这是因为如果要进行虹膜识别,那么设备必须要足够贴近受试者的虹膜才行,显而易见,这在未经受试者的同意或合作的情况下是不可能的。

6.4 结论

公安系统需要更好地设定对一个警务人员工作方式的期望值。对于一个刚从警察学院毕业并从事现场工作的新人来说,掌握好新技术能够对获取知识和经验带来巨大的帮助;同时,我们也要清晰地认识到没有什么可以取代前几代警察花费了十几年所获得的经验。我们所需要的是通过创新进行改革,实施明确和实际的战略从而将新技术有效的应用在公安系统里,使警务人员的工作更有效并且更高效,从而节约时间和成本。澳大利亚的公安系统目前缺乏一个良好的技术基础设施,即还无法做到与内部和外部的数据源进行数据的获取和转换,并将数据加载到公安系统内各个部门都能够轻松访问的知识中心中。

然而,如果收集到的情报不能为一线警务人员提供所必需的情景意识,那么单靠实现情报的高效共享和获取,仍然无法成功地提高警员的效能和效率。情报只有在被适当的使用者接收和使用时才是有益的。在接下来的 5 年中,如果警务人员的效能和效率想要跟得上周围环境的这种快速变化,那么其工作流程和工作方式就需要发生许多改变。

▌参考文献

[1] Choo K.-K. R. Harnessing information and communications technologies in community policing. In: Putt J., ed. *Community Policing in Australia*. Canberra: Australian Institute of Criminology: 67-75. *Research and Public Policy*. 2011, vol. 111.

[2] Dervin B. *An overview of sense-making research: Concepts, methods and results*. Dallas, TX: Paper presented at the annual meeting of the International Communication Association, 1983.

[3] Dervin B. From the mind's eye of the user: The sense-making qualitative-quantitative methodology. In: Glazier J., Powell R. R., eds. *Qualitative research in information management*. Englewood, CA: Libraries Unlimited, 1992: 61-84.

[4] Dervin, B., 1996. Given a context by any other name: Methodological tools for taming the unruly beast. Keynote paper, ISIC 96: Information Seeking in Context. 1-23.

[5] Hale E. *A critical analysis of Richard Paul's substantive trans-disciplinary conception of critical thinking*. Union Institute and University: Unpublished dissertation, 2008.

[6] Koper C. S., Lum C., Hibdon J. The uses and impacts of mobile computing technology in hot spots policing. *Eval. Rev.* 2015, 39(6): 587-624.

[7] Ready J. T., Young J. T. N. The impact of on-officer video cameras on police-citizen contacts: findings from a controlled experiment in Mesa, AZ. *J. Exp. Criminol.* 2015, 11(3): 445-458.

[8] Tanner S., Meyer M. Police work and new 'security devices': a tale from the beat. *Secur. Dialogue.* 2015, 46(4): 384-400.

[9] Victoria Police. *Victoria Police Blue Paper: A Vision For Victoria Police In 2025. Blue Paper*. Melbourne: Victoria Police, 2014.

[10]   Weick K. *Sensemaking in Organisations*. London: Sage, 1995.

▌补充阅读材料

• Bansler J., Havn E. Sensemaking in technology-use mediation: adapting groupware technology in organizations. *Comput. Supported Coop. Work.* 2006, 15(1): 55-91.

• Borglund E. A. M., Oberg L.-M., Persson Slumpi T. Success factors for police investigations in a hybrid environment: the Jamtland Police Authority case. *Int. J. Police Sci. Manag.* 2011, 14: 83-93.

- Cosgrove R. Critical thinking in the Oxford tutorial：a call for an explicit and systematic approach. *High. Educ. Res. Dev.* 2011,30(3)：343-356.
- Cowan P. *Learning from the leaders in the region.* http：//www. itnews. com. au/news/top-tips-from-nz-polices-mobilityjourney-417484. 2016.
- Elliot J. Biometrics roadmap for police applications. *BT Technol.* J. 2005,23(4)：37-44.
- Knowledge workers，n. d. http：//www. referenceforbusiness. com/management/Int-Loc/Knowledge-Workers. html.
- Nunn S. ，Quinet K. Evaluating the effects of information technology on problem-oriented-policing：if it doesn't fit，must we quit? *Eval. Rev.* 2002,26：81-108.

第7章
基于监督学习检测安卓上的恶意软件

F. Tchakounté，F. Hayata，University of Ngaoundéré，Ngaoundéré，喀麦隆。

▎摘要

本章旨在介绍一种通过基于权限和监督学习技术的新方法来检测安卓恶意软件。为此，首先介绍安卓系统的安全性及其缺陷，随后介绍机器学习的概念，以及如何将它们用于恶意软件检测，最后会讨论一些现有的作品，它们根据应用程序的特点使用权限作为关键特征以检测恶意行为。

我们会展示一个检测系统，它综合分析了软件所请求权限占全部权限的比例，以及被请求权限将对系统资源带来何种风险。该系统以易于理解的方式告知用户后台中有哪些活动正在使用被请求过的权限，并要求用户指定哪些资源需要保护。在包含正常和恶意软件的样本数据集上测试该系统，并结合多种学习算法在图形界面上详细且直观地展示了系统的检测和预测性能。

在同一数据集上应用知名防病毒软件和相关解决方案，将分析后的结果同先前得到的数据结果进行比较。对比结果表明我们的系统胜过大多数防病毒软件和相关解决方案，而且它还能够检测零日恶意软件。因此它作为一种很特别的防护手段,可以帮助用户了解资源引起的风险,并帮助他们检测恶意软件。

关键字

检测,权限,资源,风险,监督式学习。

致谢

作者要感谢哥廷根大学的计算机安全组分享 Drebin 数据集,并感谢 Zhou Y.,Jiang X.分享基因组计划的数据集。我们要向为我们提供样本的 VirusTotal 和 Contagio 的创始人表示感谢。

安卓已经成为智能手机和平板电脑上最流行的开源操作系统,已大约占到 70%～80% 的市场份额(Canalys,2013)。2017 年预计将出货 10 亿部安卓设备;自从 2008 年首个安卓手机发布以来,用户已经下载了超过 500 亿个应用程序(Llamas 等,2013)。该安卓系统基于 Linux 内核,专为高级 RISC 机器(ARM)架构而设计。安卓系统包含许多层,下层为上层提供服务。图 7.1 简单描述了安卓架构,当然还有更多更详细的研究,有兴趣的读者可以进一步阅读(Brähler,2015;Ehringer,2010)。

Linux 内核

安卓基于 Linux 内核代码并对其进行了修改,以便在嵌入式环境中运行。因此,它并不具有传统 Linux 发行套件的所有功能。Linux 内核负责硬件抽象、驱动程序、安全性、文件管理、进程管理和内存管理。

库

一套原生的 C/C++ 库,通过库组件提供给应用程序框架和安卓运行环境使用。它包括负责设备屏幕上图形图像显示的 Surface Manager、2D 和 3D 图形库,为默认浏览器提供支持的 Web 渲染引擎 WebKit,以及安卓平台上小巧灵活的数据库 SQLite。

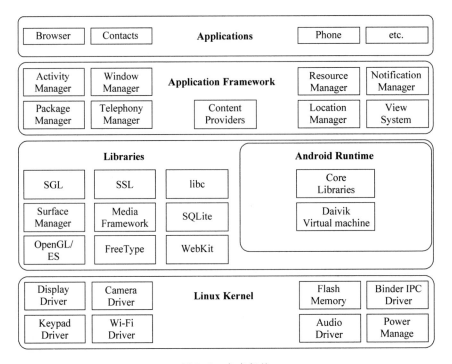

图 7.1　安卓架构

安卓运行环境

每个应用程序都运行在自己的安卓运行环境实例中,每个实例的核心是一个 Dalvik 虚拟机(DVM)。DVM 是一款针对移动设备优化的虚拟机,专门设计用于在安卓设备上快速运行。每个应用程序的运行环境和安卓核心库(如安卓 I/O 等类库)都位于这一层。

应用程序框架

应用程序框架以各种安卓包*的形式为应用程序提供高级构建模块。此层中的大多数组件都以应用程序的形式作为设备上的后台进程运行。

应用程序

这包括谷歌和其他安卓开发人员开发的应用程序。

---

* 如 android. bluetooth 的 API 安装包,为 Bluetooth 管理功能提供各种类(class)。

▍7.1　权限的背景介绍

安卓的安全模型主要基于权限。权限是对设备上的部分代码或数据的访问进行限制,该限制可以保护关键数据和代码,防止被误操作损害用户体验。在应用程序访问受限制的 API 和资源时,权限提供两个选择,允许或限制。例如,具有 INTERNET 权限是进行网络通信的必要条件,因此,应用程序能否建立网络连接是受到 INTERNET 权限限制的。同样,应用程序必须具有 READ_CONTACTS 权限才能读取用户电话簿中的条目。开发人员声明一个 < uses-permission >属性来定义一个权限,并在 android:name 字段中指定该权限的名称。它们都包含在一个称为 Android manifest 或 AndroidManifest. xml 的文件中。这个文件描述了应用程序提供的功能,并列出了应用程序的不同组件。图 7.2 提供两个权限:WRITE_EXTERNAL_STORAGE 和 INTERNET。前者允许应用程序写入外部存储,后者允许应用程序建立网络连接。

```
AndroidManifest.xml
1    <manifest xmlns:android="http://schemas,android.com/apk/res/android"
2        package="com.example"
3        android:versionCode="1"
4        android:versionName="1.0">
5
6        <uses-sdk android:minSdkVersion="15" />
7
8        <uses-permission android:name="android.permission.WRITE_EXTERNAL_STORAGE" />
9        <uses-permission android:name="android.permission.INTERNET" />
10
11       <application
12           android:label="@string/app_name"
13           android:icon="@drawable/ic_launcher">
14           <activity
15               android:name="MyActivity"
16               android:label="@string/app_name">
17               <intent-filter>
18                   <action android:name="android.intent.actioin.MAIN" />
19                   <category android:name="android.intent.category.LAUNCHER" />
20               </intent-filter>
21           </activity>
22       </application>
23   </manifest>
24
```

图 7.2　Manifest 文件

安卓将最少权限原则(PLP)作为安全性前提,即规定应用程序只能获得完成其工作最少数量的所需权限,不应获得与本职工作无关的任何权限。例如,如果应用程序不需要 Internet 访问,则它不应该请求 Internet 权限。表7.1描述了一些权限。

表7.1 权限示例

权　限	说　明
CALL_PHONE	允许应用程序不通过拨号器用户界面确认正在发出的呼叫就可以直接发起电话
MODIFY_PHONE_STATE	允许修改电话状态,如开机
WRITE_SMS	允许应用程序写入短信
READ_CONTACTS	允许应用程序读取用户的联系人数据

权限可以与以下的某个谷歌保护级别(GPL)相关联(Han 等,2014)。

- GPL0-Normal:低风险权限,允许应用程序访问 API 调用(例如 SET_WALLPAPER),不会对用户造成任何危害。
- GPL1-Dangerous:高风险权限,允许应用程序访问有风险的 API 调用(如 READ_CONTACTS),例如能够泄露私人用户数据或接管智能手机设备的控制。在安装应用程序之前,高风险权限都清楚的显示给用户,用户必须选择是否授予权限,以及是否继续安装。
- GPL2-Signature:如果请求权限的应用程序与定义该权限的应用程序使用相同的证书签名,则授予该权限。
- GPL3-Signature-Or-System:这种类型的权限用于某些特殊情况,其中多个供应商将应用程序内置到同一个系统镜像中,并需要明确地共享特定功能,因为在制作系统镜像时它们就已经被集成在一起。

一个安卓应用程序需要若干个权限才能工作。每个应用程序必须在安装期间明确地请求用户许可,以在设备上执行某些任务,例如发送消息。在安装应用程序之前,系统提示应用程序请求的权限列表,并要求用户确认安装。用户可以对它们全部授权并安装应用程序或拒绝安装该应用程序(如图7.3所示)。

权限模型的局限性

尽管安卓是最常用的移动操作系统,但安卓仍然会遇到一些限制和缺

图 7.3　安装前用户确认

陷，这些限制和漏洞可能会使用户受到恶意行为的侵扰。本节仅介绍与权限系统相关的内容，这是本章的主要关注点。根据 Fang 等(2014)的观点，在权限模型中有四个普遍问题。

- **权限的粗粒度**：大多数安卓权限是粗粒度的。例如，INTERNET 权限 (Barrera 等, 2010)，READ_PHONE_STATE 权限和 WRITE_SETTINGS 权限赋予对某些资源的任意访问(Jeon 等, 2015)。INTERNET 权限允许应用程序向所有域发送 HTTP(S)请求并连接到任意目的地和端口(Felt 等, 2010)。因此，INTERNET 权限提供的控制力不足以强力控制应用程序的因特网访问(Barrera 等, 2010)。

- **权限超量**：超量权限可能是对安卓系统安全性最严重的威胁，它直接打破了最低特权原则(PLP)(Saltzer, 1974)。这种违反 PLP 的行为使用户面临隐私泄露和财务损失的潜在风险。例如，如果一个单独的游戏应用请求不必要的 SEND_SMS 权限，则可以利用该权限在用户不知情的情况下发送增值服务消息。Felt 等(2010)总结了几种导致开发人员可能做出错误决定的原因。首先，开发人员常常仅根据权限的名称听起来与他们设计的功能相关就去申请它们，即使这些权限实际上并不需要。第二,有时开发者在自己的应用中申请的权限,实际应当由与之交互的其他应用来申请。最后,开发人员可能会因使用复制粘贴、使用弃用的权限以及软件测试流程的瑕疵而出错。其他问题,包括权限的粗粒度,不称职的权限管理员以及权限说明文档的匮乏,都会造成权限超量。

- **不称职的权限管理员**:开发人员和用户对于权限的使用普遍缺乏专业知识。他们有时关注点不同甚至有利益冲突(Han 等,2014)。开发人员不会精确地判断在 Manifest 中声明的权限一旦被授予后用户所面临的风险。有的开发人员只是简单地申请超量权限,以确保他们的应用程序能够正常工作(Barrera 等,2010),而其他人可能会花一定时间逐个学习相关权限,以申请适当的权限。Felt 等(2012)进行的一项调查显示只有 3% 的受访者(用户)正确地回答了与权限相关的问题,24% 的实验室研究参与者表现出一定程度的但不完整的理解。

- **权限相关的文档不足**:谷歌为安卓应用程序开发人员提供了大量文档,但关于如何在安卓平台上使用权限的文档却十分有限(Vidas 等,2011)。权限信息的不充分和不精确会使得安卓应用程序开发人员感到困惑,以至于他们会在编写应用程序的过程中基于猜测和假设进行设计,并使用重复试验的方法验证自己的猜测和假设。这就给应用程序带来了缺陷,成为对用户的安全和隐私的某种威胁(Felt 等,2011)。权限的内容通常太技术性,用户难以理解。例如,谷歌描述 INTERNET 权限为:"允许应用程序创建网络套接字"(安卓,2015)。这种描述对于用户来说似乎太复杂和晦涩。用户可能无法完全知道授予此权限会有什么相关的风险。

谷歌对应用程序中权限工作方式的改变,为攻击者提供了可能性,主要为以下两点(谷歌应用商店帮助文档)。

- **权限的作用对用户不可见**:谷歌根据被访问的资源和特定目标定义权限组。例如,MESSAGES 组包含这样一种权限,它允许应用程序代表用户发送消息或拦截用户正要接收的消息。应用程序管理器会显示当用户许可后将要被访问的资源组。虽然用户可以滚动屏幕以详细地检查受影响的资源和权限的能力范围,但问题是由于有一部分请求的权限默认不会被显示出来,从而导致用户在做决定时无法完整的评估应用程序带来的风险。让我们举个例子:有两个类别 C1(包含 P1:GPL 正常,P2:GPL 危险)和 C2(包含 P3:GPL 危险,P4:GPL 危险),有一个应用程序 A,声明了 P1,P2,P3 和 P4 权限,安装 A 时,C1 和 C2 会显示给用户,因为它们包含 GPL 的危险权限。由于 P1 是 GPL 正常权限,根据定义它不会被显示出来。但 P1 和 P2 的组合有可能对相关资源的使用存在潜在危险,与 C2 相关联的 C1 中的权限也有可能对资源产生不利影响。

- **粗粒度认证**:如果用户启用了自动更新,则不需要查看或接受已为该应用程序许可的权限组。当用户批准了一个应用程序的权限,他实际上是批准了所有的权限组。举例来说,如果应用程序想要读取收到的 SMS 短消息,那么它显然需要"读取 SMS 消息"的权限,但安装应用程序时,用户实际上是批准了它访问所有与 SMS 相关的权限。然后,应用程序的开发人员可以在以后的更新中加入使用来自"所有与 SMS 相关权限组"的其他权限,并且在安装更新时不会触发任何告警。不幸的是恶意开发人员可以通过滥用此机制,在用户不知情的情况下获取新的危险级别权限。

7.2　恶意软件概述

恶意应用或恶意软件是一种应用程序,它可能危害设备的操作、窃取数据、绕过访问控制或以其他方式在主机终端上造成破坏。相反,正常或良性的应用程序,以及优秀的软件不对系统执行任何危险的动作或操作。安卓恶意软件是指在安卓平台上的恶意软件。

7.2.1　恶意软件技术

Zhou 和 Jiang(2012)将安卓恶意软件如何安装到用户手机上所使用的现有方法概括为四种基于社会工程的主要技术:重新打包、更新攻击、网页木马和远程控制。

✓ 1. 重新打包

它是恶意软件作者用于将恶意内容附加到流行应用程序中最常见的技术之一。实质上,恶意软件作者可以搜寻并下载流行的应用程序,进行拆解,加入恶意内容,然后重新组装并将新应用程序提交到谷歌应用市场和其他市场。用户很容易被诱骗下载和安装这些重新包装的恶意应用程序。

✓ 2. 更新攻击

恶意软件开发人员将一个特殊的升级组件插入到合法应用程序中,这个合法软件会被更新为恶意软件版本,这与第一种技术中通常将整个恶意内容附加到应用程序中不同。

✓ 3. 网页木马

恶意软件开发人员通过引诱用户在官方市场之外的地方下载和安装应用程序。这种技术可以在用户访问网页时自动开始下载应用程序。网页木马通常需要用到一些社会工程手段,使它看起来像是合法软件。因为浏览器不会在安卓设备上自动安装下载应用程序,因此恶意网站需要鼓励用户打开下载文件,恶意软件才能感染设备。

✓ 4. 远程控制

恶意软件的开发者们一般都以在设备感染阶段远程访问该设备为目标。Zhou 和 Jiang 在他们的分析过程中指出,有 1172 个样本(93.0%)将被感染的手机变为“傀儡机”进行远程控制。

▶ 7.2.2 恶意软件检测工具

现在有一些工具可以阻止恶意软件渗入目标设备,它们有免费的也有付费的。在发现、特征提取和摧毁阶段,常用的三种工具是:防火墙,入侵检测系统(IDS)和防病毒软件。他们的共同目标是跟踪并消除潜在的恶意应用程序。

✓ 1. 防火墙

防火墙就是一个屏障,是在一个设备或网络与其他网络建立通信时保护信息的屏障。其目的是保护安装了防火墙的设备免受来自互联网的恶意入侵。在安卓系统上使用防火墙有几个好处:首先,它们是众所周知的解决方案;其次,防火墙也广泛用于其他平台(个人计算机和服务器);最后,由于在个人计算机上的防火墙技术已经非常成熟,利用此优势,它们在安卓系统上也非常有效。缺点是它对于针对浏览器、蓝牙、电子邮件、SMS和 MMS 的攻击没有什么效果,相反这些都是安卓系统上防病毒软件的应用范围。

✓ 2. 入侵检测系统

IDS 包含一组软件和硬件模块,其主要功能是探测被分析目标(网络或主机)的异常或可疑活动。这是一个有很多类型的工具家族:IDS、主机入侵检测系统(H-IDS)、网络入侵检测系统(NIDS)、混合入侵检测系统(IDS hybrid)、入侵防御系统(IPS)和内核 IDS/IPS 内核(K-IDS/IPS-K)。IDS 有两个主要优点:首先,它能够检测新的攻击,甚至那些看起来孤立的攻击;第二,它可以容易地适应任何任务。缺点是它的资源消耗很大,并且有很高的误警率。Andromaly(Burguera 等,2011)和 Crowdroid(Burguera 等,2011)就是专门用于在安卓平台上检测恶意软件的 IDS 范例。Crowdroid 是专门设计用于识别木马的。

✓ 3. 防病毒软件

防病毒软件是依靠应用程序特征来识别其恶意行为的安全软件。Avast、AVG 和 F-Secure 是著名的防病毒软件,随着恶意应用程序使用技术的日益复杂,它们也面临着新的挑战。它们的效率与其检测方法密切相关,根据 Filiol(Filiol,2005)的分析,防病毒软件可以分为三大家族。

(1)表单分析:通过静态字符检测应用程序中存在的威胁。它可以基于签名、启发法或频谱分析研究。

- 签名研究:搜索已知威胁的特征模式或比特位。它的主要缺点在于它不能检测未知威胁和修改过的已知威胁,而且需要永久更新其签名数据库。优点是易于实施,所以被防病毒公司广泛采用(Zhou 和 Jiang,2012)。

- 频谱分析:仔细检查恶意软件样本通常使用的语句,但在常规应用程序中很少见。它通过统计分析这些语句的出现频率以检测未知威胁。这种方法容易出现错误警报,即正常应用程序被错误地分类为恶意软件。

- 启发法分析:其方法是建立并维护一类规则,这些规则被用来识别恶意应用程序的模式。它和前面一个方法一样也容易出现错误警报。

(2)完整性检查:基于文件是否被异常修改的线索,如果是则可能说明程序被危险代码感染。我们用动态行为分析方法对运行中的应用程序进行细致分析。

(3)第三种方法会检测一些可疑动作,比如尝试对另一应用程序的数据进行修改,或对系统保留的库和存储空间进行修改。

本章介绍的检测手段将会记录在表单中进行分析。

▌7.3 机器学习

安卓平台的快速增长使得人们迫切需要开发出反恶意软件的有效解决方案。然而,我们的防御能力在很大程度上受到各种限制,如对不断出现的新恶意软件的理解有限,以及无法及时获取相关样本。此外,Zhou 和 Jiang (2012)指出,恶意软件正在迅速演变,而现有的反恶意软件解决方案却严重失效。例如,安卓恶意软件采用加密方式利用根漏洞或使用模糊的命令控制服务器(C&C)已不稀奇。各种复杂技术的使用大大提高了探测的难度。传统的安全措施依靠对安全事件和攻击演变的分析已经不能提供及时的保护,因此,用户通常在很长时间段内得不到有效保护。机器学习领域被认为是未来解决这些问题的方向,因为机器学习能够自动分析数据,提供及时的决策,并支持对威胁的早期发现。在移动安全领域中基于机器学习的许多研究都取得了非常有前景的结果。

▶ 7.3.1 概念

学习的概念可以用许多方式来描述,包括获得新知识、加强现有知识、展示知识、组织知识和通过实验来发现事实(Michalski 等,1983)。在反恶意软件领域,学习的方法可以用来从恶意软件和正常软件获取知识。一个学习任务可以被理解是具有输入和输出集合的函数。当在计算机程序的帮助下执行这种学习时,它被称为机器学习。辨别机器学习的更基本的方法是观察数据的输入类型和知识使用的方式。

学习包括分类和回归的学习、行动和规划的学习以及解释和理解的学习。本书所使用的都是基于第一种学习方法,它也是使用最广泛的学习方法。在这种情况下,分类包括从一个有限的类集合将一个新的实例分配到一个固定类中。该学习方案提供了一组分类示例,预计从中学习一种分类未知实例的方法。回归是在一些连续变量或属性的基础上预测新值。

✓ 1. 数据集

一组数据项即数据集,这是机器学习的一个非常基本的概念。数据集可以被看成是一个二维电子表格或数据库表。数据集是一组示例,每个实例都由多个属性组成。

- 训练数据集:这是一组项目或记录(培训项目)的样本,用于在学习过程中确定规则获取知识。
- 测试数据集:这是一组与学习数据集无关的项目或记录(测试项目),它用于评估机器学习对未知实例进行分类的性能。

✓ 2. 属性和类

为机器学习提供输入的每个实例都有一系列固定的、预定义的特征或属性值。用表格总结的话,以实例为行,以属性为列。它们通常是数字(离散和实数值)或标称形式。数字属性可以具有连续的数值,而标称值可以具有来自预定义集合的值。分类任务的输入数据是正式的记录集合,每个记录(也称为实例或示例)由元组(x,y)表征,其中 x 是属性集,y 是特殊属性,被指定为类标签(也称为类别,目标属性或输出)。表 7.2 为一个示例数据

169

集,用于将脊椎动物分为以下类别:哺乳动物、鸟、鱼、爬行动物或两栖动物。属性集为脊椎动物的性质,例如其体温、皮肤覆盖、繁殖方法、飞行能力和在水中生活的能力。

表7.2　将脊椎动物分类到其中一个类别的数据集

名称	体温	皮肤覆盖	哺乳动物	水生生物	飞行生物	有足	休眠	类标签
青蛙	冷血	无	否	半水生	无	是	是	两栖动物
蟒蛇	冷血	鳞片	否	否	无	无	是	爬行动物
鲸	温血	毛发	是	是	无	无	否	哺乳动物
鲑鱼	冷血	鳞片	否	是	无	无	否	鱼类

同时,类标签必须是离散属性。这是区分分类和回归的关键特征,回归是一种预测性的建模任务,其中 y 是连续属性。

3. 分类模型

分类的任务是学习目标函数 f,目标函数 f 将每个属性集合 x 映射到某一个预定义类标签 y(如图 7.4)。目标函数也被非正式地称为分类模型。

图 7.4　映射分类

如何获得知识是机器学习的另一个重要课题。机器学习可以以不同的方式进行训练(Dietterich 和 Langley,2003)。对于分类和回归,可以以监督、无监督或半监督的方式学习知识。监督式学习中,学习者得到具有用于要预测属性的关联类或值的训练样本。监督学习可以分类为决策树和规则归纳法、神经网络法、最近邻法和概率法。这些方法的区别在于它们对获得的知识的展现方式以及学习中用到的算法不同。无监督学习中,提供的训练样本没有任何关联类别或可用于预测属性的任何数据。半监督学习的方法就是介于上述两者之间的第三种方法。在这种类型的学习中,训练样本集合是混合型的;也就是说,对于某些实例,存在相关联的类别,而对于其他实例则不存在关联性。这种情况下的目标是建模出一个分类器或回归系数,并通过使用未标记的实例来精准预测和改进其行为。

图 7.5 阐明了机器学习的大体生命周期。它包括获取知识的学习阶段和测试其利用已习得知识预测未知样本类别能力的阶段。在将应用样本表征为特征向量之后,可以应用诸如 Bayes、KNN、IBk 和 DT 的若干学习算法来生成可用于识别应用类别的知识形式。在学习中主要使用以下两种知识表示方法:决策树和分类规则。分类规则以下面的形式表示(Grzymala-Busse,2010)。

- 如果(属性 1,值 1)并且(属性 2,值 2)并且……并且(属性 n,值 n)那么(决定,值)
- 或者(属性 1,值 1) & (属性 2,值 2) & … & (属性 n,值 n) →(决定,值)

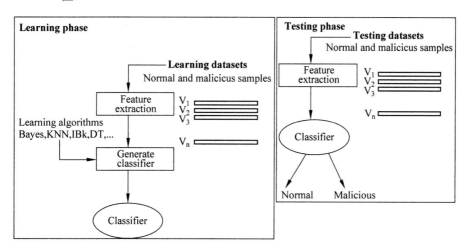

图 7.5　机器学习的生命周期

示例:

```
if (INTERNET = 'yes') and (WRITE_SMS = 'no') then application = 'normal'
```

在学习阶段获得的知识可以应用于测试数据集以预测未知应用的类别标签。在测试数据集上评估知识的性能通常是有用的,因为这样的评估提供了其广义误差的无偏估计。

✓ 4. 分类模型的性能

评估分类模型的性能基于模型对测试数据预测的正确率（正确和不正确记录的计数）。这些计数在称为混淆矩阵的表中表示（Witten 等人，2011）。表 7.3 展示了二进制分类问题的混淆矩阵。

表 7.3　混淆矩阵

实　际　类	预　测　类	
	是	否
是	True positive	False negative
否	False positive	True negative

在这里，Positive 代表恶意应用程序，Negative 代表正常应用程序。以下一些指标基于表 7.3 来确定分类模型的性能。

- 查全率（TPR）（M1）：指被正确分类的 Positive 实例（即恶意应用）的比例：

$$查全率 = TP/(TP + FN) \qquad (7.1)$$

其中 TP（真正）是被正确分类的 Positive 实例的数量，FN（假负）是未被正确分类的 Positive 实例的数量。

- 虚警率（FPR）（M2）：它是未正确分类的 Positive 实例（即正常应用）的比例：

$$虚警率 = FP/(FP + TN) \qquad (7.2)$$

其中 FP（假负）是未被正确分类的 Positive 实例的数量，TN（真负）是被正确分类的 Positive 实例的数量。

- 精度（M3）：它是被正确分类的 Positive 实例的数目除以所有被分类为 Positive 的实例总数。

$$精度 = \frac{TP}{TP + FP} \qquad (7.3)$$

- 准确率（M4）：描述了被误判的实例比例。

$$准确率 = \frac{TP + TN}{TP + TN + FP + FN} \qquad (7.4)$$

- 曲线下面积（AUC）（M5）：该度量汇总反映了分类能力。它表示随机选择的恶意样本将被正确分类的概率。以下是通过曲线下面积来评估分类质量（Classification Quality，CQ）的一个参考（Hanley 和 McNeil，1982；Hosmer 等，2013）。

$$CQ = \begin{cases} \text{Acceptable} & \text{if } AUC \in [0.7, 0.8] \\ \text{Excellent} & \text{if } AUC \in [0.8, 0.9] \\ \text{Outstanding} & \text{if } AUC \geqslant 0.9 \end{cases} \qquad (7.5)$$

✓ 5. 分类器的性能评估

交叉验证是一种常用于评估未知样本分类器性能的方法（Tan 等人，2005）。在这种方法中，每个档案在训练过程中被使用的次数相同，并且在测试过程中仅用一次。比如，我们将数据划分为两个相等大小的子集。首先选择一个子集进行训练，另一个子集进行测试。然后，交换子集的角色，使得先前的训练集成为测试集，先前的测试集成为训练集。这种方法称为双重交叉验证。通过对两次运行的误差综合来获得总误差。在这个例子中，每个记录正好用于一次训练和一次测试。而 k 重交叉验证方法与此类似，是通过将数据分割成 k 个相等大小的分区，其中一个分区用于测试，其余分区用于每次运行期间的训练。此过程重复 k 次，以使每个分区都会被测试一次。同样，通过对所有 k 次运行的误差求和来找到总误差。k 重交叉验证方法的特殊情况是设置 $k = N$，N 为数据集的大小。

▶ 7.3.2　相关研究：机器学习与权限

本章中我们会调查和讨论几种现有的研究方向，其中一种重点关注所请求的权限；另外一种使用分类学习检测恶意软件。首先，我们要介绍分析一种特定权限的研究，这种权限可以代替用户做出决策。接着是使用单独权限和关联权限来描述应用程序的相关研究。最后，提出对这些机制的一些改进。

✓ 1. 权限分析

本节介绍了恶意软件请求权限替代用户做出决策方面的相关研究。

Holavanalli 等(2013)提出了一种扩展的权限机制,即流权限。它可用于检测和授权应用程序中的显式信息流以及跨多个应用程序的隐式信息流。VetDroid(Zhang 等,2013)是一个动态分析平台,用于从权限的角度重建应用程序中的敏感行为。Felt 等(2010)对应用程序的权限能否有效保护用户进行了评估,他们的结果表明权限对安全性是有积极影响的,但他们还明确指出这一机制需要改进。这项研究表明,用户经常在安装过程中对危险的权限请求给予授权。因此安装时的安全警告可能并不能有效地提醒用户预防有害软件的入侵。Felt 等(2012)对于确定最适当的授权机制提供了参考。Rosen 等(2013)提出了一种通过映射 API 调用和对隐私影响的方法来让用户了解应用程序的实际性质。Barrera 等(2010)对一些权限集的表达性进行了实证分析,并提出了一些可能的改进方案。他们的研究是基于签名的认证、UID 的分配以及它们之间的相互关系。Grace 等在(2012)指出,给一个应用程序授予的权限可能会被泄露给另一个应用程序。他们建立了 Woodpecker 程序来检查在手机固件中预加载的应用程序权限的泄露情况。Dini 等(2012)提出了应用程序的多准则评估,从安全和功能方面提高对应用程序可信度的认识。他们根据权限所控制的操作给该权限一个威胁分。然后,他们为每个应用程序计算出一个全局威胁分,该威胁分基于此应用的所有请求权限,并综合参考有关开发人员、评级和应用程序下载数量的信息。

2. 单个权限

Zhou 和 Jiang(2012)从各个方面描述了现有的恶意软件,也包括了请求权限的角度。他们研究了在恶意和正常应用程序中被广泛请求的权限。恶意应用程序明显倾向于更频繁地请求与 SMS 相关的权限,例如 READ_SMS,WRITE_SMS,RECEIVE_ SMS 和 SEND_SMS。也更频繁地请求 RECEIVE_BOOT_COMPLETED 和 CHANGE _WIFI_STATE 权限。Barrera 等人(2010)发现应用程序的类别和被请求的权限之间没有强相关性,并引入自组织方法来可视化不同类别中权限的使用。Sanz 等(2012)提出了一种通过机器学习技术对安卓应用程序进行分类的方法。他们的方法通过提取包括权限在内的不同功能集来实现,将应用程序分为若干类别,如娱乐、社交、工具、生产力工具、多媒体和视频、通信、谜题和大脑游戏。Orthacker 等(2012)开发了一种通过将权限分散在两个或更多应用程序上来规避权限系统的方法。Sato 等(2013)开发的是一种通过提取四种类型的关键字列表来分析清单的方法,四种类型的关键字为:权限、意图过滤器、进程名称和自定义权限的数量。这种方法通过将单个权限界定为恶意或正常来确定应用的恶性指数。

✓ 3. 权限的组合

DroidRanger(Zhou 等,2012)是一个系统,它通过两种方案来表征和检测恶意软件样本:第一种是根据已知恶意软件家族所要求的权限组合提供足迹;第二个是基于启发式的过滤方案。PermissionWatcher(Struse 等,2012)是一种工具,用于分析安装在手机上的其他应用程序的权限。他们通过设定包括权限相关性在内的规则,在应用程序中寻找可疑程序。

PermissionWatcher 通过主屏幕窗口小部件提高用户对潜在恶意应用的警惕。Sarma 等(2012 年)调查了一种分析方法的可行性,它结合应用程序请求的权限、应用程序的类别(例如游戏、教育、社交)以及同一类别中的其他应用程序所有请求的权限进行分析,以更好地通知用户安装应用程序带来的风险是否与其预期效益相匹配。Rassameeroj 和 Tanahashi(2011)将网络虚拟化和集群算法应用于权限分析,以确定异常应用程序请求的不规则权限组合。Gomez 和 Neamtiu(2015)基于它们访问的资源、使用的渗透技术和有效载荷将恶意应用程序分为四类:DroidDream、DroidDreamLight、Zsone SMS 和 Geinimi。Wei 等(2012)介绍了企业环境中敏感数据的本质、来源以及影响。他们描述了恶意应用程序的特征和所带来的风险,并最终提出了几种解决企业安全风险的方法。Tang 等(2011)介绍了使用安全距离扩展模型来降低恶意软件的威胁。权限组合的安全距离是此组合可能招致安全威胁的定量表示,它由威胁点(表示危险级别)和相关特征组成。Canfora 等(2013)提出了一种基于三个指标来检测恶意软件的方法:系统调用特定子集的出现次数、权限子集的加权和,以及一组权限组合。Kirin(Enck 等,2009)是一个在安装时基于不良权限的组合来检测恶意软件的系统。Su 和 Chang(2014)根据一组权限确定应用程序是否为恶意软件。和其他作品一样(Huang 等,2013;Sanz 等,2013a,b;Liu 和 Liu,2014),他们根据每个权限的出现次数计算得分。为判断是否为恶意活动。Liu 和 Liu(2014)考虑了两种权限的出现情况来表征恶意程序的行为。Ping 等(2014)提出了一种基于对比权限模式的恶意软件检测方法。他们指定用于分类的三个子集：恶意软件数据集中的特殊权限模式、普通数据集中的特殊权限模式和通用的权限模式。

✓ 4. 机器学习技巧

机器学习已经应用于一些恶意软件的检测工作中。Sanz 等(2013b)介绍了一种机器学习技术方法，通过分析从应用程序本身提取的权限来检测恶意应用程序。分类的功能包括基于应用程序所需的权限(由 uses-permission 标记指定)和基于 uses-features 组下的元素。他们使用监督学习方法将安卓应用程序分类为恶意软件和正常软件。MAMA 技术使用 ML 分类器的 manifest 文件，从中提取若干特征来检测恶意软件。提取的特征包含请求的权限和 uses-feature 标记。他们使用四种算法进行分类：K-nearest neighbors、decision trees、bayesian networks 和 SVM。而 Huang 等(2013)对恶意软件检测中使用的以下四种分类学习方法的 ML 算法性能进行了研究：adaBoost、naive bayes、decision tree(C4.5)和 SVM。他们提取了 20 个特征，包括所需权限和所请求权限。所提取特征的值被存储为特征向量，是一个以逗号分隔的值序列。Aung 和 Zaw(2013)提出了一个框架，用来检测恶意应用和增强安全性。该系统监测应用程序中各种基于权限的特征和事件；并使用 ML 分类器分析这些特征。这些功能模块包含一些请求的权限,例如 INTERNET、CHANGE _ CONFIGURATION、WRITE _ SMS、SEND _ SMS、CALL _ PHONE 等权限以及论文中没有描述的其他内容。Shabtai 等(2010)认为正确区分游戏和工具可以为辨别恶意软件提供帮助。他们提取 APK 特征,XML 特征和 DEX 特征来训练机器学习算法。Arp 等(2014)将所需权限和请求权限同六种其他特征结合起来,然后通过 SVM 算法来确定该应用是恶意还是正常。Liu 和 Liu(2014)提取请求的权限,可匹配的请求权限和可匹配的必需权限。通过机器学习技术对这些权限进行分析,并将应用程序分类为正常或恶意。MADAM(Dini 等,2012b)是一个在内核级和用户级对系统进行监控的系统。它将权限功能与内核功能(如系统调用)相结合,然后训练样本。Crowdroid(Burguera 等，2011)是一个框架，它收集应用行为的追踪信息，它们由基于众多包形式的用户产生，然后在这些追踪信息上应用 partitional clustering 算法，以区分正常应用和恶意的木马应用。Andromaly (Shabtai 等，2012)是一种依赖处理器、内存和电池状态来检测可疑活动的入侵检测系统。Su 和 Chang(2014)根据应用程序的权限组合来检测应用程序是否是恶意软件。他们使用两种不同的加权方法来调整权限的权重。这些方法本质上都基于两个样本中权限出现的次数和样本之间的频率差。Protsenko 和 Müller(2014)结合特定应用程序结构，使用与软件代码相关的随机度量，通过 ML 算法检测恶意软件。Rovelli 和 Vigfusson(2014)设计了基于权限的恶意软件检测系统 PMDS，它基于对所需权限的分析并采用云结构，主要功能是检测异常行为。他们在这些功能上制作了一个机器学习分类器，以自动识别恶意的权限组合。Wang 等(2014)仅分析与个人权限相关的风险。他们采用三种特征排序方法，即交互信息、相关系数和 T 检验来对安卓个人权限的风险进行排序。它们还使用 sequential forward selection 以及 principal component analysis 算法来识别有风险的权限子集。最后，他们采用 SVM、decision tree，以及 random forest 算法评估在恶意软件检测中这些风险权限的适用性。

✓ 5. 局限性

　　研究者们往往只局限在研究被请求最多的权限或权限组，而忽略了其他权限，尽管那些权限信息中也会隐藏对检测有用的重要信息。研究工作需要 ML 技术来对正常和恶意应用程序进行分类，而 ML 需要经过一个有代表性数据集的训练才能成为自动推理模型中的有力工具。这类系统检测模型的质量好坏在很大程度上取决于其典型恶意和正常应用的可用性(Arp 等，2014)。正常应用可以直接获得，而收集最新的恶意应用样本就要费时费力。从 Manifest 中提取大量的特征(如 Canfora 等(2013)和 Huang 等 (2013))增加了计算开销，也降低了解决方案的效率。选择要关联的特征是极其重要的，因为相关特征的修改可能导致错误的结果。Hsu 等的研究中指出，如果开发者给的描述是准确的，那么系统检测模型给出的结果是有效的，否则，输出的结果可能无效。Gomez 和 Neamtiu(2015)提出的技术也是一样,它不足以检测未知的恶意软件,因为应用程序是使用已知的恶意软件家族的特征进行分类。这些研究作品大多数是提取一个功能集来表示这些应用程序,然而没有任何证据表明何种功能集能够提供最佳探测结果,即使将权限视为功能集之一。解决方案的可用性问题仍然是安全领域的迫切需求。许多安全解决方案如 Flowdroid(Fritz 等,2014;Chin 等,2011),即便对于专业用户来说也是难以安装,更不用说普通用户了。这些应用程序的部署通常不适用于实际设备,它们需要通过命令行界面进行安装。这样的现状使得用户安装受阻,从而导致他们选择安装有风险的解决方案(Tchakounté 和 Dayang,2013)。大多数使用 ML 分类器的方法只是理论上的,并没有发现有在线系统可以验证其结果。这实际上也显示出这种机制的实用性困难。一些产品在远程服务器内构建分类器,从智能手机终端接收分类所需的信息(Rovelli 和 Vigfusson,2014),然后服务器向客户端回复分类结果(这样可以减少终端的计算量,提高效率)。不同的用户具有不同类型的隐私和安全考量(Zhou 和 Jiang,2012);有些用户可能注重对短信的保护,而另一部分用户可能更注重于对通讯录联系人的保护。一些对权限的研究尝试将隐私进行分类,并确定与用户相关的隐性问题,如将权限分为隐私威胁、系统威胁、财产威胁(Dini 等,2012a)或分为隐私威胁、财产威胁和破坏性威胁(Sarma 等,2012)。这些观点都太原始,不以资源为导向,并且用户无法参与定义什么是智能手机中的重要资源。

✓ 6. 增强

为提高基于权限解决方案的有效性,还有一些工作需要完成。从完整性来讲,研究人员不仅应考虑安卓系统的 130 个官方权限,还应考虑在 Gi tHub(安卓 source,2015)和第三方平台中发布的其他一些权限。因为需要考虑到一个权限在与其他权限合并时有可能变得危险。研究人员应该研究所有这些权限,而不是仅侧重于其中的一部分。从灵活性和性能角度来看,检测机制应该采用历史时间上接近测试数据集的样本进行学习。然而,较陈旧的训练数据集无法计算所有恶意软件谱系,而且较新的数据集包含的恶意软件却又不足以代表大部分的恶意软件(Allix 等,2014)。构建可靠的训练数据集对于获得最佳性能至关重要。作者应避免使用相互独立的若干特征来构造表示应用程序的特征向量,因为这会显著地增加开销,并且它们之间应该有相互联系。另外,以往的研究工作都未考虑 Manifest 中某些权限是否重复出现,而从精度来看从应用程序中提取权限时应该考虑这种可能性。为了确定一个软件是恶意软件还是正常软件,经常会使用到权限出现的百分比这一特征。如果某权限在正常应用中索求的次数 10 倍于该权限在恶意软件中索求的次数,则此权限对于辨别正常和恶意软件没有明显帮助。最好的方法应该是找到恶意软件和正常软件与权限频率之间的一种相关性,它即使只出现一次对检测结果的影响也是显著的。我们建议实施一个与实验相关的轻量级系统,以助于测试阶段的执行效率。还可以进行用户调查以评价其可用性,以便对设计进行改进。目前还没有看到与权限分析相关的研究工作,该分析涉及用户对于哪些资源需要保护的想法。这些想法反映了用户对智能手机的安全性的关注点。可以设计一个模块,根据用户的输入对风险进行评估,并相应地发出警报。

7.4　基于用户安全规范的表征和检测

　　我们提出了一个检测安卓恶意软件的系统,它有四层结构,能够检查 222 个权限,且考虑了 7.3.2 节中阐述的相关局限性。第一层由一种新模型支持,它基于权限的出现频率和整个样本中恶意应用程序请求该权限所占的比例。第二层使用依赖于授予权限相关的安全风险的模型。第三层使用由前两层导出的向量关联关系来表征应用的模型。最后一层涉及用户指定要保护的资源。根据相应规范和请求的权限,风险信号一旦触发便会通知到用户。在前三层,我们使用模型将应用程序转换为向量。为此,我们收集了大量的正常和恶意应用程序样本。

▶ 7.4.1　采集样本

✓ 1. 学习检测的应用

　　我们从谷歌应用商店(2015)和 VirusTotal(2015)上收集了 2012 年到

2015 年的 1993 个正常应用程序的数据集。在谷歌 Play 中,我们根据应用描述、下载次数和用户评分从每个类别中各选择了排名最高的一部分免费应用。从谷歌应用商店上获取的每个应用程序都经过 57 个著名的 VirusTotal 防病毒软件的引擎扫描,只有那些成功通过所有病毒测试引擎的应用才被认为是"正常应用",并保存为正常的应用程序数据集。我们采集的恶意软件样本包括由 Drebin 作者(Arp 等,2014 年)发布的数据集,这些数据用来帮助经常缺乏类似数据的科学界开展研究。它由 2010 年至 2012 年收集的 5560 个恶意应用程序组成,其中包括由 Zhou 和 Jiang(2012)发布的,被分为 49 个类别的(2010 年 8 月至 2011 年 10 月)1260 个恶意软件样本。我们还从 Contagio(2015)和 VirusTotal 收集了从 2012 年到 2014 年的 1223 个恶意应用程序。

✓ 2. 用于验证系统的应用

用于评估和验证我们安全系统的数据集包含若干应用程序。其中,在 2013 年至 2014 年期间,我们收集了谷歌应用商店上的正常应用程序,并在同一时期收集了 Contagio 的恶意应用程序。根据 Allix 等(2014)的研究结果,为了使恶意软件检测系统有更好的性能,学习和测试的样本数据集必须是同一时期的,这也是为什么我们收集了同一时间段的样本数据集。

✓ 3. 再工程

通常,应用程序会被拆解开,并从其功能集的 manifest 中收集请求的权限。为此,再设计的方法被应用到这里,以独立研究包含在应用软件包中的文件,且独立于其执行文件,例如 Android-apktool 和 JD-GUI。已经有一些脚本可以自动化的完成从应用程序中提取信息的任务,这些脚本使得构建权限集的过程可以得到审查。

▶ 7.4.2　第一层

我们将在本节介绍第 1 层模型所需的一些概念。

✓ 1. 定义

定义 1

指定 $A^L = \{a_1^L, a_2^L, \cdots, a_{|A|}^L\}$ 为恶意应用程序的训练数据集，以及 $B^L = \{b_1^L, b_2^L, \cdots, b_{|A|}^L\}$ 为正常应用程序的训练数据集，其中 A^L 和 B^L 的长度分别为 $|A^L|$ 和 $|B^L|$。

定义 2

指定长度为 $|Perm|$ 的 $Perm = \{p_1, p_2, \cdots, p_{|Perm|}\}$ 为模型中使用的权限集，这些权限构成了安卓 GitHub（Saltzer，1974）中声明的权限。其中一共有 206 个权限有完整的描述，有 16 个权限在之前未列出过，只在一些第三方应用程序中出现过。因此 $|Perm| = 222$。指定 P(a) 是应用程序 a 中找到的所有不同的权限，不包含任何重复的元素。

定义 3

定义函数 presence(p, a) 是应用程序 a 中权限 p 的函数：

$$\forall p \in Perm, presence(p, a) = \begin{cases} 1 & \text{如果 } p \in P(a) \\ 0 & \text{其他} \end{cases} \tag{7.6}$$

定义 4

定义函数 occurence(p, E) 是应用程序集 E 中权限 p 的函数：

$$occurence(p, E) = \sum_{\forall p \in Perm, \forall a \in E} presence(p, a) \tag{7.7}$$

定义 5

权限 i 在 A^L 和 B^L 中出现次数的差值 gap_i 由以下公式给出：

$$diff(i) = occurrence(i, A^L) \leqslant occurrence(i, B^L) \tag{7.8}$$

$$\forall i \in \{1, \cdots, |Perm|\}, gap_i = \begin{cases} 0 & \text{如果 } diff(i) \leqslant 0 \\ diff(i) & \text{其他} \end{cases} \tag{7.9}$$

定义 6

定义函数 proportion(i) 是恶意应用程序所申请的权限 i 的函数：

$$proportion(i) = \frac{occurence(i, A^L)}{occurence(i, A^L) + occurence(i, B^L)} \tag{7.10}$$

正常样本的重新调整。因为恶意样本的大小大约是正常应用程序大小的 5 倍,我们采用概率法来估计相同数量即 6783 个正常应用程序的样本中可能出现的权限次数。这种解决方案基于两个原因:各种不同的类(即采样的 1993 个正常的应用程序是纷繁多样的),谷歌应用市场最多下载量和最推荐应用程序。这些筛选条件保证了采样的应用程序请求权限的比例分布和谷歌应用市场中其他正常应用程序请求权限的比例分布是一致的(Vennon 和 Stroop,2010)。

$$\forall i \in \{1, \cdots, |Perm|\}, p_i = \frac{occurence(i, B^L)}{|B^L|} \tag{7.11}$$

其中,p_i 表示权限 i 请求的概率。在 6783 个恶意应用程序样本中该权限可能出现的次数可估算如下:

$$\forall i \in \{1, \cdots, |Perm|\}, \quad N_i = \lfloor |A^L| \times p_i \rfloor \tag{7.12}$$

其中,N_i 是预测的等式 $\forall i \in \{1, \cdots, |Perm|\}, \quad N_i = \lfloor |A^L| \times p_i \rfloor$ 中权限 p_i 出现的次数。

✓ 2. 判别指标(DM)的确定

本节描述的模型可以通过获得应用程序请求的权限并计算其 DM 值。DM 模型是评估权限流行性的新方法,其定义体现在两个目标上:第一个目标是度量,这个度量可以表征与正常应用相比恶意应用获得权限后的能力范围。第二个目标是评估危险级别,一旦用户授予此权限,可能会出现危险。DM 值越高,就代表恶意应用更偏好该权限,也就是说该权限对设备更危险。由此引出一个问题:"ε 从哪个值开始具有代表意义?"要回答这个问题,要同时考虑两个元素:A^L 和 DM 的尺度。我们很自然地使用 10 分制(0 到 9),即权限有 10 个分数,以便更精细更有效地区分应用程序。最终,我们确定 ε 如下:

$$\varepsilon = \left\lfloor \max\left(\frac{gap_i}{n\text{-}2}\right) \right\rfloor \tag{7.13}$$

其中,n 是级别的数量。

我们认为 9 分的权限为恶意权限 MalwarePermission,即明确标记为恶意软件,因为 9 是最大值。这就是为什么我们的分母最大是 8,即级别的数量减去 2。然后,我们通过组合两个策略来建模 DM:第一个策略考虑权限在正常和恶意应用中的出现次数差值,第二个策略考虑恶意软件中权限请求的比例。

第一策略:判别指标 1(DM1)。

$$\forall i \in \{1, \cdots, |Perm|\}, \quad \text{DM1}_i = \begin{cases} 0 & \text{如果} gap_i \leqslant 0 \\ \dfrac{gap_i}{\varepsilon} & \text{其他} \end{cases} \quad (7.14)$$

第二策略:判别指标 2(DM2)。

$$\forall i \in \{1, \cdots, |Perm|\},$$

$$\text{DM2}_i = \begin{cases} (\text{proportion}(i) - 0.5) \times 10 & \text{如果 proportion}(i) \geqslant 0 \\ 0 & \text{其他} \end{cases} \quad (7.15)$$

DM 的选择。

$$\forall i \in \{1, \cdots, |Perm|\},$$

$$\text{DM}_i = \begin{cases} 9 & \text{如果 } p_i \in \text{MalwarePermission} \\ \max(DM1_i, DM2_i) & \text{其他} \end{cases} \quad (7.16)$$

MalwarePermission 是指一组仅被恶意软件请求的权限,也就是说它们从不在正常应用中出现。

✓ 3. 向量空间化

我们将应用程序 A 关联到含有 10 个元素的向量 V。应用程序 A 的元素 $V(i)$ 包含 $n(a, i)$,应用 A 请求的权限的数量等于 i,它等于 DM 值。表 7.4 示出了向量表示。

表 7.4 向量表示

$n(a,0)$	$n(a,1)$	$n(a,2)$	$n(a,3)$	$n(a,4)$	$n(a,5)$	$n(a,6)$	$n(a,7)$	$n(a,8)$	$n(a,9)$

▶ 7.4.3 第二层

第二层模型旨在从请求的权限如何访问资源的角度去识别应用程序操作所带来的风险。

✓ 1. 风险和类别定义

我们考虑 10 类可能被恶意软件和风险权限所盯上的资源,资源的类别包括如下几种。

消息:用户使用 SMS 和 MMS 消息以相互通信。如果消息的内容包含保密或不应修改的内容,则它们对用户来说就是敏感的数据。此类别中的权限允许应用程序代替用户发送消息(SEND_SMS)、窃听消息(RECEIVE_SMS),并读取或修改消息(READ_SMS,WRITE_SMS)。同样,与 MMS 相关的是:允许监视、记录和处理收到的彩信(RECEIVE_MMS)。如果某个应用程序访问的是 SMS 资源,它不会直接影响到 MMS 资源。故 RECEIVE_MMS 和 SMS 权限是分开的(Struse 等人,2012)。

通讯录:当应用能够访问(私人)用户联系人、通话或甚至发送消息时,它就可以在用户不知情的情况下启动通讯录。因此,考虑这些资源是至关重要的。这些权限包括:READ_CONTACTS、WRITE_CONTACTS 和 MANAGE_ACCOUNTS,它们可以授权应用程序对用户的联系人数据进行读取、写入(但不读取),以及管理 AccountManager 中的账户列表。我们将谷歌定义的群组账户和联系人分别关联起来,考虑此资源三个权限的所有组合情况。

通话:拨打电话也是智能手机上最常使用的服务之一,而通话需要有电话号码,因此需要访问联系人信息。在用户不知情的情况下执行呼叫操作则可能会对用户造成泄露隐私的风险。这里涉及的权限有:PROCESS_OUTGOING_CALLS(允许应用程序监视、修改或中止呼出),READ_CALL_LOG(允许应用程序读取用户的通话日志),WRITE_CALL_LOG(允许应用程序写入,但不读取用户的联系人数据),CALL_PHONE(允许应用程序不通过拨号器界面发起电话呼叫,并确认该呼叫)和 CALL_PRIVILEGED(允许应用呼叫任何电话号码,包括紧急号码,而不通过拨号器界面,并确认该呼叫)。谷歌定义了一个名为"通话状态"的群组,该群组不仅限于与通话相关的权限,也包括访问和修改与通话状态相关联的权限。可以在不改变通话状态的情况下启动呼叫。因此,我们创建两个组:呼叫和通话状态。

通话状态：它包括 MODIFY_PHONE_STATE 允许修改电话状态（例如打开电源，重新启动）和 READ_PHONE_STATE 权限允许"只读"的访问电话状态。在这里考虑诸如 MODIFY_PHONE_STATE 和 READ_PHONE_STATE 的所有组合。

日历：用户使用日历保存活动并设置提醒。如果有应用可以在用户不知情的情况下修改用户时间，则可能对用户造成损害。比如，用户的会议在日历上很容易错过甚至被取消。与此相关联的权限是 READ_CALENDAR（允许应用程序读取用户的日历数据）和 WRITE_CALENDAR（允许应用程序写入，但不能读取它）。唯一的组合是{READ_CALENDAR，WRITE_CALENDAR}。

位置：这是用于了解设备所有者当前位置信息的资源。此资源的访问权限通常默认被授予，从而用户可以物理地被跟踪到。ACCESS_FINE_LOCATION（允许应用程序从 GPS，手机信号塔和 Wi-Fi 等位置来源访问其精确位置），ACCESS_COARSE_LOCATION（允许应用访问从 Wi-Fi 等网络位置得出其大致位置），INSTALL_LOCATION_PROVIDER（允许应用程序在位置管理器中安装位置提供插件），LOCATION_HARDWARE（允许应用程序使用硬件中的位置功能模块）。该组一共包括十六个组合。

Wi-Fi：谷歌定义了一个网络服务访问的权限组。而我们决定为 Wi-Fi 和蓝牙网络资源分别独立创建一个组，以有效地检测应用程序频繁使用的是哪种网络。该资源主要用于移动数据通信。如果该资源被控制，则有可能在用户不知情的情况下从设备上采集或向设备发送敏感数据。涉及的权限是：ACCESS_WIFI_STATE（允许应用程序访问有关 Wi-Fi 网络的信息）和 CHANGE_WIFI_STATE（允许应用程序更改 Wi-Fi 连接状态）。此外，我们还添加了由谷歌定义的组 AFFECTS_BATTERY 中的 CHANGE_WIFI_MULTICAST_STATE 权限，因为它允许更改 Wi-Fi 资源的一个属性。它允许特定应用进入 Wi-Fi 组播模式连接状态，而在这种状态下手机电池消耗巨大。

蓝牙：这种技术让你的手机在短距离范围内可以进行无线通信，它在许多方面与 Wi-Fi 类似。虽然它对你的手机并不造成威胁，但它允许应用程序从其他设备发送和接收数据却是事实。相关权限是 BLUETOOTH（允许应用程序连接到配对的蓝牙设备)和 BLUETOOTH_ADMIN(允许应用程序发现和配对蓝牙设备)。唯一的组合是{BLUETOOTH,BLUETOOTH_ADMIN}。

网络：这个信息涉及网络进程的状态(打开或关闭)和连接状态(打开或关闭)。这对于通过因特网访问远程服务器,以及发送从智能手机获取到的敏感数据十分重要。包括的权限有：CHANGE_NETWORK_STATE(允许应用程序更改网络连接状态),ACCESS_NETWORK_STATE(允许应用程序访问有关网络连接的信息)和 INTERNET(允许应用程序打开网络连接进程)。

Web 跟踪：用户通常在浏览互联网时有意识地保存一些敏感信息(如密码、登录和银行代码)。而恶意应用程序往往会尝试收集这些资源。相关的权限有 WRITE_HISTORY_BOOKMARKS(允许应用程序写入,但不读取用户的敏感数据)和 READ_HISTORY_BOOKMARKS(允许应用程序读取,但不写入用户的浏览历史记录和书签)。

某一类权限会包括几个权限,以及由这些权限可能组成的独特组合,如附录 A 所示。例如,通讯录类别具有的权限有 READ_CONTACTS,WRITE_CONTACTS, MANAGE_ACCOUNTS, READ_CONTACTS & WRITE_CONTACTS, READ_CONTACTS & MANAGE_ACCOUNTS,MANAGE_ACCOUNTS & WRITE_CONTACTS,READ_CONTACTS & WRITE_CONTACTS & MANAGE_ACCOUNTS。

我们定义权限风险如下。

- $Risk_1(R_1)$：代表被赋予某权限的应用程序直接读取设备中机密信息的能力。阳性则为 1,其余则为 0。
- $Risk_2(R_2)$：代表被赋予某权限的应用程序直接修改设备中用户资源的能力。阳性则为 1,其余则为 0。
- $Risk_3(R_3)$：代表被赋予某权限的应用程序在用户不知情的情况下执行某些操作的能力。阳性则为 1,其余则为 0。
- $Risk_4(R_4)$：代表被赋予某权限的应用程序在未经用户许可对用户收费的能力。阳性则为 1,其余则为 0。

由类别 i 中的权限 j 产生的风险 C_{ij} 由下式定义：

$$\forall i \leqslant 10, \quad \forall j \leqslant n_c(i), \quad W(C_{ij}) = \sum_{k=1}^{4} R_k(C_{ij}) \qquad (7.17)$$

$$\begin{cases} R_k(C_{ij}) = OR(R_k(P_1), R_k(P_2), \cdots, R_k(P_n)), & n \geqslant 2 \text{ 且 } C_{ij} = \{P_1 \cdots P_n\} \\ & \qquad\qquad\qquad\qquad\qquad (7.18) \\ R_k(C_{ij}) = R_k(P_1), & n = 1 \text{ 且 } C_{ij} = \{P_1\} \qquad (7.19) \end{cases}$$

其中, $n_c(i)$ 表示资源 i 的组合数量, 而 OR 是一个逻辑函数, $OR(x,y) = \max(x,y)$。

换句话说, 一个类别的总体风险是每个权限组合所产生的各个风险的总和。附录 A 介绍了各种不同资源组合及其风险。

✓ 2. 向量空间化

算法 1
描述了构造向量的过程:

向量的构造
Input:
An application α
C_{ij}: set of combinations i belonging to resource j
Output: The Vector V associated to α
Variables: S = /′, the set of weight values
Begin
   For resource j do
     For C_{ij} of resource j do
        if presence(C_{ij}, α) then
     S = S $\bigcup$ W(C_{ij})
        else S = S $\bigcup$ {0}
        end if
     End For
     V(j) = Maximum(S)
     S = /∅
   End For
End

我们假设一个应用程序具有以下权限:

- ACCESS_WIFI_STATE
- READ_PHONE_STATE

- RECEIVE_BOOT_COMPLETED
- WRITE_EXTERNAL_STORAGE
- ACCESS_NETWORK_STATE
- INTERNET

在应用向量化过程之后,我们获得如表 7.5 所示向量。

表 7.5　示例所得向量

0	0	0	0	0	1	0	3	1	0

Resource 1: C_{ij} has no SMS /MMS permissions. $S = 0_1 \cdots 0_{16}$. $V(1) = \text{MAX}(S) = 0$

Resource 2: $S = 0_1 \cdots 0_7$. $V(2) = \text{MAX}(S) = 0$

Resource 3: $S = 0_1 \cdots 0_{32}$. $V(3) = \text{MAX}(S) = 0$

Resource 4: $S = 0_1 \cdots 0_4$. $V(4) = \text{MAX}(S) = 0$

Resource 5: $S = 0_1 \cdots 0_{15}$. $V(5) = \text{MAX}(S) = 0$

Resource 6: $C_{ij} = C_{16}$, $S = 1_1, 0_2 \cdots 0_{15}$. $V(6) = \text{MAX}(S) = 1$

Resource 7: $S = 0_1 \cdots 0_3$. $V(7) = \text{MAX}(S) = 0$

Resource 8: $C_{ij} = C_{18}, C_{28}, C_{48}$, $S = 2_1, 1_2, 0_3, 3_4, 0_5, 0_6, 0_7, 0_8, 0_9, 0_{10}$. $V(8) = \text{MAX}(S) = 3$

Resource 9: $C_{ij} = C_{29}$, $S = 0_1, 0_2, 0_3$. $V(9) = \text{MAX}(S) = 1$

Resource 10: $S = 0_1, 0_2, 0_3$. $V(10) = \text{MAX}(S) = 0$

向量结果寄存在表 7.5 中。

7.4.4　第三层

应用 A 在本模型中被表示为来自前两个层的两个向量组合。这意味着向量如表 7.6 所示,其中第一层确定前 10 个特征,第二层确定后 10 个特征。然后将两者组合以获得模型中该应用的特征向量。

表 7.6　第三层中应用向量的表示

$n(A,0)$	$n(A,1)$	$n(A,2)$	$n(A,3)$	$n(A,4)$	$n(A,5)$	$n(A,6)$	$n(A,7)$	$n(A,8)$	$n(A,9)$
蓝牙	日历	通话	通讯录	位置	消息	网络	电话	Wi-Fi	浏览器

▶ 7.4.5　初步学习

我们执行初步学习以识别最适合样本的算法。因为我们已经有了样本,也已经知道如何表征应用程序,根据图 7.5 下一步就是选择学习算法。这有两个因素需要考虑。

- 比较算法的唯一方法是将几个算法应用于样本寻找最佳分类结果。
- 我们想表示每一种学习方法,如:divide and conquer(Suh,2011),separate and conquer(Suh,2011),Bayesian networks(Pearl,1982),support vector machines(Vapnik,2000),ensemble methods(Freund 和 Schapire,1996)和 K-nearest neighbors(Fix 和 Hodges,1952)。

我们选择了七个算法:NaiveBayes(Kohavi, 1996),LibSVM(Vapnik, 2000),IBk(Fix 和 Hodges,1952),AdaBoost M1(Freund and Schapire,1996),PART(Frank and Witten,1998),J48 (Quinlan,1993)和 RandomForest (Breiman,2001)。它们都在 Weka 3 中可以找到,选择 Weka 3 是因为它包含用于数据挖掘任务的机器学习算法集合,可以对正常和恶意应用进行分类,而且它提供简单友好的用户界面。

表 7.7 总结了在学习阶段各模型初步评估的统计数据。为得到这些数据,每一层模型都使用 7 种分类器学习整个数据集,以收集其识别已知应用程序类别的能力。

表 7.7　分类器结果

	分类器	TP	FP	Precision	Recall	F-Measure	AUC
Layer1	NaiveBayes	0.828	0.139	0.871	0.828	0.839	0.904
	LibSVm	0.9	0.231	0.897	0.9	0.897	0.834
	IBk	0.926	0.122	0.927	0.926	0.926	0.979
	AdaBoostM1	0.875	0.28	0.871	0.875	0.872	0.928
	PART	0.911	0.164	0.911	0.911	0.911	0.963
	J48	0.911	0.15	0.912	0.911	0.912	0.946
	RandomForest	0.924	0.119	0.926	0.924	0.925	0.977

	分类器	TP	FP	Precision	Recall	F-Measure	AUC
	NaiveBayes	0.842	0.347	0.835	0.842	0.837	0.858
	LibSVm	0.884	0.309	0.886	0.884	0.877	0.787
	IBk	0.895	0.275	0.892	0.895	0.89	0.941
Layer2	AdaBoostM1	0.86	0.366	0.853	0.86	0.851	0.885
	PART	0.888	0.285	0.884	0.888	0.883	0.927
	J48	0.885	0.296	0.882	0.885	0.88	0.899
	RandomForest	0.894	0.275	0.891	0.894	0.889	0.94
	NaiveBayes	0.806	0.14	0.864	0.806	0.819	0.892
	LibSVm	0.912	0.209	0.91	0.912	0.911	0.852
	IBk	0.95	0.116	0.949	0.95	0.949	0.991
Layer3	AdaBoostM1	0.879	0.272	0.875	0.879	0.876	0.932
	PART	0.935	0.153	0.934	0.935	0.934	0.979
	J48	0.926	0.168	0.925	0.926	0.925	0.957
	RandomForest	0.948	0.104	0.948	0.948	0.948	0.989

可以很清楚地可以看到，对于一、二、三层，最佳分类器分别是 IBk，RandomForest 和 PART。第一层分类器可达到约 92% 的学习精度和接近 98% 的曲线下面积。第二层稍差，精度约 89%，曲线下面积下降至 94%。第三层更精确，精度达到约 95%，曲线下面积更是接近于 1。根据这些结果，所有模型均能够良好地学习正常和恶意应用的概要文件，因为它们具有大于 90% 的曲线下面积（Hosmer 等，2013）。在学习应用的模式上，第三层更是接近完美。但是，我们还需要在测试和验证阶段使用交叉验证方法，需要一个已实现的系统来确定每一层的性能。我们在下一章中会详细介绍。

所有模型都是互补的，可以组合使用以对应用程序进行分类。现在的问题是当要对未知应用程序进行分类时，应该使用哪种分类算法。

▶▶ 7.4.6 提取规则

检测具有不同特性的恶意软件是一个非常巨大的挑战。我们需要有一组通过从权限集提取的检测规则来检测具有不同特征的恶意软件。特性的确定已经是有效的(参考 7.4.2~7.4.4 节)。我们用学习算法来提取基于这些特征的规则。根据表 7.7 中所示的结果可以知道 RandomForest 算法的性能最佳。然而,该学习算法使用的是一组独立学习的决策树,无法构造显式规则。IBk 也是一样。而 PART 则提供了可用于检测的明确规则。

第一层包括了由 222 个权限构建的 71 个决策规则,这 222 个权限是通过使用整个正常和恶意样本组成的学习数据集得到的。每个规则都有其条件和结果,条件是一堆属性的集合,而结果就是其类标签。在这里,类标签就是"正常"或"恶意"。注意,在规则中,属性值的集合是检测恶意软件的充分条件,但不是必要条件。在该层中,属性对应于 DM 值。例如,检测规则 1 和 5 被描述如下。

规则 1:

eight > 0 AND zero <= 5 AND six > 0 AND zero <= 3 AND four <= 1 AND one <= 4 AND nine <= 0 AND zero <= 2:malware

…

规则 5:

eight <= 0 AND four <= 1 AND six <= 0 AND zero > 2 AND five <= 0 AND zero <= 4 AND one <= 2 AND three <= 0:normal

在上面的摘录中,规则 1 描述恶意应用,规则 5 表示正常应用。规则 1 可以解释如下。如果应用程序具有以下配置,则应用程序被认为是恶意软件:它请求的权限至少有一个 DM 等于 8,并且最多五个权限的 DM 等于 0,并且至少一个权限的 DM 等于 6,并且至多一个权限的 DM 等于 4 并且至多四个权限的 DM 等于 1。

第二层由 53 个决策规则组成。注意,在规则中,属性值的集合是用于检测恶意软件的充分条件,但不是必要条件。在此层中,属性对应于访问任意资源引起的风险值。例如,检测规则 28 和 49 描述如下。

规则 28:

calls > 1 AND telephony > 0 AND Wi-Fi <= 1 AND message <= 3 AND location > 0 AND webtrace <= 0 AND:malware…

规则 49：

location > 0 AND telephony < = 1：normal

在上面的摘录中，规则 49 表示正常应用程序，规则 28 描述恶意应用程序。规则 28 可以解释如下。具有以下配置的应用程序将被视为恶意软件：应用程序请求的权限带来的关于呼叫的风险大于 1，关于通信的风险大于 0，关于 Wi-Fi 资源的风险至多等于 1，关于信息资源的风险最多等于 3，关于位置资源的风险至少等于零，并且没有关于 Web 跟踪资源的风险。

第三层由 128 个决策规则组成。例如，检测规则 1 被描述如下。

规则 1：

eight > 1 AND zero < = 3 AND message > 0 AND telephony > 0 AND network > 1 AND four > 0：malware

…

规则 1 结合了来自层 1 和层 2 的属性。该规则可以解释如下。如果应用程序请求至少两个权限的 DM 等于 8，至多三个权限的 DM 等于 0，至少一个权限的 DM 等于 4，并且其请求的权限带来关于消息和通话的风险至少大于 0，以及关于网络的风险大于 1，则该应用程序被认为是第三层中的恶意软件样本。

▶ 7.4.7　分类器

为研究不同层的模型结合使用的不同可能性，我们进行了实验。如图 7.6 所示，该过程包括两步。

步骤 1：选择最小化 FPR 和 FNR 的组合。在 FP 和 FN 的数值相同的情况下，完成步骤 2。这一步的目标是研究应用程序在一层中被错误分类后，能否在另一层中被正确分类。由于我们有三个模型，故共有 6 种组合。

- 模型 1 -模型 2 -模型 3：采用在模型 1 中被错误分类的应用程序；将它们放到模型 2 中看它们是否得到正确分类；如果不是，则为了相同的目的将它们放到模型 3 中。

- 模型 1 -模型 3 -模型 2：采用在模型 1 中被错误分类的应用程序；将它们放到模型 3 中看它们是否得到正确分类；如果不是，则为了相同的目的将它们放到模型 2 中。

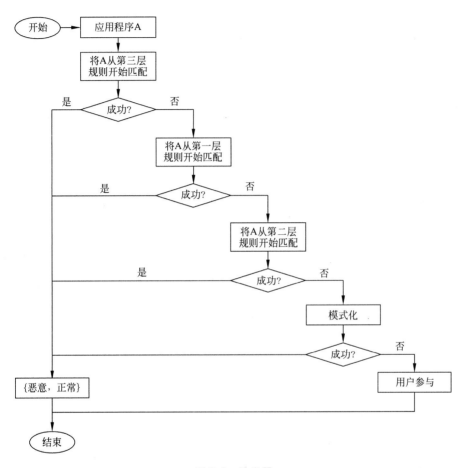

图 7.6　分类器

- 模型 2 - 模型 1 - 模型 3：采用在模型 2 中被错误分类的应用程序；将它们放到模型 1 中看它们是否得到正确分类；如果不是,则为了相同的目的将它们放到模型 3 中。
- 模型 2 - 模型 3 - 模型 1：采用在模型 2 中被错误分类的应用程序；将它们放到模型 3 中看它们是否得到正确分类；如果不是,则为了相同的目的将它们放到模型 1 中。
- 模型 3 - 模型 1 - 模型 2：采用在模型 3 中被错误分类的应用程序；将

它们放到模型 1 中看它们是否得到正确分类；如果不是，则为了相同的目的将它们放到模型 2 中。

- 模型 3-模型 2-模型 1：采用在模型 3 中被错误分类的应用程序；将它们放到模型 2 中看它们是否得到正确分类；如果不是，则为了相同的目的将它们放到模型 1 中。

六种可能的组合集获得后，应用算法 1 得到相同的输出 GoodClassifiedPositive 和 GoodClassifiedNegative。然后执行步骤 2。

算法 2

组合的选择
Input: M = model1, model2, model3
Output:
GoodClassifiedPositive: applications misclassified as malware at the beginning but finally classified as normal
GoodClassifiedNegative: applications misclassified as normal at the beginning but finally classified as malware
Variables:
$f_p' = f_n' = \varnothing$
fp_i: Set of applications belonging to FP for the model i
fn_i: Set of applications belonging to FN for the model i
Begin
For m in M do
$M = M \setminus \{m\}$
FalsePositive = fp_m
FalseNegative = fn_m
For n in M do
$f_n' = fp_m \bigcap FalseNegative$
GoodClassfiedNegative = GoodClassifiedNegative $\bigcup$ {FalseNegative $\setminus fn'$}
FalsePositive = fp'
        FalseNegative = fn'
  End For
  GoodClassifiedPositive, GoodClassifiedNegative = $\varnothing$
  End For
End

步骤 2：以最佳精度选择模型。如表 7.8 所示，模型 3 具有最佳精确度（曲线下面积约 94%），模型 1 次之，曲线下面积约为 92%。

表 7.8　使用已知数据集获得的检测结果

	TP	FN	FP	TN	TPR /%	FPR /%	Precision /%	Accuracy /%	AUC /%
IBk	6628	155	286	1707	97.7	14.4	95.86	94.97	99.1
PART	6589	194	378	1615	97.1	19.00	94.6	93.48	97.9
Random-Forest	6580	203	251	1742	97.00	12.6	96.32	94.82	98.9

因此所选择的组合是模型 3 -模型 1 -模型 2。用于对未知应用程序 App
进行分类的整个分类器需要依次经过三个阶段。

- **阶段 1**：将模型 3 应用于 App。在此模型中对应用程序进行分类。
  如果 App 被发现为恶意软件，我们相信这是恶意软件。如果 App 被
  归类为正常，我们认为它是正常的。在这种情况下，分类器将结果发
  送到显示模块。如果该 App 具有在模型 3 中定义的规则中找不到的
  配置，则还需分类器在模型 1 中对它再次进行检查。

- **阶段 2**：将模型 1 应用于 App。在此模型中对应用程序进行分类。
  如果 App 被发现为恶意软件，我们认为它是恶意软件。如果 App 被
  归类为正常，我们认为它是正常的。在这种情况下，分类器将结果发
  送到显示模块。如果 App 具有模型 1 规则找不到的配置，则还需分
  类器在模型 2 中对它再次进行检查。

- **阶段 3**：将模型 2 应用于 App。在此模型中对应用程序进行分类。
  如果 App 被识别为恶意软件，我们相信这是恶意软件。如果在前两
  个步骤中 App 被归类为正常，我们认为它是正常的。在这些情况
  下，分类器将结果发送到显示模块。如果 App 具有在模型规则中找
  不到的配置，那么分类器检查 App 是否匹配以下规则："Manifest 文
  件仅声明了一个系统权限，且该权限是 READ_LOGS, INSTALL_
  PACKAGES 或 READ_USER_DICTIONARY，那么该应用程序是恶意
  的。"如果直到此步骤 App 与任何权限模式都不匹配，则分类器将其
  转移到用户参与定义规则的下一模块。

▶ 7.4.8 用户参与

该模块接收在分类器处理(图 7.7)中未能成功分类的应用。唯一可能的解决办法是要求用户表达其安全要求,并定义哪些资源是敏感的且需要被保护。该模块根据该信息获取应用程序请求的权限,并求得模型 2 的特征。根据结果,模型决定要给用户显示的警报类型,并将其发送到显示模块。

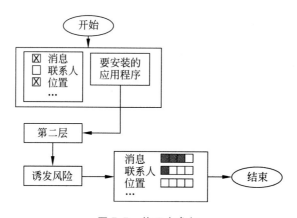

图 7.7 使用户参与

警报的类型取决于用户选择的资源以及在模型 2 的帮助下得到的问题答案:应用程序是否符合用户的安全要求?

用户会看到以下资源及其描述。

- 短信/彩信:用户信息
- 通讯录:用户联系人
- 议程:用户活动和会议
- 呼叫:与用户呼叫相关的信息,如呼叫方联系人,被叫方联系人等
- 位置:用户在任何时间的地理位置
- 电话状态:它包括用于跟踪用户当前位置的资源,包括用户的唯一设备 ID 和用户电话号码。通过访问这些资源被得以修改电话状态,以便关闭设备或拦截呼出电话。
- 网络:它包括使用 Internet 需要访问的资源。在应用程序要将用户

信息发送到互联网或将敏感信息从互联网传输到用户设备时也需要请求这些资源。因此,在用户不知情的情况下,用户信息会有泄露的风险。

- 蓝牙:包含用户在开放蓝牙网络中使用的资源,通过蓝牙向附近的移动设备获取信息或将敏感信息从较近的移动设备传输到设备。用户信息可能在不知情的情况下被泄露。
- Wi-Fi:包括通过 Wi-Fi 与互联网或远程设备打开通信连接所需的资源。用户信息可能在不知情的情况下泄露。
- 浏览信息:在互联网上浏览时,用户保存的如密码、登录名、银行代码、在线支付代码等信息。

默认情况下,所有资源都是被勾选的,而且该模块还详细介绍了具有所请求权限后可能的活动,用户可以根据需要选择要保护的资源。由于以上这些原因,与用户指定的要求相比,这些在一段时间内划分过的结果强调了与应用程序的意图相关的安全风险。此外,用户还可以对应用程序执行相应的操作:如卸载、删除应用程序,显示应用程序详细信息等。

7.5　系统实现

我们设计并实现了整个系统。我们使用了 Android Studio,即安卓开发人员的官方集成开发环境(IDE)构建系统,它的原名为 Look at your Resources and Detect Android Malware(LaReDAMoid),它包括五个相互关联的模块,如图 7.8 所示。

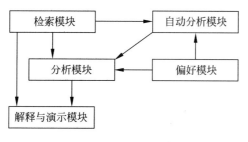

图 7.8　LaReDAMoid 架构

采集模块用于提取和列出用户的应用程序。分析模块负责表征、扫描和分类来自采集模块的应用程序。它包括选择性分析和全面分析，选择性分析即用户选择只扫描部分应用程序，全面分析即用户选择扫描所有已安装的应用程序。自动分析模块侦听应用程序的安装和更新，然后调用分析模块并将相关结果发送给用户。偏好模块用于输入设置，如输入指定需要被保护的资源以激活自动分析。解释和结果呈现模块负责解释来自分析模块和偏好模块的结果，并以可理解的方式向用户呈现。LaReDAMoid 处理更新漏洞，当更新的版本中包含新权限，则它将对应用程序进行重新分类，并通知用户。

▶ 接口

本节介绍一些 LaReDAMoid 接口。图 7.9 是一个描绘用户应用列表的屏幕截图。单击图 7.10 主屏幕上的 List Apps 按钮后显示。

图 7.9　用户应用程序列表

图 7.10　主屏幕

图 7.11 展示的是执行完整分析的入口。此界面是在点击主屏幕上的
Scan Apps 按钮后出现的。然后选择 ANALYSE ALL 的 Tab 页以启动完整分
析。SCAN ALL NOW 按钮用于启动完整扫描，用户可以选择 SELECT APPS
来选择只扫描的特定应用程序，如图 7.12 所示。

图 7.11　完全分析

图 7.12　选择性分析

图 7.13(a)展示的是分析结果的页面。第一个图显示了应用程序及
其状态和相应的图标以突出显示其状态。用户点击应用程序图标以获得
图 7.13(b)以显示更详细的分析结果。此图显示用户根据显示的结果和资
源设置可以执行的操作。界面上展示了对所选资源以 4 分制计的风险值，让
用户知道是否已经达到其安全性要求。然后，用户可以决定是运行该应用
程序还是将其删除。

用户会被要求指定希望以何种形式接收自动分析的结果：通知形式或
是警报对话框形式。此外，用户选择要保护的资源以便评估其安全风险。
偏好设置功能如图 7.14(a)所示。然后用户在新安装或新更新之后会收到
如图 7.14(b)所示通知。

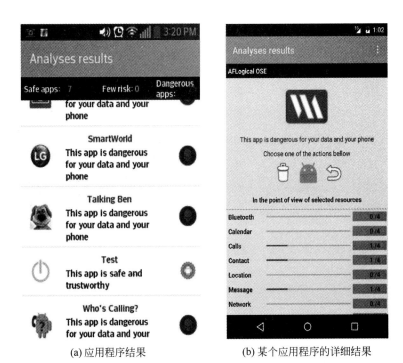

(a) 应用程序结果　　　　　　　　(b) 某个应用程序的详细结果

图 7.13　扫描结果

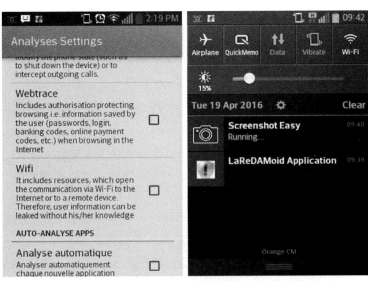

(a) 关于资源的设置　　　　　　　　(b) 一个新应用的通知

图 7.14　LaReDAMoid 的偏好设置

▌7.6 评价和讨论

本节旨在从以下几个方面对 LaReDAMoid 进行评估。

- 性能检测和性能预测：LaReDAMoid 能够检测已知样本和未知样本吗
- 比较 LaReDAMoid 检测与其他相关方法对恶意软件家族的检测
- LaReDAMoid 与著名杀毒软件的比较
- LaReDAMoid 与其他相关方法的比较

▶ 7.6.1 检测性能

本节的第一步是评估在训练期间提供的已知样品上 LaReDAMoid 的检测性能。我们考虑三个最好的分类器，IBk、PART 和 RandomForest。表 7.8 列出了详细的结果。

该系统能够检测训练样本中 97% 的恶意软件，且其曲线下面积高达 99%。这证明了该模型非常杰出，其精度至少达到 95%。但是，当它用于预测未知样本类别的时候又是什么情况呢？我们设计一个实验来评估 LaReDAMoid 的预测性能。首先，我们使用 10 重交叉验证方法来确定其性能，这属于 K 重交叉验证方法的一个实例，即将分类器应用于数据 10 次，并且每次使用 90-10 配置；即 90% 的训练数据和 10% 的测试数据；表 7.9 总结了这 10 次重复的平均值。我们保持相同的度量和相同的分类器以确定其检测性能。

表 7.9　预测结果模拟未知数据集

	TP	FN	FP	TN	TPR /%	FPR /%	Precision /%	ACC /%	AUC /%
IBk	6468	315	497	1496	95.4	24.9	92.9	90.74	95.7
PART	6427	356	418	1575	94.8	21.00	93.9	91.18	94.7
RandomForest	6475	308	432	1561	95.5	21.7	93.7	91.56	96.6

模型仍然很出色。它能够以 93% 的精度检测出 95% 的恶意软件样本。我们将样本随机拆分为已知和未知两部分。应用分如下三种情况。

- 已知分区(60%)和未知分区(40%)
- 已知分区(66%)和未知分区(34%)
- 已知分区(70%)和未知分区(30%)

重复 10 次,结果取平均值。不同的分区情况确保报告的结果给出的是系统在学习阶段预测未知恶意软件的能力。

这些实验的结果在表 7.10 中给出,其中仅包含具有分类器 IBk,PART 和 RandomForest 的曲线下面积度量。

表 7.10 每个分区的曲线下面积值

分　区	分　类　器	AUC
Splitting 60-40	IBk	0.952
	PART	0.952
	RandomForest	0.964
Splitting 66-34	IBk	0.957
	PART	0.95
	RandomForest	0.965
Splitting 70-30	IBk	0.955
	PART	0.95
	RandomForest	0.966

该系统能够有效地检测有 95%~97% 曲线下面积(AUC)的未知恶意软件,对应于安装 100 个应用程序时的未知恶意软件的 95~97 个样本。这是一个很出色的模型,引自 Hosmer 等(2013)。

模型验证

我们收集了一个测试数据集,包括在 2014 年底由防病毒公司和研究小组发布的 51 个恶意应用程序以及来自谷歌应用商店的 34 个正常应用程序,以实现模型的验证。正常应用程序已在 VirusTotal 中进行测试,以确认其为正常应用。删除重复和删除损坏的安装包后,我们只剩下 30 个恶意应用程序和 33 个正常应用程序。获得的结果如下。

- LaReDAMoid 正确检测 30 个恶意软件中的 30 个。
- LaReDAMoid 正确检测 33 个正常应用程序中的 25 个;8 个被误分类,其中防病毒软件有 AVAST, AVG, McAfee, F-SECURE Mobile

Security，它们需要访问用户所有敏感信息：账户、电话、消息、个人信息、位置、增值服务和硬件信息（网络通信、存储、硬件控制和系统工具）。它们分别请求了 42、57、70 和 59 项权限，这对于一般应用程序来说太多了。应用程序需要许多权限几乎匹配了访问所有资源这一条件，它是被该模型判定恶意软件的依据，此结果表明虚警的可能性是相当大的。因此，第二层的判断结果被认为是存疑的。

▷ 7.6.2　各层模型之间的比较

本节的目标是确定哪些层模型提供的结果相对更好。图 7.15(a)～(c) 分别描述了最佳分类器。

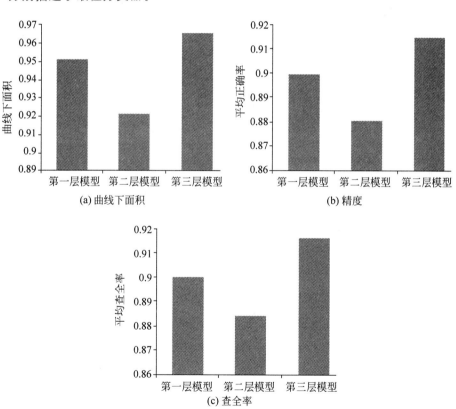

图 7.15　RandomForest 在第三层模型的表现优于第一层模型和第二层模型

　　根据曲线下面积、精度和查全率结果,第三层模型优于其他两个。然而,当我们使用分类器 PART 时却发现其精度结果分布不同,它显示第一层模型比其他两个模型更精确(如图 7.16)。

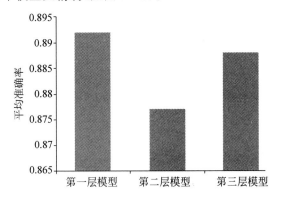

图 7.16　PART 中第一层模型比第二层模型和第三层模型更精确

▶ 7.6.3　检测恶意软件家族

　　恶意软件家族是一组具有相似攻击技术的应用程序。Zhou 和 Jiang (2012)在 2012 年发布了 49 个恶意软件家族,也反映了目前恶意软件的行为(Wang 等,2014)。因此,为这 49 个恶意软件家族的每个样品做性能检测和评估是一个非常重要的实验。每个恶意软件家族的名称和样本数量列在表 7.11 中。整个系统对每个恶意软件家族的检测性能如图 7.17 所示。我们的分类器能够可靠地检测所有家族,平均准确率达到 99.20%(1250/1260),虚警率为 0.79%(10/1260)。除了 Asroot,Basebridge 和 Droiddeluxe 这三个家族外,所有家族都可以 100% 完全识别。Basebridge 显示的查全率大于 95.72%(在 119 个样本中正确检测到 112 个),Asroot 显示查全率为 75%(在 8 个中正确检测到 6 个),不能检测到 Droiddeluxe(仅有 1 个样品)。这些家族通常依靠 root 权限运行。它们利用已知的根漏洞(rageagainstthecage,Asroot),而不需要向用户申请授予 root 权限,便可以从内置安全"沙箱"中逃脱。由于我们的系统是基于对所请求权限的静态分析。因此,我们无法识别没有去请求权限,却又利用了 root 漏洞的应用程序。我们应该结合动态分析方法作为补充,以便监测所安装的应用程序运

行时的行为。该系统在检测如表 7.11 中呈现的具有特权提升和远程控制
特征的样本家族时表现也非常的完美。

表 7.11　恶意软件家族

序号	家族（样本数）	我们的检测模型/Wang 等人的检测模型（2014 年）（%）	特权提升	远程控制
F1	ADRD(22)	100/100		X
F2	AnserverBot(187)	100/100		X
F3	Asroot(8)	75/50	X	
F4	BaseBridge(122)	95.72/83.6	X	X
F5	BeanBot(8)	100/87.5		X
F6	BgServ(9)	100/100		X
F7	CoinPirate(1)	100/0		X
F8	Crusewin(1)	100/100		X
F9	DogWars(1)	100/0	X	X
F10	DroidCoupon(1)	0/100	X	
F11	DroidDeluxe(1)	100/0	X	X
F12	DroidDream(16)	100/87.5		X
F13	DroidDreamLight(46)	100/93.47	X	X
F14	DroidKungFu1(34)	100/100	X	X
F15	DroidKungFu2(30)	100/100	X	X
F16	DroidKungFu3(309)	100/97.41		X
F17	DroidKungFu4(96)	100/97.91	X	X
F18	DroidKungFuSapp(3)	100/100		
F19	DroidKungfuUpdate(1)	100/100		X
F20	Endofday(1)	100/100		
F21	FakeNetflix(1)	100/100		
F22	FakePlayer(6)	100/100		
F23	GamblerSMS(1)	100/100		X
F24	Geinimi(69)	100/100		
F25	GGTracker(1)	100/100	X	X
F26	GingerMaster(4)	100/100		X
F27	GoldDream(47)	100/100		
F28	Gone60(9)	100/100		

序号	家族(样本数)	我们的检测模型/Wang 等人的检测模型(2014 年)(%)	特权提升	远程控制
F29	GPSSMSSpy(6)	100/100		
F30	HippoSMS(4)	100/100		
F31	Jifake(1)	100/0		X
F32	jSMSHider(16)	100/37.5		X
F33	KMin(52)	100/100		
F34	LoveTrap(1)	100/100		
F35	NickyBot(1)	100/100		X
F36	NickySpy(2)	100/100		X
F37	Pjapps(58)	100/100		X
F38	Plankton(11)	100/63.63		X
F39	Roguelemon(2)	100/100		
F40	RogueSPPush(2)	100/100		
F41	SMSReplicator(1)	100/0		
F42	SndApps(10)	100/80		X
F43	Spitmo(1)	100/100		
F44	TapSnake(2)	100/50		
F45	Walkinwat(1)	100/0		X
F46	YZHC(22)	100/100	X	
F47	Zhash(11)	100/100	X	
F48	Zitmo(1)	100/100		
F49	Zsone(12)	100/91.66		

图 7.17 总结了对恶意软件家族的检测性能。Drebin 作者(Arp 等,2014;Wang 等,2014)也研究过恶意软件家族类似的检测。第一个研究仅关注了 20 个家族,第二个研究关注了所有家族。在联合比较中得出以下观点。

- 和 Drebin 一样,我们的系统能够完美的检测 Kmin 家族。
- 在其他家族的检测上,我们的系统优于 Drebin 检测,我们的系统对于其他家族的查全率为 100%,而 Drebin 检测仅为平均 90%。
- Wang 等(2014)检测出 94.92%(119)的恶意软件家族样本,而我们

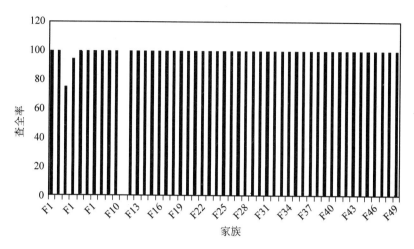

图 7.17　对各恶意软件家族的检测

的系统可检测到约 99.20%。表 7.12 的第二列给出了我们的模型和 Wang 等(2014)模型的检测详情。大多数情况下,我们的表现优于他们的检测,除了仅具有一个样本的家族 Droidcoupon。

表 7.12　未知恶意软件的检测结果

序号	恶意软件	AVG	Avast	F-Secure				LaReDAMoid
				MP	SP	FPr	NP	
1	ING Bank N. V.	X	√		●			√
2	AllSafe	X	√			●		√
3	Andriod System	X	√	●				√
4	Awesoem Jokes	√	√				●	√
5	BaDoink	X	√				●	√
6	BaseApp	X	√			●		√
7	Battery Doctor	X	√			●		√
8	Battery Improve	X	√				●	√
9	Black Market Alpha	X	√			●		√
10	Business Calendar Pro	√	√				●	√
11	Chibi Fighter	X	√				●	√
12	com. android. tools. system	X	√			●		√

续表

序号	恶意软件	AVG	Avast	F-Secure				LaReDAMoid
				MP	SP	FPr	NP	
13	Dendroid	X	√	●				√
14	Detecteur de Carrier IQ	X	√				●	√
15	FlvPlayer	X	√	●				√
16	Install	X	√				●	√
17	Jelly Matching	X	√		●			√
18	Mobile Security	X	√		●			√
19	o5android	X	√			●		√
20	PronEnabler	√	√			●		√
21	Radardroid Pro	X	√			●		√
22	SberSafe	X	√			●		√
23	Se-Cure Mobile AV	X	√				●	√
24	SoundHound	X	√		●			√
25	SPL Meter FREE	X	√	●				√
26	System Service	X	√			●		√
27	VkSafe	X	√			●		√
28	41CA3EFD	X	√		●			√
29	sb. apk	X	√				●	√
30	ThreatJapan_D09	X	√			●		√

▶▶ 7.6.4　防病毒扫描程序

　　我们将自己的模型与三个知名的基于权限扫描应用程序的防病毒软件 AVG,Avast 和 F-Secure 进行了比较。为进行验证,本实验使用的测试数据集(7.6.1 节)包含了 30 个未知恶意软件样本和 30 个未知的正常应用程序样本。表 7.12 显示了 LaReDAMoid 和防病毒软件的检测结果。

　　表 7.13 显示 LaReDAMoid 系统正确的检测了 30 个恶意软件样本,而 AVG 只提示了三个样本: Awesome Jokes、Business Calendar Pro 和 PronEnabler。因此,AVG 提供的真正(TP)为 3,真负(TN)为 33,假负(FN)为 27 和假正(FP)为 0。Avast 检测到 29 个恶意软件样本,无法检测到 Chibi Fighter 恶意软件。因此,Avast 的真正为 29,真负为 33,假负为 1,假正为零。

对于 F-Secure,这些应用程序分为四类：大量隐私问题(MP)、部分隐私问题(SP)、少量隐私问题(FPr)和零隐私问题(NP)。只有 4 个恶意软件样本被正确分类,5 个样本被检测为具有"部分隐私问题"的应用,12 个被分类为具有"少量隐私问题"的应用。F-Secure 将 9 个样品错误地分类为"零隐私问题"应用程序。因此,F-Secure Mobile Security 的真正为 9(我们认为"大量隐私问题"和"部分隐私问题"属于恶意软件类别),真负为 24(零隐私问题),假正为 9(属于"大量隐私问题""部分隐私问题"和"少量隐私问题"的正常应用),假负为 9(属于"零隐私问题"的恶意软件)。

表 7.13　检测结果

软　　件	TP	FN	FP	TN	TPR	FPR	Accuracy
AVG	3	27	0	33	10.00%	0.00%	57.14%
Avast	29	1	0	33	96.66%	0.00%	98.41%
F-Secure	9	21	9	24	30.00%	27.00%	52.38%
LaReDAMoid	30	0	8	25	100.00%	24.24%	88.00%

我们的方案表现最好,恶意软件的查全率(TPR)为 100%,其次是 Avast,只有一个恶意软件样本未能识别。准确率显示 LaReDAMoid 性能仅次于 Avast。因此,与现有的防病毒软件相比,可认为 LaReDAMoid 是可靠的。Zhou 和 Jiang 通过实验得出,用最好的防病毒软件(Lookout)检测来自 49 个恶意软件家族的 1260 个样本,其准确率为 79.6%。LaReDAMoid 也从其他防病毒软件如诺顿(Norton)、趋势科技(Trend Micro)和 Avg 中脱颖而出。表 7.14 显示 LaReDAMoid 在此样本集上的表现胜过 Lookout 和其他模型。

表 7.14　恶意软件家族的检测平均值

LaReDAMoid	Avg	Lookout	Norton	Trend Micro
99.20%	54.7%	79.6%	20.2%	76.7%

▶ 7.6.5　相关研究

我们对检测系统与文献中三种著名方法的性能进行了比较,它们都是以请求的权限作为特征：Kirin(Enck 等,2009),RCP ＋ RPCP(稀有关键权限和稀有关键权限对)(Sarma 等,2012)和 PermissionWatcher(Struse 等,2012)。Kirin 识别了可能对应用程序构成潜在威胁的 9 个权限规则。RCP＋RPCP 通过评估同一类别应用程序权限的流行度来衡量该权限的风险。RCP＋RPCP 的性能由规则 ♯RCP(2)＋♯RPCP(1)≥θ 得出,由此获得表现最好的检测系统。PermissionWatcher 根据 16 个权限组合规则对应用程序进行分类。

将这些方法应用于 7.5 节定义的学习数据集之后,可以得到表 7.15 所示的查全率(TPR)、虚警率(FPR)、精度(Precision)、准确度(Accuracy)和曲线下面积(AUC)的性能结果。

表 7.15　检测性能

方　法	TP	FN	FP	TN	TPR	FPR	Precision	Accuracy	AUC
Kirin	4076	2707	271	1722	60.09%	13.5%	93.76%	57.52%	66.9%
♯RCP(2)＋♯RPCP(1)≥θ	5657	1126	177	1816	83.39%	8.88%	96.96%	85.15%	58.5%
PermissionWatcher	5342	1141	502	1491	76.39	25.18	91.40	77.86	85.4%
Our scheme	6580	203	251	1742	97.00%	12.6%	96.32%	94.82%	99.00%

从表 7.16 可以看出,我们的方法比其他方法具有更好的性能。Kirin 只有 9 个手动定义的安全规则,不足以区分恶意应用程序和正常应用程序。♯RCP(2)＋♯RPCP(1)使用任意 26 个关键权限为应用程序生成风险系数。此方法未考虑其他可能会有恶意风险的权限,造成较低的查全率。PermissionWatcher 包含了 Kirin 不足以识别恶意应用程序的权限和其他一些不足以描述应用程序的权限。我们的系统使用机器学习方法,获得了正常和恶意应用程序的权限模式。我们认为,安全风险除了与请求的权限相关之外,还与敏感资源相关。通过这个组合,我们获得了更好的性能。然而♯RCP(2)＋♯RPCP(1)能够检测 74 个正常应用,超过了我们的检测系统。这两种方法的精度相近,而在预测未知样品的能力方面,LaReDAMoid 的准确度和曲线下面积指标都优于其他三种方法。我们发现,优秀检测结果的重要先决条件是对功能模块的精确定位。功能的语义定义必须真实反映样本性质,而且应用的特征对分类有显著贡献。

表 7.16　风险判断

序号	来源	C_{ij}	权限和组合	风险				权重
				R_1	R_2	R_3	R_4	W_{ij}
1	Messages	$C_{1,1}$	SEND_SMS	1	0	1	1	3
		$C_{2,1}$	RECEIVE SMS	1	0	0	0	1
		$C_{3,1}$	RECEIVE_MMS	1	0	0	0	1
		$C_{4,1}$	READ_SMS	1	0	0	0	1
		$C_{5,1}$	WRITE_SMS	0	1	0	0	1
		$C_{6,1}$	SEND_SMS,RECEIVE SMS	1	0	1	1	3
		$C_{7,1}$	SEND_SMS,READ SMS	1	0	1	1	3
		$C_{8,1}$	SEND_SMS,WRITE_SMS	0	1	1	1	3
		$C_{9,1}$	RECEIVE SMS,READ_SMS	1	0	0	0	1
		$C_{10,1}$	RECEIVE_SMS,WRITE_SMS	1	1	0	0	2
		$C_{11,1}$	READ_SMS,WRITE SMS	1	1	0	1	3
		$C_{12,1}$	SEND_SMS,RECEIVE_SMS,READ_SMS	1	0	1	1	3
		$C_{13,1}$	SEND_SMS,RECEIVE SMS,WRITE_SMS	1	1	1	1	4
		$C_{14,1}$	SEND_SMS,READ_SMS,WRITE_SMS	1	1	1	1	4
		$C_{15,1}$	WRITE_SMS,READ_SMS,RECEIVE SMS	1	1	0	0	2
		$C_{16,1}$	READ_SMS,SEND_SMS,RECEIVE SMS,WRITE SMS	1	1	1	1	4
2	Contacts	$C_{1,2}$	READ_CONTACTS	1	0	0	0	1
		$C_{2,2}$	WRITE_CONTACTS	0	1	0	0	1
		$C_{3,2}$	MANAGE_ACCOUNTS	1	1	0	0	2
		$C_{4,2}$	READ_CONTACTS,WRITE_CONTACTS	1	1	0	0	2
		$C_{5,2}$	READ_CONTACTS,MANAGE_ACCOUNTS	1	1	0	0	2
		$C_{6,2}$	MANAGE_ACCOUNTS,WRITE_CONTACTS	1	1	0	0	2
		$C_{7,2}$	READ_CONTACTS,WRITE_CONTACTS,MANAGE_ACCOUNTS	1	1	1	0	3
		$C_{2,3}$	READ_CALL_LOG	1	0	0	0	1
		$C_{3,3}$	WRITE_CALL_LOG	0	1	1	0	2
		$C_{4,3}$	CALL_PHONE	1	0	1	1	3
		$C_{5,3}$	CALL_PRIVILEGED	1	0	1	1	3
		$C_{6,3}$	PROCESS _OUTGOING _CALLS,READ_CALL_LOG	1	0	1	1	3

续表

序号	来源	C_{ij}	权限和组合	风险				权重
				R_1	R_2	R_3	R_4	W_{ij}
2	Contacts	$C_{7,3}$	PROCESS_OUTGOING_CALLS,WRITE_CALL_LOG	1	1	1	1	4
		$C_{8,3}$	PROCESS_OUTGOING_CALLS,CALL_PHONE	1	0	1	1	3
		$C_{9,3}$	PROCESS_OUTGOING_CALLS,CALL_PRIVILEGED	1	0	1	1	3
		$C_{10,3}$	READ_CALL_LOG,WRITE_CALL_LOG	1	1	0	0	2
		$C_{11,3}$	READ_CALL_LOG,CALL_PHONE	1	0	1	1	3
		$C_{12,3}$	READ_CALL_LOG,CALL_PRIVILEGED	1	0	1	1	3
		$C_{13,3}$	WRITE_CALL_LOG,CALL_PHONE	1	1	1	1	4
		$C_{14,3}$	WRITE_CALL_LOG CALL_PRIVILEGED	1	1	1	1	4
		$C_{15,3}$	CALL_PHONE,CALL_PRIVILEGED	1	0	1	1	3
		$C_{16,3}$	PROCESS_OUTGOING_CALLS,READ_CALL_LOG,WRITE_CALL_LOG	1	1	1	1	4
		$C_{17,3}$	PROCESS_OUTGOING_CALLS,READ_CALL_LOG,CALL_PHONE	1	0	1	1	3
		$C_{18,3}$	PROCESS_OUTGOING_CALLS,READ_CALL_LOG,CALL_PRIVILEGED	1	0	1	1	3
		$C_{19,3}$	PROCESS_OUTGOING_CALLS；WRITE_CALL_LOG,CALL_PHONE	1	1	1	1	4
		$C_{20,3}$	PROCESS_OUTGOING_CALLS,WRITE_CALL_LOG,CALL_PRIVILEGED	1	1	1	1	4
		$C_{21,3}$	PROCESS_OUTGOING_CALLS,CALL_PHONE,CALL_PRIVILEGED	1	1	1	1	4
		$C_{22,3}$	READ_CALL_LOG,WRITE_CALL_LOG,CALL_PRIVILEGED	1	1	1	1	4
		$C_{23,3}$	READ_CALL_LOG,CALL_PHONE,CALL_PRIVILEGED	1	0	1	1	3
		$C_{24,3}$	WRITE_CALL_LOG,CALL_PHONE,CALL_PRIVILEGED	1	1	1	1	4
		$C_{27,3}$	PROCESS_OUTGOING_CALLS,READ_CALL_LOG,WRITE_CALL_LOG,CALL_PHONE	1	1	1	1	4

序号	来源	C_{ij}	权限和组合	风险				权重
				R_1	R_2	R_3	R_4	W_{ij}
2	Contacts	$C_{28,3}$	PROCESS_OUTGOING_CALLS,READ_CALL_LOG,WRITE_CALL_LOG,CALL_PRIVILEGED	1	1	1	1	4
		$C_{29,3}$	PROCESS_OUTGOING_CALLS,READ_CALL_LOG,CALL_PHONE,CALL_PRIVILEGED	1	0	1	1	3
		$C_{30,3}$	PROCESS_OUTGOING_CALLS,WRITE_CALL_LOG,CALL_PHONE,CALL_PRIVILEGED	0	1	1	1	3
		$C_{31,3}$	READ_CALL_LOG,WRITE_CALL_LOG,CALL_PHONE,CALL_PRIVILEGED	1	1	1	1	4
		$C_{32,3}$	PROCESS_OUTGOING_CALLS,READ_CALL_LOG,WRITE_CALL_LOG,CALL_PHONE,CALL_PRIVILEGED	1	1	1	1	4
4	Calendar	$C_{1,4}$	READ_CALENDAR	1	0	0	0	1
		$C_{2,4}$	WRITE_CALENDAR	0	1	1	0	2
		$C_{3,4}$	READ_CALENDAR,WRITE_CALENDAR	1	1	1	0	3
		$C_{2,5}$	ACCESS_COARSE_LOCATION	1	0	1	0	2
		$C_{3,5}$	INSTALL_LOCATION_PROVIDER	1	0	1	0	2
		$C_{4,5}$	LOCATION_HARDWARE	1	0	1	0	2
		$C_{5,5}$	ACCESS_FINE_LOCATION,ACCESS_COARSE_LOCATION	1	0	0	0	1
		$C_{6,5}$	ACCESS_FINE_LOCATION,INSTALL_LOCATION_PROVIDER	1	0	0	0	1
		$C_{7,5}$	ACCESS_FINE_LOCATION,LOCATION_HARDWARE	1	0	0	0	1
		$C_{8,5}$	ACCESS_COARSE_LOCATION,INSTALL_LOCATION_PROVIDER	1	0	0	0	1
		$C_{9,5}$	ACCESS_COARSE_LOCATION,LOCATION_HARDWARE	1	0	0	0	1
		$C_{10,5}$	INSTALL_LOCATION_PROVIDER,LOCATION_HARDWARE	1	0	0	0	1
		$C_{11,5}$	ACCESS_FINE_LOCATION,ACCESS_COARSE_LOCATION,INSTALL LOCATION_PROVIDER	1	0	0	0	1

序号	来源	C_{ij}	权限和组合	风险				权重
				R_1	R_2	R_3	R_4	W_{ij}
4	Calendar	$C_{12,5}$	ACCESS_FINE_LOCATION,ACCESS_COARSE_LOCATION,LOCATION_HARDWARE	1	0	0	0	1
		$C_{13,5}$	ACCESS_FINE_LOCATION,INSTALL_LOCATION_PROVIDER,LOCATION_HARDWARE	1	0	0	0	1
		$C_{14,5}$	ACCESS _COARSE_LOCATION,INSTALL_LOCATION_PROVIDER,LOCATION_HARDWARE	1	0	0	0	1
		$C_{15,5}$	ACCESS_FINE_LOCATION,ACCESST_COARSE_LOCATION,INSTALL_LOCATION_PROVIDER,LOCATION_HARDWARE	1	0	0	0	1
6	Wi-Fi	$C_{1,6}$	ACCESS_WIFI_STATE	1	0	0	0	1
		$C_{2,6}$	CHANGE_WIFI_STATE	0	1	0	0	1
		$C_{3,6}$	CHANGE_WIFI_MULTICAST_STATE	0	1	0	0	1
		$C_{4,6}$	ACCESS_WIFI_STATE,CHANGE_WIFI_STATE	1	1	0	0	2
		$C_{5,6}$	ACCESS_WIFI_STATE,CHANGE_WIFI_MULTICAST_STATE	1	1	0	0	2
		$C_{6,6}$	CHANGE_WIFI_STATE,CHANGE_WIFI_MULTICAST_STATE	0	1	0	0	1
		$C_{7,6}$	ACCESS_WIFI_STATE,CHANGE_WIFI_STATE,CHANGE_WIFI_MULTICAST_STATE	1	1	0	0	2
7	Bluetooth	$C_{1,7}$	BLUETOOTH	1	1	1	0	3
		$C_{2,7}$	BLUETOOTH_ADMIN	1	1	1	0	3
		$C_{3,7}$	BLUETOOTH,BLUETOOTH_ADMIN	1	1	1	0	3
8	Network	$C_{1,8}$	INTERNET	1	0	1	0	2
		$C_{2,8}$	ACCESS_NETWORK_STATE	1	0	0	0	1
		$C_{3,8}$	CHANGE_NETWORK_STATE	0	1	0	0	1
		$C_{4,8}$	INTERNET,ACCESS_NETWORK_STATE	1	1	1	0	3
		$C_{5,8}$	INTERNET,CHANGE_NETWORK_STATE	1	1	1	0	3
		$C_{6,8}$	ACCESS_NETWORK_STATE,CHANGE_NETWORK_STATE	1	1	0	0	2

续表

序号	来源	C_{ij}	权限和组合	风险				权重
				R_1	R_2	R_3	R_4	W_{ij}
8	Wetwork	$C_{7,8}$	INTERNET,ACCESS_NETWORK_STATE, CHANGE_NETWORK_STATE	1	1	1	0	3
9	Telephony	$C_{1,9}$	MODIFY_PHONE_STATE	0	1	0	0	1
		$C_{2,9}$	READ_PHONE_STATE	1	0	0	0	1
		$C_{3,9}$	READ_PHONE_STATE,MODIFY_PHONE_STATE	1	1	0	0	2
10	Web traces	$C_{1,10}$	WRITE_HISTORY_BOOKMARKS	0	1	0	0	1
		$C_{2,10}$	READ_HISTORY_BOOKMARKS	1	0	0	0	1
		$C_{3,10}$	READ_HISTORY_BOOKMARKS,WRITE_HISTORY_BOOKMARKS	1	1	0	0	2

▷ 7.6.6 局限性

前面的性能评估展示了系统在检测最新的恶意软件方面的效率。系统使用机器学习技术来学习恶意软件的配置文件。

然而,该系统缺乏实时分析的能力。某些恶意软件会使用模糊处理或动态代码加载技术,使得任何静态检测都失效。

该系统在正常应用的检测中不太准确。这是因为我们只关注权限。例如 Avg 等请求超过 30 个权限的正常应用程序会被我们的系统视为恶意软件,因为它们要访问很多资源,从而在第二层的计算中得出较高的风险值。

许多恶意软件样本特意仿造请求与正常应用程序完全相同的权限。这对第一层的检测精度产生负面影响(Wang 等,2014)。另一方面,有一些恶意软件根本不需要请求任何权限(Lineberry 等,2015)。在这种情况下,仅依赖权限来检测恶意软件是不可行的。同时,开发人员可能请求在应用程序中从未实际使用过的特权权限。如果只有权限信息用于检测,则可能导致误判。

另一个局限性在于,本系统检测性能的关键取决于恶意和正常应用是否具有代表性。

▊7.7 总结和展望

在前面的工作中,我们提供了灵活的基于机器学习的机制,以便仅根据请求的权限有效地检测安卓恶意软件。为此,首先描述了安卓生态系统,以更好地了解安卓安全限制。然后,介绍了恶意软件环境中的若干重要部分。接下来,探索了用于学习和训练应用程序配置文件的机器学习技术,以检测和预测应用程序状态:恶意或正常。然后探讨了如何确定检测性能。接下来介绍了我们的模型及其实现步骤。最后,用著名的防病毒软件和相关成果评估和讨论了该系统的性能。

我们的系统由三层构成。第一层的模型旨在基于权限请求的比例表征应用程序。第二层模型依赖于被授予权限的安全风险。为此,定义了10个资源类别,包括相关权限和这些权限的不同组合。最后一层模型基于两个第一层派生的向量组合表征应用程序。使用几种学习算法应用于监督学习,即 NaiveBayes、LibSVM、IBk、AdaBoostM1、PART、J48 和 RandomForest,对 6783 个恶意应用程序和 1993 个正常应用程序的集合进行测试和验证。然后确定检测规则以对应用程序进行归类。此外,我们的系统要求用户指定需要被保护的敏感资源,并在表征应用程序过程中将其考虑在内。我们的系统性能非常出色,检测的准确率达到 98% 左右且预测的查全率达到约 96%。这意味着它能够在检测和预测中区分几乎所有恶意软件。而且我们的系统曲线下面积介于 97% 到 99% 之间,根据 Hosmer 和 Lemeshow(2000)的研究这可以称得上是一个出色的模型。

当然由于系统仅将权限作为特征,必然存在局限性。第一种情况,具有大量请求权限的正常应用程序可能被视为恶意软件,因为它们似乎正在访问很多资源。第二种情况,恶意应用程序请求与正常应用程序相同的权限。在这种情况下,检测将失效。最后一种情况,系统无法在应用程序没有请求权限的情况下检测该应用程序。

我们计划在未来工作中将结合实时分析和其他静态功能以增强系统的性能。

附录 A 不同的权限组合和风险系数

表 7.16 显示了不同权限组合和风险系数的数据。

附录 B 用于测试的正常应用程序

AVG，McAfee，Safety Care，Who's Calling，Fsecure Mobile Security，Avast Mobile Security，CSipSimple，German，Talking Ben，100% Anglais，Alphabets & Numbers Writing，Apk Extractor，AppPermissionWatcher，AppPermissions，Baby Ninja Dance，Candy Crush Sage，LaReDAMoid，File Manager，Important Dates，Kids Songs，Learn Numbers in French Lang，Malware Tracker，My Permissions，Noms Abc，Permission Friendly Apps，Permission Monitor Free，Polaris Viewer 4，Pregnancy Tracker，Screenshot Easy，Smartworld，Test，Malware Tracker.

参考文献

[1] Allix K.，Bissyande T. F. D. A.，Klein J.，Le Traon Y. *Machine Learning-Based Malware Detection for Android Applications：History Matters*！. Walferdange：University of Luxembourg，2014.

[2] Android. *Manifest permissions*. 2015. http：//developer. Android. com/reference/Android/Manifest. permission.

[3] Android-apktool，A tool for reverse engineering Android apk files. http：//code. google. com/p/Android-apktool/.

[4] *Android source*. 2015. https：//github. com/Android/platform_frameworks_base.

[5] Android studio，http：//developer. Android. com/tools/studio/index. html.

[6] Arp D.，Spreitzenbarth M.，Hübner M. H. G.，Rieck K. DREBIN：effective and explainable detection of Android malware in your pocket. *Proceedings of 17th Network and Distributed System Security Symposium（NDSS）*. San Diego，CA：The Internet Society，2014.

[7] Aung Z., Zaw W. Permission-based Android malware detection. *Int. J. Sci. Technol. Res.* 2013,2(3): 228-234.

[8] Barrera D., Kayacik H. G., van Oorschot P. C., Somayaji A. A methodology for empirical analysis of permission-based security models and its application to Android. In: *Proceedings of the 17 th ACM Conference on Computer and Communications Security* (*CCS*'10). New York: ACM,2010: 73-84.

[9] Brähler S. *Analysis of the Android architecture*. 2015. https://os. itec. kit. edu/ downloads/sa: 2010_braehler-stefan_Android-architecture. pdf.

[10] Breiman L. Random forests. *J. Mach. Learn*. 2001,45(1): 5-32.

[11] Burguera I., Zurutuza U., Nadjm-tehrani S. Crowdroid: behavior-based malware detection system for Android. In: *Proceedings of the 1 st ACM Workshop on Security and Privacy in Smartphones and Mobile devices* (*SPSM*'11). New York: ACM, 2011: 15-26.

[12] Canalys. *Over* 1 *billion Android-based smart phones to ship in* 2017. 2013. http:// www. canalys. com/newsroom/over-1-billion-Android-based-smart-phones-ship-2017.

[13] Canfora G., Mercaldo F., Visaggio C. A. A classifier of malicious Android applications. In: *Proceedings of Eighth International Conference on Availability, Reliability and Security* (*ARES*). IEEE,2013: 607-614.

[14] Chin E., Felt A. P., Greenwood K., Wagner D. Analyzing inter-application communication in Android. In: *Proceedings of the* 9 th *Annual International Conference on Mobile Systems, Applications and Services* (*MobiSys*'11). New York: ACM,2011: 239-252.

[15] *Contagio*. 2015. http://contagiodump. blogspot. com/.

[16] Dietterich T., Langley P. *Machine learning for cognitive networks: technology assessments and research challenges*. 2003. http://core. ac. uk/download/pdf/ 10195444. pdf.

[17] Dini G.,Martinelli F.,Matteucci I.,Petrocchi M.,Saracino A.,Sgandurra D. A multi-criteria-based evaluation of Android applications. In: *Proceedings of Trusted Systems*. Berlin: Springer,2012: 67-82.

[18] Dini G., Martinelli F., Saracino A., Sgandurra D. Madam: a multi-level anomaly detector for Android malware. In: *Proceedings of the* 6 th *International Conference on Mathematical Methods, Models, and Architectures for Computer Network Security*. *MMM-ACNS*- 12. Berlin: Springer,2012: 240-253.

[19] Ehringer D. *The dalvik virtual machine architecture*. 2010 Technical Report.

[20] Enck W., Ongtang D., McDaniel P. On lightweight mobile phone application certification. In: *Proceedings of the* 16 th *ACM Conference on Computer and*

Communications Security. New York：ACM，2009：235-245.

[21] Fang Z.，Weili H.，Yingjiu L. Permission based Android security：issues and countermeasures. *Comput．Sec*. 2014，43：205-218.

[22] Felt A. P.，Greenwood K.，Wagner D. *The effectiveness of install-time permission systems for third-party applications*. Berkeley，CA：University of California at Berkeley；2010 Technical report UCB/EECS-2010-143.

[23] Felt A. P.，Chin E.，Hanna S.，Song D.，Wagner D. Android permissions demystified. In：*Proceedings of the ACM Conference on Computer and Communications Security* (*CCS*). New York：ACM，2011：627-638.

[24] Felt A. P.，Ha E.，Egelman S.，Haney A.，Chin E.，Wagner D. Android permissions：user attention，comprehension，and behavior. In：*Proceedings of the Eighth Symposium on Usable Privacy and Security* (*SOUPS*'12). New York：ACM，2012：1-14.

[25] Filiol E. Évaluation des logiciels antiviraux：quand le marketing s' oppose à la technique. *Journal de la sécurité informatique MISC*. 2005：21.

[26] Fix E.，Hodges J. L. *Discriminatory analysis-nonparametric discrimination：consistency properties*. In：USAF School of Aviation Medicine；280-322 1952：11.

[27] Frank E.，Witten I. H. Generating accurate rule sets without global optimisation. In：*Proceedings of the Fifteenth International Conference on Machine Learning* (*ICML*'98). San Francisco，CA：Morgan Kaufmann，1998：144-151.

[28] Freund Y.，Schapire R. E. Experiments with a new boosting algorithm. In：*Proceedings of the 13th International Conference on Machine Learning* (*ICML*'96). San Francisco，CA：Morgan Kaufmann，1996：148-156.

[29] Fritz C.，Arzt S.，Rasthofer S.，Bodden E.，Bartel A.，Klein J.，le Traon Y.，Octeau D.，McDaniel P. FlowDroid：precise context，flow，field，object-sensitive and lifecycle-aware taint analysis for Android apps. In：*Proceedings of the 35th ACM SIGPLAN Conference on Programming Language Design and Implementation* (*PLDI*'14). New York：ACM，2014：259-269.

[30] Gomez L.，Neamtiu I. A characterization of malicious Android applications. 2015. http：//www. lorenzobgomez. com/publications/MaliciousAppsTR. pdf.

[31] Google Play. 2015. https：//www. play. google. com.

[32] Google Play Help，About app permissions. https：//support. google. com/googleplay/answer/6014972?p = app_permissions & rd = 1.

[33] Grace M.，Zhou Y.，Wang Z.，Jiang X. Systematic detection of capability leaks in stock Android smartphones. In：*Proceedings of the 19th Annual Symposium on Network and Distributed System Security* (*NDSS*'12). San Diego，CA：The Internet

Society, 2012.

[34] Grzymala-Busse J. W. *Rule Induction*. *Data Mining and Knowledge Discovery Handbook*. New York: Springer, 2010. 249-265.

[35] Han W., Fang Z., Yang L. T., Pan G., Wu Z. Collaborative policy administration. *IEEE Trans. Parallel Distrib. Syst.* 2014, 25(2): 498-507.

[36] Hanley J. A., McNeil B. J. The meaning and use of the area under a receiver operating characteristic (ROC) curve. *Radiology*. 1982, 143(1): 29-36.

[37] Holavanalli S., Manuel D., Nanjundaswamy V., Rosenberg B., Shen F., Ko S. Y., Ziarek L. Flow permissions for Android. In: *Proceedings of the 28 th IEEE/ACM International Conference on Automated Software Engineering (ASE2013)*. CA: Palo Alto, 2013: 652-657.

[38] Hosmer D. W., Lemeshow S. *Applied logistic regression*. New York: Wiley, 2000.

[39] Hosmer D., Lemeshow S., Sturdivant R. Applied Logistic Regression. *Wiley Series in Probability and Statistics*. Wiley, 2013.

[40] Huang C. Y., Tsai Y. T., Hsu C. H. Performance evaluation on permission-based detection for Android malware. In: *Proceedings of Advances in Intelligent Systems and Applications*. Berlin: Springer, 2013: 111-120.

[41] JD-GUI, http://java. decompiler. free. fr/?q = jdgui.

[42] Jeon J., Micinski K. -K., Vaughan J. -A., Reddy N., Zhu Y., Foster J. -S., Millstein T. *Dr. Android and Mr. Hide*: *Fine-grained security policies on unmodified Android*. 2013. http://drum. lib. umd. edu/bitstream/1903/12852/1/CS-TR-5006. pdf.

[43] Kohavi R. Scaling up the accuracy of naive-bayes classiers: a decisiontree hybrid. In: *Proceedings of the Second International Conference on Knowledge Discovery and Data Mining*. Portland, OR: AAAI Press, 1996: 202-207.

[44] Lineberry A., Richarson D. L., Wyatt T. These aren't the permissions you're looking for. 2015. https://www. defcon. org/images/defcon-18/dc-18-presentations/Lineberry/DEFCON-18-Lineberry-Not-The-Permissions-You-Are-Looking-For. pdf.

[45] Liu X., Liu J. A two-layered permission-based Android malware. Detection scheme. In: *Proceedings of the 2 nd IEEE International Conference on Mobile Cloud Computing, Services, and Engineering (MOBILECLOUD'14)*. Washington, DC: IEEE, 2014: 142-148.

[46] Llamas R., Reith R., Shirer M. *Apple cedes market share in smartphone operating system market as Android surges and windows phone gains, according to IDC*. 2013. http://www. idc. com/getdoc. jsp?containerId = prUS24257413.

[47] Michalski R. S., Carbonell J. G., Mitchell T. M., eds. Machine Learning: *An Artificial Intelligence Approach*. Berlin: Springer, 1983.

[48] Orthacker C., Teufl P., Kraxberger S., Lackner G., Gissing M., Marsalek A., Leibetseder J., Prevenhueber O. Android security permissions—can we trust them? In: *Proceedings of Security and Privacy in Mobile Information and Communication Systems*. Berlin: Springer, 2012: 40-51.

[49] Pearl J. Reverend bayes on inference engines: a distributed hierarchica approach. In: *Proceedings of the American Association of Artificial Intelligence (AAAI'82)*. Portland, OR: AAAI Press, 1982: 133-136.

[50] Ping X., Xiaofeng W., Wenjia N., Tianqing Z., Gang L. Android malware detection with contrasting permission patterns. *Commun. China*. 2014, 11(8): 1-14.

[51] Protsenko M., Müller T. Android malware detection based on software complexity metrics. In: *Proceedings of the 11th International Conference on Trust, Privacy and Security in Digital Business (TrustBus'14)*. Munich: Springer, 2014, 24-35.

[52] Quinlan J. R. C4.5: *Programs for Machine Learning*. San Francisco, CA: Morgan Kaufmann, 1993.

[53] Rassameeroj I., Tanahashi Y. Various approaches in analyzing Android applications with its permission-based security models. In: *Proceedings of 2011 IEEE International Conference on Electro/Information Technology (EIT)*. Mankato, MN: IEEE, 2011: 1-6.

[54] Rosen S., Qian Z., Mao Z. M. Appprofiler: a flexible method of exposing privacy-related ehavior in Android applications to end users. In: *Proceedings of the third ACM Conference on Data and Application Security and Privacy*. New York: ACM, 2013: 221-232.

[55] Rovelli P., Vigfusson Y. PMDS: permission-based malware detection system. In: *Proceedings of the 10th International Conference on Information Systems Security (ICISS)*. Hyderabad, India: Springer, 2014: 338-357.

[56] Saltzer J. H. Protection and the control of information sharing in Multics. *Commun. ACM*. 1974, 17(7): 388-402.

[57] Sanz B., Santos I., Laorden C., Ugarte-Pedrero X., Bringas P. G. On the automatic categorisation of Android applications. In: *Proceedings of IEEE Consumer Communications and Networking Conference (CCNC)*. La Vegas, NV: IEEE, 2012: 149-153.

[58] Sanz B., Santos I., Laorden C., Ugarte-Pedrero X., Bringas P. G., Álvarez G. PUMA: permission usage to detect malware in Android. In: *Proceedings of the International Joint Conference CISIS'12-ICEUTE'12-SOCO'12 Special Sessions*. Berlin: Springer, 2013: 289-298.

[59] Sanz B., Santos I., Laorden C., Ugarte-Pedrero X., Nieves J., Bringas P. G Álvarez

Marañón G. MAMA: manifest analysis for malware detection in Android. *J. Cybern. Syst*. 2013,44(6-7): 469-488.

[60] Sarma B. P., Li N., Gates C., Potharaju R., Nita-Rotaru C., Molloy I. Android permissions: a perspective combining risks and benefits. In: *Proceedings of the 17th ACM Symposium on Access Control Models and Technologies* (*SACMAT'*12). New York: ACM,2012: 13-22.

[61] Sato R.,Chiba D.,Goto S. Detecting Android malware by analyzing manifest files. In: *Proceedings of the Asia-Pacific Advanced Network* (*As JCIS*). Tokyo: IEEE, 2013: 23-31.

[62] Shabtai A., Fledel Y., Elovici Y. Automated static code analysis for classifying Android applications using machine learning. In: *Proceedings of* 2010 *International Conference on Computational Intelligence and Security* (*CIS*). Nanning: IEEE,2010: 329-333.

[63] Shabtai A.,Kanonov U.,Elovici Y.,Glezer C.,Weiss Y. Andromaly: a behavioral malware detection framework for Android devices. *J. Intell. Inf. Syst*. 2012,38 (1): 161-190.

[64] Struse E.,Seifert J.,Uellenbeck S.,Rukzio E.,Wolf C. Permissionwatcher: creating user awareness of application permissions in mobile systems. In: *Proceedings of Ambient Intelligence*. Berlin: Springer,2012: 65-80.

[65] Su M.-Y., Chang W.-C. Permission-based malware detection mechanisms for smartphones. In: *Proceedings of IEEE* 2014 *International Conference on Information Networking* (*ICOIN*). Thailand: Phuket,2014: 449-452.

[66] Suh S.C. *Practical Applications of Data Mining*. USA: Jones and Bartlett Publishers, 2011.

[67] Tan P.-N., Steinbach M., Kumar V. *Introduction to Data Mining*. Boston, MA: Addison-Wesley,2005.

[68] Tang W.,Jin G.,He J.,Jiang X. Extending Android security enforcement with a security distance model. In: *Proceedings of* 2011 *International Conference on Internet Technology and Applications* (*iTAP*). IEEE,2011: 1-4.

[69] Tchakounté F.,Dayang P. Qualitative evaluation of security tools for Android. Int. *J. Sci. Technol*. 2013,2(11): 754-838.

[70] Vapnik V. *The Nature of Statistical Learning Theory*. *Information Science and Statistics*. Berlin: Springer,2000.

[71] Vennon T.,Stroop D. *Threat analysis of the Android market*. 2010 Technica report, SMobile Systems.

[72] Vidas T.,Christin N.,Cranor L. Curbing Android permission creep. In: *Proceedings*

of the 2011 *Web* 2.0 *Security and Privacy Workshop*（*W2SP*2011）. CA：Oakland，
2011.

[73] VirusTotal. *Virustotal—free online virus*，*malware and URL scanner*. 2015. https：//
www. virustotal. com.

[74] Wang W. ，Wang X. ，Feng D. ，Liu J. ，Han Z. ，Zhang X. Exploring permission-induced
risk in Android applications for malicious application detection. *IEEE Trans. Inf.
Forensics Secur*. 2014，9（11）：1869-1882.

[75] Wei X. ，Gomez L. ，Neamtiu I. ，Faloutsos M. Malicious Android applications in the
enterprise：what do they do and how do we fix it? In：*Proceedings of* 2012 *IEEE
28th International Conference on Data Engineering Workshops*（*ICDEW*）. IEEE，
2012：251-254.

[76] Weka 3，Data Mining Software in Java. http：//www. cs. waikato. ac. nz/ml/weka/.

[77] Witten I. H. ，Eibe F. ，Hall M. A. *Data Mining Practical Machine Learning Tools and
Techniques*. third San Francisco，CA：Morgan Kaufmann，2011.

[78] Zhang Y. ，Yang M. ，Xu B. ，Yang Z. ，Gu G. ，Ning P. ，Wang X. S. ，Zang B. Vetting
undesirable behaviors in Android apps with permission use analysis. In：*Proceedings
of the ACM SIGSAC Conference on Computer & Communications Security*
（*CCS'*13）. New York：ACM，2013：611-622.

[79] Zhou Y. ，Jiang X. Dissecting Android malware：characterization and evolution. In：
Proceedings of IEEE Symposium on Security and Privacy（*SP*12）. Washington，DC：
IEEE，2012：95-109.

[80] Zhou Y. ，Wang Z. ，Zhou W. ，Jiang X. Hey，you，get off of my market：detecting
malicious apps in official and alternative Android markets. In：*Proceedings of the
19th Annual Network and Distributed System Security Symposium*（NDSS'2012）. San
Diego，CA：The Internet Society，2012：5-8.

第8章
如何发现安卓应用程序的漏洞

X. Li,中国科学院,北京,中国。

L. Yu,X. P. Luo,香港理工大学,九龙,中国香港。

▌摘要

手机应用程序市场蓬勃发展,包括谷歌应用市场(Google Play)、苹果商店(Apple Store)在内已发布过超过 400 万个应用程序。然而最近的研究表明,由于开发周期短、安全意识淡薄等原因,其中许多应用程序容易受各种安全攻击。鉴于安卓占据超过 80% 的全球智能手机市场份额,因此在本章中我们主要审视安卓应用程序的安全隐患并演示如何使用图遍历算法来检测它们。此外我们还会讨论现有漏洞检测方法的局限性,并展望未来的研究方向。

▌关键词

安卓,安卓应用程序,安全隐患检测。

▌8.1　介绍

　　随着应用程序经济市场的繁荣,移动应用程序的数量在逐年递增,程序开发者已经在谷歌商店上发布了超过 200 万个安卓应用程序[①],相应地在苹果商店中也已超过 250 万个[②]。预计在 2020 年市场规模将会达到 1010 亿美元[③]。与此同时,智能手机已经成为日常生活中不可或缺的一部分,最近的一份研究报告统计出在 2014 年 6 月至 2015 年 1 月中每个安卓用户平均安装了 95 个应用程序(Sawers,2015)。

　　然而并非所有的应用程序都是经过精心设计和开发的。最近的研究表明,程序内部的安全隐患非常容易招致各种类型的蓄意攻击。例如惠普在分析 2107 个应用程序后发现其中约有 90% 存在安全隐患,而且这些软件的制作公司全部在"福布斯全球上市公司 2000 强"(Seltzer,2013)里榜上有名。来自 Arxan 的最新安全报告表明,在采样的 126 个移动健康和财务应用程序中有 90% 的程序至少暴露出两个重大安全隐患(Arxan,Inc.,2016)。随机收集了 557 个超百万下载的应用程序,在研究分析后发现其中有 375 个应用程序(67.3%)至少含有一个安全隐患(Qian 等,2015)。造成这种尴尬的局面可能有多种潜在原因,如开发周期短、安全意识淡薄、程序安全开发指南不健全等等。

　　在本章中,鉴于安卓庞大的市场份额我们收集了不同来源如 CVE(Common Vulnerabilities and Exposures,常见漏洞披露组织)的安卓安全报告用于分析。首先介绍安卓中的主要安全隐患,随着章节的深入我们介绍 VulHunter(参见 8.2.3 节)如何使用图遍历模型检测安全隐患。值得注意的是 VulHunter 使用安卓属性图(APG)象征应用程序,并将它们存储在图形数据库中。还回顾各种安全隐患的相应检测途径,这些途径可以利用诸如静

---

　　① 　http://www.statista.com/statistics/266210/number-of-available-applications-in-the-google-play-store/

　　② 　http://www.pocketgamer.biz/metrics/app-store/

　　③ 　http://venturebeat.com/2016/02/10/the-app-economy-could-double-to-101b-by-2020-research-firm-says/

态分析、动态分析或两者混合的方法实现。此外,我们讨论现有方法的局限性,并建议未来的研究方向(Heelan,2011)。

本章的组织结构如下。

- 第 8.2 节介绍安卓应用中的漏洞分类和 VulHunter 的架构
- 第 8.3 节对各种常见漏洞的介绍和建模
- 第 8.4 节回顾安全隐患的现有检测方法
- 第 8.5 节讨论现有检测方法的局限性
- 第 8.6 节本章总结

▌8.2 背景

▶ 8.2.1 安卓安全机制

我们介绍三种与应用程序的主要漏洞密切相关的安全机制:进程沙箱、权限和签名。安卓中还有其他重要的安全机制,如进程间安全通信、内存管理、系统分区和程序加载,有意者可参阅相关论文(Enck 等,2009;Drake 等,2014)。

进程沙箱。安卓的进程沙箱机制实现了不同应用程序之间的分离。它为每个应用程序创建一个 Dalvik 虚拟机(DVM)实例,并在应用程序安装过程中授予一个唯一标识(UID)。在 Linux 内核中,UID 标识不同用户的身份。默认情况下应用程序是相互分开的,如果他们需要互相直接访问,则可以将各自的 SharedUserID 设置为相同的数值。

权限。安卓的权限机制定义了应用程序是否具有访问受保护 API 和资源的能力。权限机制的主要功能包括:安装期间的权限确认、权限检查、权限使用和运行期间的权限管理。权限声明包括权限名称、所属的组和保护级别,该级别包括正常、危险、签名或系统签名。开发人员可以通过 AndroidManifest. xml 中的< uses-permission >标签提前声明应用程序所需的权限。

签名。所有应用程式在发布前必须使用私有密钥签署。签名可用于确认开发人员的身份,测试应用是否有任何更改,以及在两个应用程序之间建立互信关系。签名方法分为调试模式和发布模式。调试模式下的签名用于开发期间的程序测试,发布模式下的签名用于向市场发布应用程序。

8.2.2 安卓应用程序漏洞分类

我们收集了 242 个安卓漏洞的详细数据,这些漏洞数据来源于不同渠道,如漏洞数据库、安全社区等。根据 CERT 安全编码标准(CERT,2015)和 OWASP 移动安全项目(OWASP,2015),在分析这些漏洞后,我们将 242 个漏洞分为 20 类并且将它们编号为 M1~M20(M20 可以忽略不计,因为其数量非常小),如图 8.1 所示。值得注意的是,M1~M8 基于 OWASP 移动风险 TOP10。图 8.2 描述了这些漏洞的分布情况。它表明其中大多数漏洞来源于授权和认证不当以及意外的数据泄露。

编号	漏洞	编号	漏洞
M1	Weak server side controls	M11	Linux kernel universal vulnerability
M2	Insecure data storage	M12	Program logic design flaw
M3	Insufficient transport layer protection	M13	Signatures vulnerability
M4	Unintended data leakage	M14	Code execution vulnerability
M5	Poor authorization and authentication	M15	Malicious application behavior vulnerability
M6	Broken cryptography	M16	Mobile terminal web vulnerability
M7	Client side injection	M17	Applications communications vulnerability
M8	Security decisions via untrusted inputs	M18	Configuration error vulnerability
M9	Webview vulnerability	M19	Denial of service vulnerability
M10	Linux kernel driver vulnerability	M20	others

图 8.1 安卓应用程序漏洞分类

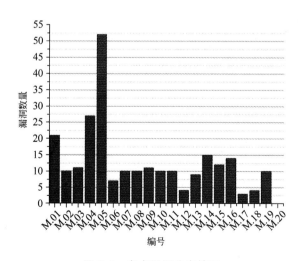

图 8.2 安卓漏洞分布情况

▶ 8.2.3　VulHunter

我们提议并开发了 Vulhunter 以寻找安卓应用中的常见漏洞（Qian 等，2015）。给定一个应用程序，Vulhunter 会将其 dex 文件转换为集成抽象语法树（AST）、过程控制流图（ICFG）、方法调用图（MCG）和系统图表数据库的安卓属性图（APG）。此外，我们使用图遍历为五个常见漏洞建模，并通过 APG 执行它们以确定应用程序是否存在漏洞。我们已经在一篇论文中（Qian 等，2015）演示过如何发现语法级别、控制流级别和数据流级别的安全隐患。在本章中，我们将讨论更多的漏洞并建立图遍历模型（Qian 等，2015）以识别他们。为了便于说明，我们将在本章中使用以下符号：

$$\text{MATCH}_{lable}^{p} \tag{8.1}$$

$$\text{ARG}(N)_i \tag{8.2}$$

$$N_1 - \left[R_{type}^{p} \right]^{len} \rightarrow N_2 \tag{8.3}$$

其中：

- 式（8.1）表示具有标签 label 和属性 p 的匹配节点。
- 式（8.2）表示从 Invoke-Stmt 节点 N 开始遍历，以获得其第 i 个参数。
- 式（8.3）表示从节点 N_1 到节点 N_2 的路径。路径通过关联 len 长度和 type 连接，如果它等于 1，则可以省略。

■ 8.3　常见安全隐患

▶ 8.3.1　不安全的数据存储

外部存储介质泄露敏感信息。如果应用程序调用 openFileOutput( )但第二个参数未设置为 Context.MODE_PRIVATE，则根据文件是否加密可以判断是否发生此漏洞。为了找到可疑代码，我们可以进行以下图遍历：

$$\text{MATCH}_{ast}^{p3} \circ \text{ARG}(N)_2 \circ \text{MATCH}_{stmt}^{p2} \tag{8.4}$$

其中，$p2$ 表示 openFileOutput，$p3$ 表示常量参数节点 MODE_WORLD_READABLE 或 MODE_WORLD_WRITEABLE。此图遍历首先找到调用 openFileOutput 的语句，然后检查其第二个参数。如果 AST（集成抽象语法

树)中的参数是 $p3$，则应用程序可能具有此类漏洞。

8.3.2　传输层保护不足

　　安全套接字层（SSL）/传输层安全协议（TLS）信任所有证书。当使用
SSL 时，如果应用程序使用参数 ALLOW_ALL_HOSTNAME_VERIFIER 调用
setHostnameVerifier()，则会存在此漏洞，这可能会导致应用程序受到中间人
攻击。为了检测有问题的代码，我们可以使用下面的图遍历：

$$\text{MATCH}_{ast}^{p2} \circ \text{ARG}(N)_1 \circ \text{MATCH}_{stmt}^{p1} \tag{8.5}$$

其中，$p1$ 表示 setHostnameVerifier，$p2$ 表示 ALLOW_ALL_HOSTNAME_
VERIFIER。此图遍历首先匹配调用方法 $p1$ 的语句，然后检查其 AST 树中的
第一个参数是否与 $p2$ 匹配。如果是，则存在该漏洞。

8.3.3　意外的数据泄露

　　日志泄露敏感信息。如果应用程序使用以下方法之一来保存敏感信
息：Log.d()，Log.e()，Log.i()，Log.v()，Log.w()，此漏洞则可能存在。因
为当终端连接到 PC 时，包含敏感信息的日志可以被随意读取。为了检测这
样的漏洞，我们可以使用下面的图遍历：

$$\text{MATCH}_{stmt}^{p1} - [R_{SDG_{Data}}]^+ -> \text{MATCH}_{stmt}^{p2} \tag{8.6}$$

其中，$p1$ 表示存在安全隐患的库函数，例如 Log.i()，Log.d()，$p2$ 表示收集
敏感信息的源函数，如 getDeviceID()。如果存在从源函数到库函数的路径，
则可能存在此漏洞。该路径的各条边缘具有数据依赖关系。

8.3.4　不严谨的授权和认证

　　组件泄露（例如，contentProvider，service）。在 AndroidManifest.xml 的
< provider >或< activity >标签中，如果应用程序将 android：minSdkVersion 或
android：targetSdkVersion 的值设为小于 17 又没有语句 android：exported ＝
"false"；或者语句 android：exported 的值为真，那么这样的漏洞就可能
存在。

　　由授权引起的 Intent 泄露或篡改。如果程序中存在隐式 Intent 广播方

法调用,并且存在属性值为 FLAG_GRANT_WRITE_URI_PERMISSION 或 FLAG_GRANT_READ_URI_PERMISSION 的权限语句,则可能存在此类漏洞。为了找到可疑代码,我们可以使用下面的图遍历:

$$\text{MATCH}_{\text{stmt}}^{p2} - [R_{\text{SDG}_{\text{Data}}}]^{+} -> \text{MATCH}_{\text{stmt}}^{p3} \tag{8.7}$$

$$\text{MATCH}_{\text{ast}}^{p3} \circ \text{ARG}(N)_1 \circ \text{MATCH}_{\text{stmt}}^{p2} \tag{8.8}$$

其中,$p1$ 表示 Context.sendBroadcast(),$p2$ 表示 intent.addFlags(),$p3$ 表示 FLAG_GRANT_WRITE_URI_PERMISSION。找到调用 Context.sendBroadcast() 的语句后,我们检查 Intent 初始化函数 intent.addFlags()。如果其中任何一个权限语句使用 FLAG_GRANT_WRITE_URI_PERMISSION 作为参数,则此漏洞可能存在。

8.3.5 破损的加密

弱 AES 加密模式。AES 加密使用 javax.crypto.Cipher 进行初始化。如果应用程序使用 ECB(电子密码本)模式,同样的明文块会被加密成相同的密文块,因此它不能很好地隐藏数据模式,容易受字典攻击破解加密。我们可以使用下面的图遍历来识别相应有问题的代码:

$$\text{MATCH}_{\text{stmt}}^{p1} \tag{8.9}$$

$$\text{MATCH}_{\text{ast}}^{p2} \circ \text{ARG}(N)_1 \circ \text{MATCH}_{\text{stmt}}^{p1} \tag{8.10}$$

其中,$p1$ 表示 Ciper.getInstance,$p2$ 表示 AES/ECB/PKCS5Padding。我们首先识别调用 Ciper.getInstance 的语句,然后检查它们的第一个参数是否为 AES/ECB/PKCS5Padding。如果是,则可能存在该漏洞。

8.3.6 WebView 漏洞

WebView 恶意代码执行。此类漏洞存在于 API 级别小于 17 的系统中。如果调用 webView.addJavascriptInterface() 方法,并且 AndroidManifest.xml 中应用程序的适用版本没有锁定在 17 或更高级 API,则该漏洞可能存在。我们可以使用下面的图遍历来识别易受攻击的代码:

$$\text{MATCH}_{\text{stmt}}^{p1} \tag{8.11}$$

其中,$p1$ 表示 webView.addJavascriptInterface。在找到调用此方法的语句

后,我们检查 manifest 文件中的 minSdkVersion 是否小于 17。如果是,则可能存在漏洞。

8.3.7　应用程序通信漏洞

隐含 Intent 广播内容泄露。Intent 用于在同一应用程序或应用程序之间的组件间交换信息,值得注意的是使用隐式 Intent 广播可能导致 Intent 内容泄露。更确切地说,如果存在隐式 Intent 广播方法 Context. sendBroadcast()的调用,就将埋下隐患。因此,我们可以使用下面的图遍历来轻易地识别这个问题:

$$\text{MATCH}_{stmt}^{p1} \tag{8.12}$$

其中,$p1$ 表示 Context. sendBroadcast()。

8.3.8　配置错误漏洞

由于设置不正确而导致的信息泄露。在发布应用程序之前,开发人员应确保应用程序不可被调试,这意味着在 AndroidManifest. xml 中 android:debuggable 应设置为 false。否则可能存在此类漏洞。

8.4　发现漏洞

在本节中我们回顾了检测漏洞的机制。它们可以分为三类:静态分析、动态分析和混合方法。基于静态分析的方法通常在不运行应用程序的前提下检查 dex 文件中的 Dalvik 字节码或从 dex 文件转换的 Java 类文件。基于动态分析的方法通常运行应用程序并根据可被识别的漏洞特征监视其行为。由于静态分析和动态分析各有千秋,研究人员提出了混合方法以取长补短。

8.4.1　静态分析方法

如图 8.1 中的 M5,Grace 等人研究了权限泄露并开发了一个名为 Woodpecker 的静态分析检测工具,它可以发现显性和隐性权限泄露(Grace

等,2012)。Woodpecker 能够创建应用程序的配置文件(CFG),然后利用配置文件来确定是否存在权限泄露。具体来说,对于显式权限泄露,它通过检查其组件是否被泄露的方法检查系统中预先安装的应用程序。如果是,则进行进一步的路径分析以确定是否存在泄露。对于隐式权限泄露,它检查每个应用程序在 Manifest 中的 sharedUserId。如果该标签存在,这个应用程序能够请求何种权限的能力将会暴露给具有共享 UID 的应用程序。

Wei 等人提出并开发了用于检测组件间通信漏洞的 Amandroid(Wei 等,2014)。它采用静态分析框架检测包括图 8.1 中 M4 和 M17 的漏洞。更准确地说,给定一个应用程序,它首先将 Dalvik 字节码转换为中间表示(IR),然后构造 IDFG(组件数据流图)和 DDG(数据依赖图)。之后,Amandroid 从 IDFG 和 DDG 中寻找潜在的漏洞,包括数据泄露,数据注入和 API 滥用。注意,当构建 IDFG 时,Amandroid 捕获应用的语义行为,例如对象点和控制/数据流信息,以便精确地找到目标 Intent。

Lu 等人开发了 CHEX(Lu 等,2012)来识别组件劫持漏洞,其中包括 M4、M5 和 M7 中的许可泄露、未经授权的数据获取、Intent 欺骗等。CHEX 使用数据流汇总来对入口点的执行过程建立模型,并且利用基于数据依赖图的数据流分析来找到劫持漏洞。他们提出 AAPL(Lu 等,2015)进一步增强 CHEX 的能力以检测隐私泄露漏洞。AAPL 可以减少虚警检测结果,它结合了包括机会性常数评估(opportunistic constant evaluation)、对象原点推断(object origin inference)和联合流跟踪(joint flow tracking)等各种静态分析方法,以检测更多不可见的数据流。此外,AAPL 采用了一种称为对等投票(peer voting)的新方法,从结果中过滤出大多数合法的隐私披露从而自动净化检测结果。

Gordon 等人提出了 DroidSafe(Gordon 等,2015)用于静态检测应用程序的数据流相关漏洞,其中包括图 8.1 中 M4 的漏洞。DroidSafe 为 Java 标准库中的 117 个类以及安卓库、安卓运行环境 ART 和 ART 维护的应用程序隐藏状态创建了模型;它使 Intent 和 Uri 全局可见并能够追踪 IntentFilter;通过分析应用程序中的敏感数据流,DroidSafe 建立从源函数到库函数的数据流图表;DroidSafe 为确保高覆盖率涵盖了所有可能的通信形式。实验结果表明，与其他方法相比，DroidSafe 将敏感数据流的检测率提高了约 10%。

　　Cao 等人设计和实现的 EDGEMINER（Cao 等，2015）试图解决安卓框架中隐式控制流难以检测的问题。EDGEMINER 分析安卓框架并生成调用图以查找潜在的回调；通过使用反向数据流分析识别注册-回调对；EDGEMINER 输出框架摘要，然后使用其他静态分析工具进一步分析应用程序。

　　Fahl 等人开发 MalloDroid（Fahl 等，2012）用于研究安卓应用程序中的中间人攻击漏洞。此工具可以集成到应用市场或直接安装在用户的移动设备上。MalloDroid 将在安装过程中检查应用程序。如果它在应用程序中识别潜在的 SSL 中间人攻击漏洞，用户将收到告警。

▶▶ 8.4.2　基于动态分析的方法

　　Xing 等人发现了安卓升级机制的严重漏洞。特别是在较低版本系统中潜伏的恶意软件可以在系统升级后获得权限，进而可以访问用户的隐私数据。为了发现这样的漏洞，作者开发了名为 SecUP 的检测工具。它构建了一个用于保存漏洞入口点的数据库，并有一个用于漏洞识别的扫描器，其检测模块具有用于确定漏洞存在的约束规则。

　　Wang 等人研究了移动端同源策略（SOP）旁路漏洞（Wang 等，2013），并提出了一种名为 Marbs 的检测机制。该机制标记每个通信消息的信息源并加强 SOP 的强度。Marbs 的核心包括植入到 DVM 线程中的 setOriginPolicy 和 checkOriginPolicy。SetOriginPolicy 对所有应用程序开放，checkOriginPolicy 则应用于系统内核。

　　Wu 等人调查了安卓系统供应商定制服务带来的安全影响（Wu 等，2013），并设计了一个名为 SEFA 的系统来检测潜在的漏洞。SEFA 由三部分组成：来源分析、权限使用分析和漏洞分析。首先，来源分析将系统应用程序分为三类，即 AOSP 本机应用程序，供应商特定应用程序和第三方应用程序。然后，它对应用程序执行授权分析，以便检查是否使用到敏感权限。最后，它检查是否存在重新授权漏洞和隐私泄露漏洞。

　　Schrittwieser 等人研究移动设备上消息应用和 VoIP 应用程序中的漏洞（Schrittwieser 等，2012）。通过动态测试，发现了在 VoIP 和消息应用程序里存在身份验证机制的漏洞。存在漏洞的应用程序仅使用用户电话号码作为唯一的认证基础,这触发一系列的安全风险,如账户劫持,欺骗发件人 ID 和枚举用户等。

Hay 等人审查了 IAC(应用程序间通信)漏洞(Hay 等,2015)并开发了一个名为 INTENTDROID 的检测系统,它通过构造和发送探测 Intent 来触发敏感的 API 进而检测是否存在相关漏洞,其检测结果可以根据外部可供观察的特征得以验证。实验结果表明,INTENT-DROID 可以在应用程序中发现很多 IAC 漏洞。

▶ 8.4.3 混合方法

Sounthiraraj 等人研究了 SSL 中间人攻击漏洞(Sounthiraraj 等,2014)。混合方法首先进行静态分析,通过检查 X509TrustManager 和 HostNameVerifier 的实现来识别可能有此类漏洞的应用程序。更确切地说,该方法识别关键入口点并构建输入函数集,这个函数集将用于下一阶段的动态触发检测。然后,它将 UI 自动化应用于图形界面特定窗口的关键入口点,用于触发穿过中间人攻击代理的 HTTPS 通信。与此同时它将记录动态分析的日志并用于确定是否存在 SSL 中间人攻击漏洞。

Bhoraskar 等人开发了 Brahamstra(Bhoraskar 等,2014)用于检测应用程序中的第三方组件漏洞。它可以有效地找到第三方库的触发点,而这恰恰弥补了现有 GUI 测试工具的缺点。首先,Execution Planner 构造了页面转换图,通过静态分析找到第三方库的执行路径。然后 Execution Engine 在仿真器中根据可执行的路径触发应用程序。最后,ART Analyzer 捕获并记录应用程序运行中的操作状态,以确定是否存在第三方库漏洞。Brahmastr 重写了被测试应用程序的二进制文件,插入一部分代码用来自动调用用户触发的回调以提高 Execution Engine 的速度。

Zhou 等人研究了与内容提供商相关的两种漏洞:被动内容泄露和内容污染(Zhou 和 Jiang,2013)。他们开发了一款名为 ContentScope 的检测工具,它首先过滤掉没有导出内容提供商的应用程序;然后,ContentScope 通过遍历全部路径以确定易受攻击的应用程序,这些路径包含从公共内容提供者接口到控制流程图中底层数据库的例行操作程序;最后它将进行动态分析以确认应用程序中的漏洞。

▌8.5 讨论

▶ 8.5.1 基于静态分析方法的局限性

仅通过分析字节码而不执行应用程序,静态分析可以快速找到有问题的代码并实现高代码覆盖率,同时它的若干局限性也限制了其应用范围。由于它不运行应用程序,所以首要的缺点是难以检测使用动态语言特征的代码。例如,Java 反射在许多应用程序中广泛使用,但以精确和可扩展的方式调查它是具有挑战性的(Smaragdakis 等,2014)。而且应用程序通常可以加载动态类来动态扩展其功能,如果动态加载的类存在于远程服务器上,这是静态分析无法检测的。此外越来越多的应用程序使用动态语言功能实现加固服务(或打包服务)以保护自己(Zhang 等,2015b)。值得注意的是打包好的应用程序中 dex 文件不包含应用程序的主要功能,因此进一步阻碍了静态分析的应用范围。

其次,UI 组件可以动态添加,并且它们通常会对某些事件(如用户输入)做出反应。没有执行应用程序,静态分析可能会错过这样的动态 UI 组件以及对某些事件的反应(Rountev 和 Yan,2014;Shao 等,2014)。第三,由安卓框架提供和编排的回调机制对静态分析(Cao 等,2015)提出了挑战,例如如何通过安卓框架跟踪信息流等。请注意,大多数现有研究仅仅专注于应用程序,这就不可避免地受到安卓框架自身引入安全问题的影响。第四,在静态程序分析中仍然存在许多未解决问题,例如指针分析、隐式流分析和并发程序分析等(Hind,2001)。此外,考虑到市场上含有超过两百万个应用程序,如何快速发现易受攻击的应用程序是相当不容易的。

▶ 8.5.2 基于动态分析方法的局限性

动态分析方法的特点是执行应用程序,这提高了检测准确率而且不会受到加固服务的影响,然而它也有一些局限性。首先,因为执行所有路径需要相当长的时间所以动态分析的代码覆盖率低；其次，许多现有的动态分析方法使用仿真器（例如 QEMU）分析应用程序，然而仿真器可能不支持真实智能手机中的所有特征，例如各种传感器、USB 等。此外，多种新提出的检测仿真器（Jing 等，2014）可以使许多现有动态分析方法失去效用。值得注意的是大多数现有动态方法无法处理隐式流而失去了检测出更多安全漏洞的机会（King 等，2008）。

▶ 8.5.3 未来方向

基于上述分析，我们列出了一些未来的研究方向并建议将接下来的研究重心集中到这些重要领域上。首先，根据静态分析和动态分析的优缺点将它们合理高效地组合起来是未来很有前途的研究方向，例如静态分析可以快速找到可疑代码、指导模糊测试、生成 GUI 测试用例等；动态分析可以跟踪信息流、处理动态语言特性等。第二，由于越来越多的应用程序采用各种模糊和加固技术以保护自己免受逆向工程，这些技术也使漏洞的检测更加困难。如何有效和高效地恢复原始的 dex 文件是一个难题。第三，虽然我们利用多种研究方法总结了许多漏洞，但我们仍期待出现更加权威的分析和研究方法可以正式的定义安卓漏洞。另外我们需要找到更好的办法去探测日新月异的安全隐患。除了代码分析之外，融合热门的机器学习技术并综合全方位的信息（Zhang 等，2015a）将前途无量。

▍8.6 本章小结

在本章中，我们通过收集许多来源（如 CVE）的漏洞报告来调查安卓应用中的漏洞。除了介绍安卓应用程序的主要漏洞，我们还遵循 VulHunter（Qian 等，2015）的定义建立图遍历模型演示如何检测它们。我们还总结了寻找应用程序中各种漏洞的不同方法，这些漏洞可以采用静态分析、动态分析或混合的方法进行检测。最后我们讨论了现有方法中的一些不足和局限性并对未来的研究方向提出建议。

▌参考文献

[1] Arxan, Inc. 5th annual state of application security report. 2016. https://goo.gl/mAqfx3.

[2] Bhoraskar R., Han S., Jeon J., Azim T., Chen S., Jung J., Nath S., Wang R., Wetherall D. Brahmastra: driving apps to test the security of third-party components. In: Proceedings of the 23rd USENIX Security Symposium (USENIX Security 14), USENIX Association, 2014: 1021-1036.

[3] Cao Y., Fratantonio Y., Bianchi A., Egele M., Kruegel C., Vigna G., Chen Y. Edgeminer: automatically detecting implicit control flow transitions through the android framework. In: Proceedings of the ISOC Network and Distributed System Security Symposium (NDSS), 2015.

[4] CERT. Secure coding standards. 2015. https://www.securecoding.cert.org/confluence/pages/viewpage.action?pageId = 111509535 (accessed August 15, 2015).

[5] Drake J. J., Lanier Z., Mulliner C., Fora P. O., Ridley S. A., Wicherski G. Android Hacker's Handbook. New York: John Wiley & Sons, 2014.

[6] Enck W., Ongtang M., McDaniel P. Understanding android security. IEEE Secur. Privacy. 2009, 7(1): 50-57.

[7] Fahl S., Harbach M., Muders T., Baumgartner L., Freisleben B., Smith M. Why eve and mallory love android: an analysis of android SSL insecurity. In: Proceedings of ACM CCS, 2012.

[8] Gordon M. I., Kim D., Perkins J., Gilham L., Nguyen N., Rinard M. Information-flow analysis of android applications in droidsafe. In: Proceedings of the Network and Distributed System Security Symposium (NDSS). The Internet Society, 2015.

[9] Grace M., Zhou Y., Wang Z., Jiang X. Systematic detection of capability leaks in stock android smartphones. In: Proceedings of NDSS, 2012.

[10] Hay R., Tripp O., Pistoia M. Dynamic detection of inter-application communication vulnerabilities in android. In: Proceedings of the 2015 International Symposium on Software Testing and Analysis, 2015.

[11] Heelan S. Vulnerability detection systems: think cyborg, not robot. IEEE Secur. Privacy. 2011, 9(3): 74-77.

[12] Hind M. Pointer analysis: haven't we solved this problem yet? In: Proceedings of the 2001 ACM SIGPLAN-SIGSOFT Workshop on Program Analysis for Software Tools and

Engineering. ACM,2001：54-61.

[13] Jing Y. ,Zhao Z. ,Ahn G. J. ,Hu H. Morpheus：automatically generating heuristics to detect android emulators. In：Proceedings of ACSAC,2014.

[14] King D. ,Hicks B. ,Hicks M. ,Jaeger T. Implicit flows：can't live with 'em,can't live without 'em. In：New York：Springer；2008：56-70. Information Systems Security.

[15] Lu L. ,Li Z. ,Wu Z. ,Lee W. ,Jiang G. Chex：statically vetting android apps for component hijacking vulnerabilities. In：Proceedings of CCS,2012.

[16] Lu K. ,Li Z. ,Kemerlis V. ,Wu Z. ,Lu L. ,Zheng C. ,Qian Z. ,Lee W. ,Jiang . Checking more and alerting less：detecting privacy leakages via enhanced data-flow analysis and peer voting. In：Proceedings of NDSS,2015.

[17] OWASP. OWASP mobile security project,2015. https：//www. owasp. org/index. php/Projects/OWASP_Mobile_Security_P_Top_Ten_Mobile_Risks(accessed August 15,2015).

[18] Qian C. ,Luo X. ,Le Y. ,Gu G. Vulhunter：toward discovering vulnerabilities in android applications. IEEE Micro. 2015,35(1)：44-53.

[19] Rountev A. ,Yan D. Static reference analysis for GUI objects in Android software. In：Proceedings of the International Symposium on Code Generation and Optimization. 2014：143-153.

[20] Sawers P. Android users have an average of 95 apps installed on their phones, according to yahoo aviate data,2015. http：//goo. gl/cfs1bf.

[21] Schrittwieser S. ,Frühwirt P. ,Kieseberg P. ,Leithner M. ,Mulazzani M. ,Huber M. , Weippl E. R. Guess who's texting you? evaluating the security of smartphone messaging applications. In：Proceedings of NDSS,2012.

[22] Seltzer L. HP research finds vulnerabilities in 9 of 10 mobile apps,2013. http：//goo. gl/esxBkb.

[23] Shao Y. ,Luo X. ,Qian C. ,Zhu P. ,Zhang L. Towards a scalable resourcedriven approach for detecting repackaged android applications. In：Proceedings of the 30th Annual Computer Security Applications Conference (ACSAC),2014.

[24] Smaragdakis Y. ,Kastrinis G. ,Balatsouras G. ,Bravenboer M. More sound static handling of java reflection. 2014 Technical report.

[25] Sounthiraraj D. ,Sahs J. ,Greenwood G. ,Lin Z. ,Khan L. SMV-hunter：large scale, automated detection of SSL/TLS man-in-the-middle vulnerabilities in android apps. In：Proceedings of NDSS,2014.

[26] Wang R. ,Xing L. ,Wang X. ,Chen S. Unauthorized origin crossing on mobile platforms：threats and mitigation. In：Proceedings of the 2013 ACM SIGSAC of Conference on Computer & Communications Security；ACM,2013：635-646.

[27] Wei F., Roy S., Ou X., et al. Amandroid: a precise and general inter-component data flow analysis framework for security vetting of android apps. In: Proceedings of the 2014 ACM SIGSAC Conference on Computer and Communications Security; ACM, 2014: 1329-1341.

[28] Wu L., Grace M., Zhou Y., Wu C., Jiang X. The impact of vendor customizations on android security. In: Proceedings of ACM CCS, 2013.

[29] Zhang T., Jiang H., Luo X., Chan A. T. A literature review of research in bug resolution: tasks, challenges and future directions. Comput. J. 2015, 59 (5): 741-773.

[30] Zhang Y., Luo X., Yin H. Dexhunter: toward extracting hidden code from packed android applications. In: Proceedings of ESORICS, 2015.

[31] Zhou Y., Jiang X. Detecting passive content leaks and pollution in android applications. In: Proceedings of NDSS, 2013.

▌关于作者

Xiaoqi Li,中南大学,中国科学院研究生。其研究工作集中在安全和漏洞。

Le Yu,本科和硕士均毕业于南京邮电大学。时任香港理工大学的研究助理。他的研究集中在安卓安全和隐私。

Xiapu Luo,香港理工大学计算机系研究助理教授。他的研究重点是智能手机安全、网络安全和隐私,以及互联网测量。

第9章
安卓免费安全防护软件的有效性和可靠性的研究

J. Walls, 南澳大利亚大学, 阿德莱德, SA, 澳大利亚。

K.-K. R. Choo, 得克萨斯大学圣安东尼奥分校, 得克萨斯州, 美国。

▌摘要

随着安卓设备的日益普及以及针对它们的恶意软件数量不断增加, 如何确保用户的隐私和数据安全并防止设备被盗用至关重要。本章概述了安卓相关的安全风险和漏洞, 并使用在 2014 年 2 月 27 日至 2014 年 8 月 3 日之间收集的 11 个已知恶意软件样本, 对来自 Contagio 恶意软件微型数据库的 15 个流行免费安全防护软件进行了系统评估。安卓用户要经常面对无意中被安装恶意软件的威胁, 通过在三个安卓操作系统和硬件测试设备上手动模拟此威胁(即手动安装恶意软件样本)以评估上述安全防护软件的性能, 并得到一个有着显著差异的分析结果。希望这些发现有助于用户更好地了解安卓安全防护软件的有效性和可靠性, 并提出一些改进方法来促进安全防护软件增强性能并提高检测率。

▍关键词

安卓应用,安卓安全防护软件,恶意软件检测,移动设备恶意软件,移动设备威胁。

▍9.1　介绍

现今的智能手机能够进行视频会议、浏览互联网、收发电子邮件、随时随地地拥有无线连接和数据连接,而且还可以在全球范围享受地理位置服务和使用数不尽的精彩应用程序,正由于其便携性、易用性和丰富的功能使它逐渐成为新的个人计算机并极大地增加了用户对它的依赖性。因此我们丝毫不会惊讶 2015 年第一季度智能手机出货量增长了 19.3%,在全球范围内的出货量已达到 3.36 亿台。预计在 2015 和 2016 年这个数量将持续增长,尤其是运行安卓操作系统的设备,其全球市场份额在 2015 年第一季度末已达到 78.9%。由于安卓设备占据全球智能手机大部分的市场份额,它在 2014 年出货已超过十亿台(Rivera 和 Goasduff,2015；Rivera 和 van der Meulen,2015)。鉴于移动操作系统非常灵活并且易于操作,硬件制造商需要不断地开发更快更强的硬件以支持越来越频繁使用的广泛功能:例如更大的显示屏、文档管理器、视频音频图像的多媒体支持、陀螺仪、众多真实世界的传感器,还要能够接入全球移动通信系统(GSM)、增强型数据 GSM 演进(EDGE)、3G、4G 长期演进(LTE)等通信网络,当然更少不了蓝牙、Wi-Fi、内置数码相机和全球定位系统(GPS)等功能。然而智能手机硬件和软件功能存在的安全隐患可能被罪犯利用造成意想不到的损失,例如由移动应用程序(像即时消息)推动的"网络钓鱼"攻击。如果用户授予足够的权限,应用程序则可以访问诸如联系人列表和地理位置信息等对用户来说非常敏感的数据。然而不幸的是,正由于安卓操作系统的开放性并且被市场广泛采纳,在四大流行手机应用平台中,恶意软件作者最喜欢在安卓平台上作恶(赛门铁克公司等,2014；APWG,2013)。例如,对移动恶意软件的一项研究报告称,

"安卓设备比其他平台的设备更加容易招致恶意软件的攻击,其受害数量占据了移动网络中观察到的60%"(阿尔卡特朗讯,2013恶意软件报告第7页)。例如恶意软件Android. Ackposts,又称"Battery Long",旨在从受感染设备中窃取个人数据并将详细信息上传到远程服务器上(赛门铁克情报,2012)。其他恶意软件包括短信服务(SMS)木马病毒、包含恶意软件的虚假广告模块,以及基于Web开发的为获得根目录访问权限而利用各种漏洞实现攻击的复杂恶意软件。

在本章中,为验证15个流行的免费安全防护软件在检测恶意程序方面的有效性和可靠性,我们在三个安卓设备上分别运行三种不同的安卓发行版本,即KitKat(4.4.x)、Jelly Bean(4.1.x)和Ice Cream Sandwich(4.0.x)。此外还考虑了两个较新的安卓版本,即2014年下半年发布的Lollipop(5.x)和2015年末发布的Marshmallow(6.0)。需要注意的是,运行Lollipop(23.5%)和Marshmallow(目前没有分布比例数据)的设备都显著低于早期的发行版本如KitKat,它的分布比例已达到38.9%(安卓开发者信息中心,截至2015年10月11日)。KitKat、Jelly Bean和Ice Cream Sandwich目前在多种硬件设备上拥有很高的分布比例而且展示了足够多的历史参考资料和稳定性,相比较而言,Lollipop和Marshmallow有众多的未知变量并且还不足够稳定,因此把它们排除在本研究之外,给未来的研究作进一步分析。据我们所知,这是第一次在学术研究中为安卓设备上的15个流行的免费安全防护软件进行手动测试。研究结果将有助于更好地了解此类安卓应用程序的有效性和可靠性,它还可以对未来安全防护软件开发提供指导作用。

本章的组织结构如下:

- 在9.2节,我们概述安卓操作系统和应用程序的安全结构,并描述恶意软件带来的威胁和现有的对策。
- 在9.3节和9.4节中我们分别介绍实验设置并给出实验结果。
- 9.3节详细介绍了实验过程,即使用15个流行的免费安全防护软件测试15个已知的恶意软件样本。每个测试都将手动执行,并模拟用户在不知不觉中安装恶意软件的情形。我们希望实验结果将能呈现出安全防护软件执行效果的有效性和可靠性。
- 在实验过程之后,9.4节概述了所有测试结果与其各自度量值的关系,从而可以分析特定程序的性能及其改进方法。

- 9.5 节总结本章内容,并展望未来的研究方向。

9.2　安卓操作系统概述

9.2.1　安卓操作系统

1. 系统框架和体系结构

安卓操作系统的一个主要优点是作为开放手机联盟(OHA)的成员和移动应用的生态平台,它在跨硬件设备上具有较少的限制和兼容性问题,这为设备制造商和软件及应用程序开发人员提供了巨大的灵活性。安卓软件平台的核心基于开源 Linux 操作系统和 Linux 内核,它已经专门针对智能手机进行了大量修改(Nimodia 和 Deshmukh,2012)。安卓操作系统的系统架构主要包括五层,每层都各司其职并且为跨设备的互操作性提供极大的便利(图 9.1)。Linux 内核是第一层,处于架构的底层,由于它包括如硬件设备驱动程序的所有物理级操作所以被认为是核心层。其余的四层均建立在 Linux内核上并执行自己的功能。第二层是库,其中本地库是用 C/C++ 开发的,以确保在同时访问多个应用程序时保持系统的流畅。其他的功能为互联网和数据存储服务,如网络浏览(Nimodia 和 Deshmukh,2012)。

第三层是安卓运行环境(ART)。此层运行 Java 程序并操作维护它自己的虚拟环境 Dalvik 虚拟机(DVM),DVM 用于开发安卓应用程序。应用程序框架是第四层,包含多个单独组件用于管理各种应用程序架构,如内置的默认应用程序,即电子邮件和网络浏览器(如开源的 WebKit 浏览器或更高版本操作系统采用的 Chrome)。由于包含众多组件和功能,它成为安卓系统框架中的主要层之一(Nimodia 和 Deshmukh,2012)。

第五层是应用程序,位于架构的顶层。它实现了应用程序的下载和安装功能(Nimodia 和 Deshmukh,2012)。

这五个分层组成了整个内核,一并协助安卓操作系统为用户提供丰富的功能和协调统一的操作性。虽然这五个底层为安卓操作系统提供了巨

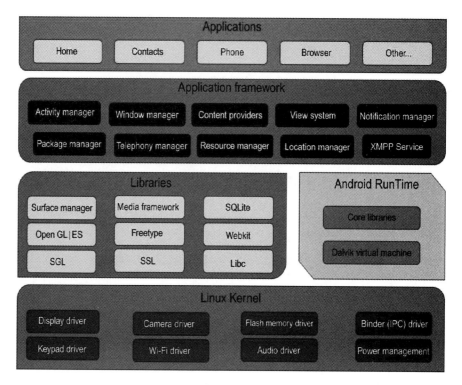

图 9.1　安卓操作系统架构

取自安卓平台安全架构，安卓软件堆栈，2014 年 6 月 28 日，https://source.android.com/
devices/tech/security/index.html♯android-platform-security-architecture。

大的开发潜能，允许开发人员在其应用程序中实现各种功能和变化，但同时安卓架构也必须考虑到各种安全措施，以保护硬件设备、网络资源和软件设计免受侵害，例如保护系统安全、用户隐私并避免应用程序的权限受到滥用。

2. 安全架构

Linux 内核的每一层都有诸多与安全相关的功能，互相层叠的五层组合在一起提供了完整的安全架构。这样的结构增强了安卓操作系统的安全性并能够限制用户的应用程序对核心文件系统和存储位置（例如根系统文件）的随意访问。其安全架构包括以下功能。

Linux 内核——内核的核心用途是实现基于用户行为的权限管理。其主要安全功能包括设备加密以防止未经授权的访问、隔离进程、能够删除内核不安全或不必要的部分，并允许其他系统层之间的集成。Linux 内核也可以说是文件系统的权限管理，它们将资源彼此隔离，例如，阻止用户 A 更改用户 B 的文件。Linux 内核还在库和 ART 层中提供了一个应用程序沙箱环境（Vargas 等，2012）。

库和 ART——安卓操作系统的主要安全功能是提供应用程序的沙箱环境，其中 Linux 内核加强应用程序和系统之间的安全性，隔离彼此以杜绝互相交互的情形。通过为每个已安装的应用程序分配一个唯一的用户 ID（UID）和组 ID（GID），沙箱环境有效地将资源和数据文件与其他应用程序隔离开来。如上例所示，用户 A 无权改动用户 B 的文件（Vargas 等，2012）。

应用程序通信——因安全原因应用程序和资源被默认隔离，但因进程间通信（IPC）的机制，故多个隔离的进程之间仍然可以实现通信交流。虽然实现 IPC 还需其他功能的配合，但其基本原理是为实现有目的的交互需要收集消息中的两个主要部分，一个来自接收端，另一个来自发送端（Ongtang 等，2012）。

应用程序权限：为验证应用程序的合法性，并确认应用程序开发人员的详细资料，任何已安装的应用程序必须具有数字签名或安全证书。由于用户可以验证应用程序的详细信息并查看权限，因此这个功能可最大限度地降低下载和安装假应用程序的安全风险。有关应用程序权限的基本信息可以在位于根目录中的 AndroidManifest. xml 文件中找到。请注意，AndroidManifest. xml 是一个非常重要的安全手段，因为当下载完应用程序并且用户接受屏幕上显示的权限后，系统会检查 AndroidManifest. xml 的内容以验证这些索取的权限是否事先声明过（Vargas 等，2012；Pieterse 和 Olivier，2012）。尽管 Linux 内核的每一层都有不同的安全功能，但是这些功能并没有在所有版本的安卓操作系统中用到。随着开发的不断更迭，软件新版本的推送也变得越来越频繁，对如表 9.1 中所列软件来说这都意味着良性发展。举例来说，较早的安卓版本 2.3（Gingerbread）与较新的 4.3（Jelly Bean）相比，前者的安全性更差一些；不幸的是，老旧的设备因性能有限无法装载新版本的操作系统，更无法实现新软件和安全功能的各种需求，所以旧硬件设备上的早期操作系统版本将不会收到任何软件更新，因为这需要硬件升级换代才行（Vargas 等，2012）。因种种原因用户无法升级硬件也就意味着无法升级他们的安卓操作系统，因此这更容易招致恶意攻击。

表 9.1　安卓版本历史，2015-10-11（Amadeo，2014；安卓 开发者信息中心，2015）

系统名称	版本	发布日期	应用程序接口	分布比例	核心功能及改善项
无	1.0	2008.9	—	—	具备全部手机功能的安卓系统首次发布，包含了诸如安卓应用市场、谷歌地图、日历、电话簿、短信息、彩信、电话、网络浏览器、电子邮件、视频、摄像头、Wi-Fi 及蓝牙等功能
无	1.1	2009.2	—	—	1.0 版本及硬件设备的维护内容
Cupcake	1.5	2009.4	—	—	使用 Linux 内核版本 2.6.27，增加了屏幕旋转、对多种小插件的支持、增强动画、输入法及软键盘、浏览器升级、网络相册及 YouTube 视频上传等功能
Donut	1.6	2009.9	—	—	使用 Linux 内核版本 2.6.29，改善检索性能、图片及视频相册、电池电量显示、TTS 及新的 API 框架
Éclair	2.x	2006.10～2010.1	—	—	使用 Linux 内核版本 2.6.29，增加了对多账号的使用、谷歌地图导航、日历及电话簿与 Gmail/Exchange 的同步、对 HTML5 的支持、动态壁纸、增加 API 及最优化的硬件
Froyo	2.2.x	2010.5～2011.11	8	0.7%	使用 Linux 内核版本 2.6.32，性能改善，DVM 中的 Java 进程改善、Chrome 浏览器、手机网络共享、无线接入点、Flash、云到端消息推送、数据访问控制及新增用户接口框架
Gingerbread	2.3.x	2010.12～2011.9	10	13.5%	使用 Linux 内核版本 2.6.35，引入了 NFC、应用程序电量使用控制、前后摄像头、SIP 电话、本地开发环境、谷歌视频聊天、屏幕/视频/音频的整体性能增强

续表

系统名称	版本	发布日期	应用程序接口	分布比例	核心功能及改善项
Jelly Bean	4.3.x	2012.7~2013.7	18	9.0%	基于 Linux 内核版本 3.0.31,引入了 Google Now、常用快捷键、屏幕多任务支持、谷歌云消息、为游戏图形提供 OpenGL ES 3.0 的支持、文件系统写入性能、增强安全性及性能、开发者记录及分析
	4.2.x		17	19.7%	
	4.1.x		16	27.8%	
KitKat	4.4.x	2013.10~2014.6	19	17.9%	基于 Linux 内核版本 3.4.0,变更了大量用户接口、无线打印、新的存储控件访问框架、增加账户与 Google + 的同步、安全性进一步加强、故障修正,并新引入了一个被称作 ART 的运行态虚拟机,该虚拟机默认不启动,但会在增加性能及电池寿命的情况下被启动以取代 DVM
Lollipop	5.0	2014.10	21	15.6%	为了实现对提前编译及 64 位处理器的支持,Dalvik DVM 被 ART 正式取代。锁屏模式下不支持小插件,但是可以支持应用及通知;访客账号及多用户账户、感应式数据快速传输及移动到新设备、改善设备丢失或被盗保护——即便被恢复出厂设置,设备始终在谷歌账号登录前保持锁定状态
	5.1	2015.2	22	7.9%	
Marshmallow	6.0	2016.10	23	—	重要功能包括:指纹识别、确认证书(使用中的超时保护及密码验证)、应用程序链接(将一个应用程序与一个网页的域进行关联)、应用程序的备份(全备份及应用程序恢复)、无线数据同步(通过应用程序与其他用户直观地分享诸如社交媒体等数据)、与应用程序的语音交互、工作版安卓系统(应用程序静默安装、企业设备及对诸如设备安全认证控制的进一步控制)

表9.1中介绍了安卓的版本历史记录、发行版以及各个发行日期的主要功能和改进。

当谈到安卓智能手机的安全性时，除 Linux 内核安全体系结构之外，还须考虑环境和物理因素。这些因素包括内存管理单元（MMU），它是处理智能手机内存和缓存的先决硬件，因为当设备有了足够的内存时才能健康运行。内存管理单元对 Linux 内核来说很重要，它有助于进程的分离并降低访问权限。类型安全是第二个要考虑的因素，作为一种编程语言，它可以防止程序变量出现变异并强制实施标准代码格式，从而防止设备执行不符合标准的可疑代码。需要考虑的最后一个因素是移动运营商或网络运营商。用户身份模块（SIM）和相关协议的认证需遵循移动网络的基本安全原则，这有助于避免针对用户身份、语音和数据收费数据的入侵和非法监控（Shabtai 等，2010）。例如，在 2014 年 9 月有报道称假冒的移动电话基站在美国被发现，"这些伪基站可以窃听用户并安装间谍软件"（Sky News，2014）。

✓ 3. 漏洞

操作系统的开源有助于实现快速开发，因为多个开发人员可以识别操作系统中的漏洞，并撰写代码以修复已识别的漏洞，从而避免设备上的这些漏洞被大范围传播。

上面讨论了核心层的潜在漏洞（Linux 内核平台、开源操作系统和第三方应用程序），值得强调的是了解安卓操作系统的安全体系结构将有助于减轻核心应用程序和服务中的漏洞。然而，硬件资源也可能受到多个漏洞影响从而存在安全风险，这包括电池电量、内存和中央处理器（CPU）资源、可移动存储介质和相机。例如，SD 卡无法对其内容提供任何适当的安全措施，因此允许其存储的私有内容被窃取（Shabtai 等，2009）。

虽然漏洞的影响取决于威胁的类型，但因为 Linux 内核的核心组件无法被替换，标准的安卓操作系统（非修改和非根授权）通常受到很好的保护。但是，源代码（如框架，DVM 和本机库）可以被修改，从而增加了漏洞的风险。例如，以前的研究强调了一些设计糟糕和不安全的移动应用程序请求过多和不必要的权限，从而增加安全风险（Shabtai 等，2009）。在最近的一项工作中，Choo 和 D'Orazio（2015 年）确定了澳大利亚政府 Medicare Express Plus

在 iOS 设备上发布的应用程序存在漏洞和设计缺陷,允许攻击者获取设备上存储的用户敏感数据和个人身份信息(PII)。鉴于发现漏洞和获取有效补丁之间存在时间差,在未打补丁期间受漏洞影响的用户很容易受到攻击(Husted 等,2011)。

✓ 4. 根授权的安卓设备

对安卓设备进行"根授权"意味着用户获得根权限,可以轻松地与操作系统交互并对设备进行更改。这些更改包括界面自定义、解锁隐藏功能、安装最新的操作系统版本以及删除硬件制造商预装的软件。"根授权"的安卓设备还允许用户安装第三方应用以获得未"根授权"安卓智能手机不支持的其他功能,例如调整智能手机的电池寿命、速度和性能(Liebergeld 和 Lange,2013 年)。

虽然"根授权"解除了现有的功能限制并提供更多的灵活性,但这却同时带来了额外的安全风险。因为"根授权"可能会帮助恶意软件程序绕过设备的内置安全措施,例如具有设备根权限访问资格的第三方应用能够与设备和系统文件直接交互,并因此实现了访问保存在设备上的私人信息和敏感数据。具有根权限访问资格的第三方应用程序还可能修改文件或禁用设备,使其"变砖"无法使用(Liebergeld 和 Lange,2013)。

▶ 9.2.2 安卓应用安全

✓ 1. 应用程序权限

安卓作为一个流行的应用程序开发平台,它构建了一个自由的市场环境,源于开源提供的巨大的灵活性。这些特点提高了安卓操作系统的实用性,并定义了一个广泛的 API 可以同应用程序和大多数的硬件功能进行交互,如用户数据和手机设置、无线连接、GPS 系统和内置的数码相机。

Linux 内核(特别是各种库和 ART 层)基于应用程序能够在设备上执行和访问的能力对其安全性进行管理,并能够隔离其活动和权限范围。由于每个应用程序都有自己的进程,并且在其自己封闭的沙箱环境中被内核管理,因此它们无法"相互"交流,这意味它们能够共享的信息十分有限。如前面在安全架构中所述那样,应用程序权限需要在 AndroidManifest. xml 文件中声明,如果运行着的应用程序所需权限没有列在这个文件中,那么内核将在执行它的任务时抛出"运行环境异常",防止系统运行任何恶意的活动(Vidas 等,2011)。

安卓框架中包含了接近 130 个应用程序级权限,这些权限在安装之前就已声明。用户启动安装指令后需要接受此类权限才能成功安装软件。这个机制允许对应用程序正在执行的权限进行某些控制,但大多数用户不知道权限如何工作以及它们的用途,这意味着应用可以索取额外的与此应用毫无关系的权限,诸如位置访问和网络访问,并带来对设备的隐私、安全性和系统潜在弱点的安全风险(Vidas 等,2011)。

安卓应用程序的开发基于四个保护级别,应用程序开发人员可以根据组件类型的权限从中选择。四个保护级别分别是 Normal(正常)——需要最小权限;Dangerous(危险)——存在重大风险,即请求过多的权限但仍需得到用户的确认;Signature(签名)——允许具有相同签名权限的应用程序相互通信;最后,SignatureOrSystem(同签名或系统镜像)——可以访问镜像文件系统的签名许可。随着应用程序权限请求被授予,保护层将应用程序的权限声明传递给用户进行审批,一旦用户确认就会授予其对智能手机的访问权限。在权限被拒绝的情况下,应用程序将不会被安装(Ongtang 等,2012)。

✓ 2. 组件权限

为了帮助选择应用程序的权限和保护级别,安卓预先定义了四种组件类型允许应用程序按需选择,这四种组件类型可以安全地识别应用程序的目的以及它将要访问的系统区域。第一个组件类型是 Activity(活动),它与屏幕上的用户功能相关。例如,由于智能设备的屏幕尺寸有限,应用 Activity通常为每个屏幕仅显示一个或两个选项。在一个屏幕上显示太多应用程序的相关活动对用户来说眼花缭乱将很难阅读,从而影响用户的选项选择。第二个组件类型是 Service(服务),即应用程序从屏幕上暂时消失后仍能够继续在后台执行特定的进程,如下载音乐文件并返回到主屏幕(Enck 等,

2009)。

第三个组件类型是 Content Provider(内容提供商),它通过关系型数据库描述数据内容,实现数据的共享和存储。最后,第四个组件类型是 Broadcast Receiver(广播接收器),它可以定义为一个邮筒,用于仅接收来自其他内部应用程序的消息,并且不会受到外部干扰,以便消息可以广播到其预期的目的地(Enck 等,2009)。

✓ 3. 签名应用程序

在被添加到安卓应用市场之前,为确保应用代码和非代码资源都得到验证,应用程序必须使用证书进行数字签名以标识作者的身份。如果应用程序没有有效的证书,它将不会被打包为安卓应用程序包(APK)的文件格式进行分发。应用程序还可以由开发人员自行签名,而不必通过证书颁发机构(CA),即颁发数字签名证书的商业机构。APK 是安卓设备安装应用的主要载体,如果 APK 文件未经数字签名,则安卓应用市场会将其视为无效或未经身份验证的文件而拒绝发布。经过数字签名的应用接下来会被验证其签名来源是否合法或可信任(Android,Developers Guide,2013)。

✓ 4. 隐私

与传统的计算机系统软件安装不同,智能手机应用程序可以快速、简单地安装,而无须配置许多选项。虽然应用程序所需权限须呈现给用户进行确认,但是它们通常因为用户需要立即使用而没有进行太多的思考而被简单地接受。例如,在对 250 名大学生和学术工作人员的调查中发现,即使安装的应用索取看起来不必要的权限,用户依旧允许在移动设备上确认安装(Imgraben 等,2014)。所有索取的权限在程序安装后都将被授予,用户将无法在安装后更改,修改或屏蔽某些权限。

这就带来一些安全风险,例如恶意程序将个人信息和敏感数据泄露给第三方(如广告公司)、发送短信或彩信,以及在用户不知情的情况下进行呼叫。用户可能无法知晓应用程序正在监听什么信息以及数据是如何被收集的和使用的(Feth 和 Pretschner,2012)。程序开发者可能具有收集数据的合法理由,例如用户交互反馈和使用统计,但在没有告知用户的情况下传输收集的数据到第三方可能侵犯用户的隐私权(Dietz 等,2011)。例如,移动广告通常存在于免费应用中,其中当用户点击广告时,应用开发者通过广告推荐系统在经济上得到补偿。最后的结果可能就是个人信息和敏感数据被泄露给第三方(例如广告公司),短信或彩信,以及在用户毫不知情的情况下触发呼叫。此外,恶意软件程序可以伪装成无意中被用户安装的合法应用程序,在用户毫不知情的情况下读取他们的个人数据(La 等,2013)。

随着移动应用的数量不断增加,对保护隐私和监控系统组件的需求也在增加。一个典型例子就是"权限请求"监视系统,它允许用户主动地管理和监视应用程序,监控它如何利用已批准的许可以及它在进行什么任务或收集什么数据。"权限请求"监视系统不仅仅在程序安装时检查其权限请求,它还在程序运行时主动检查其正在使用什么权限。例如,监视系统经常在应用程序运行环境才允许其访问互联网,而不是被动地接受所有权限,放任其在没有征得用户同意的情况下能够一直访问互联网(Feth 和 Pretschner,2012)。

监视"权限请求"的功能为用户提供了灵活性并对应用程序的权限使用实现了一定程度上的控制,从而有助于保护个人信息和敏感数据。如果用户在理解应用获取的权限意味着什么之后对可用的选项不满意,则直截了当地卸载应用以毫无疑问地保护自己。

▶ 9.2.3 安卓恶意软件威胁和对策

由于智能手机通常全天候开机并通过移动数据或家庭无线网络始终连接到互联网,这有可能会给不怀好意的人带来可乘之机。鉴于用户有可能在不知不觉中允许提升权限,不怀好意的人拥有多种手段实施攻击。一个常见的手段是通过在安卓智能手机上浏览不受信任的网站,用户将可能被种下祸根,通过识别和利用特定移动 Web 浏览器传播恶意软件。网络钓鱼是另一种常见的手段,通过伪装成官方或合法的电子邮件或网站收集信息。除了技术攻击之外,还有诸如社会工程这样的人为因素需要考虑,社会工程是指通过诱导裹挟用户做出某种决定或行为,这实际上在为攻击者提供帮助。

　　这种性质的威胁使得日常智能手机成为各种攻击的潜在目标,如泄露私人信息、窃取数据、非法利用硬件资源,并使设备部分或完全不可用。这不仅对个人智能手机安全产生巨大的影响,而且诸如网络钓鱼这样的潜在威胁完全有能力通过存储在设备上的联系人来传播和感染其他智能手机。例如,短信或彩信消息可以不知不觉地分发给所有存储在手机里的联系人并产生额外费用。这还可以扩展到电子邮件账户、社交媒体网络和基于云的服务。

　　安卓操作系统在底层核心框架和 Linux 内核中有几种安全措施,虽然这些区域受到保护,但是依然可以通过操纵硬件以发现框架中的漏洞,从而允许根目录访问。有根访问权限的设备将更容易受到安全威胁,例如短信特洛伊木马(Shabtai 等,2009)。安卓操作系统还使用各种组件可以使智能手机易受攻击,但对 Java 组件而言,它使得安卓框架更加安全。这是由于Java 代码通常无法感染类文件格式,在无特意调整的情况下无法插入到安卓二进制. dex 文件中,并且 Java 代码对任何 APK 文件没有写入权限(Shabtai 等,2009)。

　　恶意软件是安卓操作系统上的“经典”威胁。正因为安卓平台变得多样化,而且越来越多的用户将个人数据存储在安卓设备中,人们不禁开始担忧它会成为恶意软件的理想攻击目标。恶意软件可以设计成通过模拟有用或合法的功能以捕获个人数据,并控制智能手机使其成为木马或僵尸网络的一部分,而用户可能还蒙在鼓里(La 等,2013)。安卓作为开源平台,它的系统框架和架构使用隔离应用程序的沙箱安全机制,这允许用户选择从谷歌应用商店或不受信任的第三方应用市场下载应用程序。

　　不过即使信任的来源(例如谷歌应用商店)也有过恶意软件,这是因为应用市场在软件发布前并不会对应用程序的源代码进行初步审核。用户在社交媒体上看到有趣的应用想要安装,但是当他们点击链接下载应用时,他们会被重定向到不受信任的安卓应用下载网站,而不是谷歌应用商店。用户下载、接受和安装应用程序,将会提供对安卓平台的高级权限,并允许发生潜在的恶意攻击(如网络钓鱼)(Delac 等,2011)。例如,在 2010 年一个被命名为 Trojan-SMS. AndroidOS. FakePlayer. b 的恶意软件浮出水面。它伪装成一个安卓音乐播放器软件诱使用户手动安装并接受上文提到的额外权限请求,如果用户不理解应用索取的权限内容,则可能不知就里地授权访问,使智能手机受到安全威胁。此恶意软件的真实目的是在没有用户的同意或知情的情况下发送短信产生高额费用。在此案例中,恶意软件不仅能够控制软件资源,而且它还具有访问和操纵硬件资源的更多能力,例如改变或删除存储卡的数据(La 等,2013)。因此,安装反恶意软件的安全程序将有助于缓解潜在的安全威胁,并保护个人数据和企业数据,特别是"个人携带设备"(BYOD)这个概念在企业的工作环境中逐渐被接纳(Wang 等,2012)。

为了消除谷歌应用商店中的恶意软件,谷歌于 2012 年初推出了名为 Bouncer 的自动系统,旨在自动清除应用程序的恶意代码。尽管 Bouncer 曾在谷歌应用商店中减少了 40% 的恶意软件,但恶意软件以极快的速度进化总会发现新的漏洞,造成 Bouncer 等自动检查系统难以及时更新而失去效用。究其根本,最安全最重要的防护莫过于用户自己意识到正在下载什么应用程序以及程序索取的权限内容,以防止任何安全威胁(Hou,2012)。

应用市场中存在大量看似互不关联的应用程序,恶意软件正是利用这个特点,通过在彼此之间进行 IPC 通信来得到好处。如 9.2.2 节中所述,安卓平台的应用程序由四个主要组件组成,它们互相共享信息和数据。由于每个组件都有自己的用途,它们之间的交互可能会触发潜在的威胁,并在两个恶意软件之间启动 IPC 通信。因此,如果应用程序的一个组件被开发者设计为尝试与另一个应用程序的不同或相同组件进行通信,则个人数据可能被泄露并与外部源共享以供将来使用。应用程序、移动端 Web 浏览器、电子邮件客户端、硬件设备的性能以及对广泛社交元素的访问能力都为安全威胁提供了不同的入侵途径。智能手机具有越来越多的连接方式和越来越强大的数据存储能力,而且经常保存有重要价值的数据信息,这反而使其成为战略攻击的理想目标。战略攻击可以采取不同的手段,其中有一种手段是潜伏在设备中收集一个时间周期内的数据,以便在窃取的敏感数据中探索并获得有价值的信息。这种攻击行动可能出于经济利益、信息收集或真相公开的原因,例如出于政治动机而公开政治对手的谎言。

每个攻击手段都有一个实现方法和目的。因此选择恶意软件、网络钓鱼、社交工程或僵尸网络攻击的手段可能取决于预期的结果。例如,恶意程序可以在用户毫不知情的情况下使其智能手机成为僵尸网络的一分子,这使得该设备并不需要用户的许可就可以在互联网上执行自动化任务,以针对数据保密性、数据完整性和服务可用性进行攻击(Pieterse 和 Olivier, 2012)。安全防护软件及服务供应商对这种威胁引入一系列反制措施,其对策包括对病毒、恶意软件和间谍软件的防护,以及如果智能手机丢失或被盗,可以远程擦除智能手机。然而,为应对安全威胁持续上升,防止其失去效用,防病毒/恶意软件需要不断地更新它的签名数据库以保存最新的恶意/病毒软件信息(Shabtai 等,2009)。表 9.2 中概述了各种攻击途径和手段。

表 9.2 举例说明安卓攻击途径/手段和可能的缓解策略

可能的攻击因素/攻击者	描　述	举　例	缓 解 策 略
移动网络服务	短信/彩信、语音通话、电子邮件	在用户可能被链接到外部不可信的网站时,向用户提示信息来自可靠来源的消息。各种不知名的来电,声称是某个授权机构,企图在用户不知情的情况下获得用户信息或要求用户拨打一个可能收取某些费用的号码	删除未知的信息、提高警惕不回答或回拨、将不需要的邮件标记为垃圾邮件或屏蔽邮件发件人、挂断电话、警惕通过电话传递个人信息、识别并验证数据源、屏蔽来电
移动网络访问	3G/4G 服务,Wi-Fi	始终保持开机在线,将移动设备暴露在威胁之下,随意地连接公共 Wi-Fi 热点及不可信的开发无线网络	关闭 GPS 及位置选项、不使用公共 Wi-Fi 访问敏感的 URL 地址(例如,银行网站)、关闭不使用的网络连接工具(也有助于节省电量)、注意应用程序可能持续使用流量/互联网服务、安装防病毒软件/恶意软件防御软件

续表

可能的攻击 因素/攻击者	描　述	举　例	缓　解　策　略
社会工程学	针对用户和社会环境的弱点的欺诈	包括冒充可信来源的虚假网页、欺诈、骗局、恶作剧,欺骗用户去做他们本不应该做的事情	密码及密码变更管理、双因素身份验证、物理设备安全、对敏感信息进行分类(哪些是重要且不能公开的)、教导用户识别合法性和真实性、通过 Google Play 应用商店下载安卓 App、安装防病毒软件/恶意软件防御软件
浏览器缺陷	利用网页页面接口的漏洞,在未经用户许可或用户无意识的情况下自动下载恶意软件	信息收集、恶意网站攫取远程操作系统外壳访问	影响所有运行安卓 4.2 及之前版本的安卓设备,升级运营商订制的软件补丁、升级硬件或更换新的智能手机以降低风险
网络钓鱼	收集诸如登录信息或个人信息等敏感数据	冒充官方或合法的来源,例如银行网站、虚假的电子邮件、恶作剧以及网络链接到不可信的网站,这也扩展到了社会工程学	使用防病毒软件/恶意软件防御软件定期扫描设备、电子邮件和网络访问、在内核层监控修改/访问系统的攻击、用户教育和用户意识至关重要、对信息进行加密
网页	可信或不可信的网页	弹窗、不显示完整网址的缩略网址、将用户带到一个带有恶意软件的不知名的网站欺骗用户下载和安装各种内容	类似于网络钓鱼的缓解策略,监视网页端口的访问、运行时分析、清空浏览器缓存、不自动保存或存储关键网站的用户名及密码、注意所点击的 URL 链接、禁止可疑的安装提示

续表

可能的攻击因素/攻击者	描　述	举　例	缓解策略
蓝牙	传播恶意内容	如果用户无意地接受了传送请求，配对的设备可以共享和传播恶意软件并盗取信息	不要与未知设备配对、确保断开/取消以前连接的设备作为安全措施、关闭/禁用蓝牙、注意那些想要使用蓝牙并且可以断开一个通道并连接到另外一个通道的应用程序、利用通知系统在用户无意连接到一个设备时对用户发出提示
物理攻击/USB/其他周边设备	USB连接及外部来源的同步	智能手机拥有巨大的存储空间，可以被用于恶意内容的存储并在多个设备之间传播；涉及通过其他设备上使用可移动SD卡进行的数据窃取；一个更高级的例子是通过激活安卓调试功能对设备进行配置，使得设备可以在未经允许的情况下安装应用程序	激活PIN码以防止未经授权的访问、不要置手机于无人看管的环境、注意周边的环境、不要将手机连接到未知设备、使用二级密码提示安装应用程序、只有手机所有者才可以安装/更新固件及安全补丁
Google Play应用商店	被恶意软件感染的应用程序，比如游戏	有限的验证流程、缺少应用程序的代码检查	了解需要什么访问权限及应用程序需要什么权限和为什么需要这些特定权限、许可特定的权限而不是全部接受
用户管理员账号许可	授权接受和批准设备的许可	允许恶意应用程序安装和访问安卓系统、通过管理员特权连接到未受保护的网络	用户教育、反复提示用户是否对所授权的访问有足够的了解

续表

可能的攻击因素/攻击者	描　　述	举　　例	缓 解 策 略
App 许可	新的或已安装的应用程序请求允许安装、升级或变更，恶意应用程序注入，第三方应用程序	跨进程通信；通过未经加密的数据传输数据捕捉和数据丢失；内容与实际不符的通知弹出窗却被接受；不寻常的权限请求；例如一个天气 App 却请求访问摄像头（不必要且有潜藏风险）；应用程序可能被重新包装为一个可能包含恶意内容的免费版本（Pieterse 和 Olivier，2012）	了解应用程序已经被安装以及它们的用途、选择性允许应用程序的访问权限、使用 Google Play 应用商店代替那些不可信的应用市场或网站、使用反病毒/恶意软件的防御工具、引入跨进程通信的通知机制
远程 App 安装	现在有各种各样的服务可以让应用程序可以远程安装到设备上，例如谷歌市场（不是官方的 Google Play 应用商店）	没有应用程序授权的接受或确认操作；一款应用程序可以在没有任何用户干预的情况下通过某个网站提供的服务直接安装到设备上，这可能导致恶意代码与应用程序一同被安装到设备中；尽管在 v2.3 版本中进行了更新，但目前仍在运行更低版本安卓系统的旧设备仍然存在风险	旧安卓设备的用户应该使用官方的 Google Play 应用商店、对知名的远程应用安装网站进行尽职调查、使用防病毒软件/恶意软件防御软件、升级并开始使用最新的安卓系统版本（更新必要的物理手持设备）
第三方工作站网关	VPN 解决方案、连接到家庭或企业网络、例如 TeamViewer 等第三方应用程序提供的网络	恶意内容可以通过其他敏感网络的附加线路进行传播	企业移动设备管理（MDM）解决方案、防病毒软件/恶意软件防御软件、适当的关闭网络连接、加密、最新的补丁及安全升级、同时也与移动互联网接入和物理攻击缓解策略有关

续表

可能的攻击因素/攻击者	描　述	举　例	缓解策略
网络聊天、即时消息 App、P2P 文件分享网络	第三方安装的软件	连接到其他设备及服务、深入探索后可以发现更多弱点	避免安装未经授权的应用程序、监控设备和端口活动、防病毒软件/恶意软件防御软件、同时也涉及网页缓解策略
隐私	制造商和应用程序收集用户数据	收集的数据包括 GPS 位置信息、系统日志、账户信息及用户与设备的交互信息,这些信息并不能被用来获得经济收益,但可用于对大规模消费品的研究和开发	从物理硬件和应用程序的选项中关闭 GPS、注销账户(如 Gmail)、为安卓系统专门创建一个只有较少隐私和机密数据的账号
被破解的设备	开启额外发的服务和功能,可以安装目前被制造商、运营商所禁止的应用程序,开放安卓系统的全部访问权限	恶意内容可以利用被破解的设备获得对核心系统的访问和控制、查看所有个人信息、获得访问网关(如,虚拟私人网络)、安装内核模块(如 rootkit)并使其不可用、不受信任的设备(如,DroidKungFu 威胁(Spreitzenbarth, Forensic Blog,2014))	在无法确定后果的情况下不要破解设备、更加仔细地分析应用程序的权限、安装反病毒软件/恶意软件防御软件

✓ 1. 安全防护软件

　　恶意软件能够利用软件和硬件的功能损害个人数据的完整性。例如,根据 Fortinet Threat Landscape Report(2014),研究人员在 2013 年检测到创纪录的恶意软件数量,这些软件以家族的方式出现,它们特别针对安卓操作系统而制作,可以说安卓是最易被攻击的操作系统。在 2013 年第一季度研究人员每天收集到超过 50 000 个恶意软件样本,截至第四季度末,每天收集到的恶意软件样本达到了惊人的 45 万个。紧接着研究人员发现了第一个针对安卓操作系统的"勒索"恶意软件样本,名为 Locker/SLocker Ransomware(Spreitzenbarth,Forensic 博客,2014)。虽然勒索软件对于计算机来说谈不上陌生,但这对智能手机来说却是头一次。在 2014 年第一季度安卓设备仍然是最易受到针对性攻击的移动设备之一,我们尤其要注意到木马软件,即通过重新打包合法的应用程序,旨在不需要经过用户许可就可以发送短信产生高额费用并为非法的社会工程提供帮助(F-Secure Mobile Threat Report,2014)。因此当人们看到安卓在 Jelly Bean(v4.2)版本中为用户添加了一个可选选项时并不应该惊讶,这个选项允许或阻止应用程序发送可疑的短信。该报告还强调了针对安卓操作系统旧版本的 Windows 木马程序(自动安装恶意应用到手机上),Tor 网络威胁(利用匿名网络和远程控制主机通信)和 Bootkit(感染设备启动程序)的升级演化,以及 Cryptominer(利用智能设备挖掘虚拟货币)和 Dendroid 工具包(后门软件),其中 Dendroid 旨在重新打包应用程序并悄悄地提供端口以实现远程访问。此外,最近的一份报告估计,"在 2013 年至 2014 年上半年恶意程序总体感染率为 0.65%,即在全球范围内,大约有 1500 万移动设备随时受到感染"(阿尔卡特朗讯,2014)。在过去几年中,作为恶意软件威胁的首要目标,安卓的全球市场份额达到 78.9%,诸如恶意软件等潜在有害程序(Potentially Unwanted Programs,PUP)对安卓操作系统产生了重大影响。例如,根据 G DATA(2015),2015 年第一季度,研究人员确定了 440 267 个新的恶意软件样本;2014 年第四季度,这个数字为 413 871,环比增长了 6.4%。2014 年第一季度,研究人员确定了 363 153 个恶意软件样本,同比增长了 21%。由于用户每日频繁使用安卓设备,尤其利用手机进行网上银行操作和在线购物,这造成一个趋势,即更多的个人身份信息 Personally Identifiable Information(PII)信息被各种应用程序共享。因此,网络犯罪分子的恶意软件瞄准这个机会实施攻击造成用户财务上的损失。例如,2015 年第一季度已发现的安卓恶意软件中有 50.3% 和财务有关,如银行木马(即 Svpeng 木马,它伪装成 Flash 播放器,融合了金融恶意软件和勒索软件)和短信木马;剩余的 49.7% 为其他恶意软件(见表 9.2;G DATA,2015)。

　　由于恶意软件经常利用安卓平台、应用程序和各种服务中可能存在的漏洞造成损失,用户的第一个反制措施就是安装安全防护软件。安全防护软件使用包含已知恶意软件威胁定义的签名数据库并实时自动更新,这样做可以在发现威胁时快速反应。因此,与计算机防病毒的工作方式类似,安全防护软件对恶意软件检测的反应速度将基于数据库中恶意软件定义的最新程度。安全防护软件旨在扫描文件、电子邮件、附件、短消息和正在浏览的网站时,帮助防范木马、病毒、蠕虫和 rootkit(内核级木马)(Shabtai 等,2009)。

虽然传统的工作站安全环境已经在恶意软件检测系统中得到显著的改善,但是对于智能电话设备来说依然面临许多独特的挑战,而且传统的检测系统不容易迁移到移动设备环境中。智能电话可能存储更敏感的数据和个人身份信息(例如,使用设备相机拍摄的照片和视频、短信,以及由各种应用存储的地理位置信息),并因此对用户造成更大的安全和隐私风险。移动安全防护软件其签名库的有效性尚不清楚,因为这种方法可能会为资源受限的移动设备提供有限的保护,无法防止较新的移动威胁,如多态代码和变异代码(Suarez-Tangil 等,2014)。

AV-Test(2014)的一项研究按照特定条件在 6 个月的时间内收集了大约 2300 个恶意软件样本,并基于这些样本评估了 36 个安卓安全防护软件。在整个研究中,有 8 个安全防护软件得到了较好的检测结果。检测结果总体趋良性的安全防护软件包括安博士、小红伞、比特梵德、猎豹移动(三个版本)、G Data、卡巴斯基、迈克菲、奇虎360、赛门铁克、趋势科技和 TrustGo。通过这些发现可以获得一些提示以帮助安卓安全软件增强性能并提高恶意软件检测率。

安全防护软件执行常规扫描和签名更新将对功耗和设备的性能产生不利影响。一个很有前景的模式是安装轻量级的客户端程序,签名存储库存储在云端,把繁重的工作发送到云端执行。然而,使用基于 Cloud 的解决方案存在隐私和保密性的问题(Suarez-Tangil 等,2014)。例如,基于 Cloud 的安全防护软件提供有可能会持续获取数据并跟踪用户。

意识到应用程序的权限是什么,程序请求了多少数量的权限,现在正成为合理防范恶意软件的主要焦点。例如,如果安全防护软件所需的权限请求未被用户完全接受,那么该应用程序将无法充分利用其功能保护智能手机。如果用户一味地接受所有的权限请求,则很难完全了解程序拿到权限后在后台正在做什么或者它会带来什么意想不到的后果。安全防护软件能够使用多种检测和分析方法对设备和用户提供保护,例如实时监测、粒度控制和标识符保护,所有这些都需要用户授予的各种权限才能够进行。这导致人们进一步担忧隐私和保密性(Suarez-Tangil 等,2014)。

因此,一种普通用户也可以使用的隐私保护应用程序变得流行起来,这些应用使得控制应用程序正在使用的权限成为可能,如 SnoopWall 开发的隐私保护软件。除了应用程序的权限控制,安全性和隐私保护之外,用户还可以选择企业级的解决方案,如 Palo Alto Networks 的 GlobalProtect。移动用户可以通过 VPN 连接网络,从而得到企业级的安全保护。

随着安卓设备的普及,手机恶意软件正大量涌现,我们已经看到安全防护软件的数量也在持续增长。包括 Intel Security(迈克菲手机杀毒),AVG Mobile,AVAST,赛门铁克和卡巴斯基在内的主要安全公司都提供免费或付费(应用内购买)的安全防护软件。谷歌应用商店安装统计信息表明,两个最受欢迎(即下载量最多)的安全防护软件是 AVG Mobile 和 AVAST,都达到 1 亿次~5 亿次安装(截至 2014 年 7 月 20 日)。当然和大多数市场一样,这里也充满竞争。例如,据报道,截至 2014 年 7 月 20 日,猎豹安全大师(猎豹移动)和 Lookout 安全杀毒卫士(Lookout Mobile Security)的下载量为 5000 万~1 亿次,360 安全(奇虎)和 Antivirus Free(Creative Apps)分别为 1000 万和 5000 万次下载(Google Play,2014)。

然而,设计安卓和其他移动设备安全防护软件都面临不小的挑战,这是由于移动设备和"传统"的客户端设备(如台式机和笔记本电脑)之间有着本质差异。例如,由于制造商的种种原因,移动设备通常是资源受限的,因此旧设备通常缺少及时的核心操作系统版本更新和补丁更新。这使得设备易受攻击,并且对潜在的安全威胁和漏洞更加开放(Husted 等,2011)。另一个区别是用户如何在设备上获取更高的权限。用户可以无意中从不受信任的来源安装很多应用程序,并接受所有的权限请求,可能对用户和设备都引入潜在风险(Shabtai 等,2009;Feth 和 Pretschner,2012)。这还会带来与应用和资源通信(如 IPC 交互)相关的潜在安全风险和威胁(Ongtang 等,2012)。任何新安装的软件都可能包含恶意程序的注入,它们尝试与设备上的其他应用程序通信并感染它们。尽管移动恶意软件的威胁越来越受到重视,安全公司为用户提供免费或付费的安全防护软件,但与其他应用程序(如游戏)相比,安全防护软件的下载次数则要少很多。趋势科技进行的研究显示,尽管移动恶意软件的数量在持续增加,但只有20％的安卓设备安装了安全防护软件(TrendMicro,2012)。同样,对南澳大学250名大学生和工作人员的调查发现,大多数参与者没有安装安全防护软件(Imgraben等,2014)。Zhou和Jiang(2012)的一项研究发现,移动恶意软件"发展如此迅速导致现有的安全防护软件解决方案严重滞后",这个研究结果以及发现表明,为周全的保护移动设备用户,安全人员还有很长的一段路要走。

安全防护软件很少被采纳可能是由于用户缺乏对软件或品牌的认知(Imgraben等,2014),也有可能是用户普遍认为安全防护软件将降低设备的性能并增加电池的消耗。有的时候选择太多有可能不是一件令人开心的事情,与现有的防病毒解决方案相比,用户面临功能迥异的安全防护软件时很可能无从下手。通过对前15个最受欢迎的免费安全防护软件进行评估,这项研究将有助于用户作出明智的选择。

✓ 2. 防火墙

如果以正确的方式配置,防火墙可能是保护安卓智能手机数据的重要手段之一。通过各种连接控制和记录所有入站和出站流量日志的能力,防火墙可以阻止不受信任的网络通信,防御对操作系统和核心框架关键服务的攻击。一旦防火墙被配置为基于一套访问规则去监视并管理所有通信,它就能够检测应用程序是否在后台尝试发送私有和机密的数据并阻止此通信(Shabtai等,2010)。

虽然防火墙是一个有效的解决方案,但它们不可能阻止所有的通信,例如短消息;而且也不能完全防御来自Internet浏览器、电子邮件和蓝牙连接的攻击。然而对用户来说,有能力管理软件如何使用权限,并能够定义软件对设备和用户数据的访问范围非常重要(Shabtai等,2010)。

✓ 3. 入侵检测系统

入侵检测系统(IDS)目前是一种很完善的安全机制,而且已在信息技术(IT)基础设施和计算机系统内实施。IDS不仅提供若干安全功能,例如监控网络、端口活动和文件保护,尤其是识别可疑活动,它还能够对智能手机提供安全保护和监控。为确保IDS实际有效,它采用了许多相互补充的方法,如基于预防、检测、异常和签名等(La 等,2013)。

每种方法都具有独特的手段用于检测恶意软件或活动,而且都能够学习系统的行为,如果发现可疑异常则警示用户。如果恶意软件的定义能够随时保持更新,而且还能够识别未知的威胁,那么 IDS 就可以被视为是一个有效的防范措施(Shabtai 等,2010)。

✔ 4. 应用程序认证

应用程序认证专门用于抵制恶意软件,这是因为合法的应用程序在打包前会经过严格的测试和审核,以确保其提供的功能和目的相符。CA(证书认证机构)会在智能手机安装应用程序之前检查信任关联,因此,任何恶意软件在没有证书的情况下尝试安装都将被识别出来,直接被删除掉(Shabtai 等人,2009)。然而对于应用程序开发人员来说,使用证书却需要不小的成本。

由于安卓是一个开源平台,因此有多个第三方应用商店可供用户自由下载任意数量的软件。然而这却带来了一个额外的安全威胁,即那些商店里有可能包含可通过任何 CA 身份验证的恶意软件(Shabtai 等,2009)。

✔ 5. 选择性访问控制

由于已安装的应用程序已被用户授予了某些权限,因此这些应用程序很可能会随心所欲地使用它们。为了防止授予不必要的权限,我们完全可以通过修改安装程序包以便安装允许控制权限的高级功能。以这种方式,用户完全知道请求的内容并且具有允许或拒绝请求的能力,而且不会对智能手机或性能的可用性造成任何干扰。通过添加应用程序权限的控制能力,我们可以防止恶意软件使用不知不觉地授予的权限并完整的保护了用户数据(Shabtai 等,2010)。

限制不必要的应用程序权限将加固安卓设备的安全性,用户有义务更多地了解其持有设备的功能,从而更好地控制在什么情况下授予什么权限。在企业环境中可以经常看到选择性访问控制,即使用个人携带设备须受到一些特定政策的限制和管理,这样才会保护企业的基础设施和设备持有者的个人数据(Shabtai 等,2009)。

✓ 6. 环境感知安全

智能手机在任何时候都可以进行许多活动,例如环境活动、进行本地时间的调整或与其他设备的无线连接。根据环境情境的变化,环境感知的安全功能可以根据预定义的配置来限制或允许特定访问请求,这些预定义配置是从用户日常操作的交互活动和周围环境中学习得到的(Shabtai 等,2010)。

例如,如果环境感知功能检测到设备已经改变了地理位置并且处于不同的时区或国家,则其可以被配置为锁定智能设备,使其不可被访问,并加密其数据。虽然这不是即时安全措施,并且需要时间来配置和生效,但它作为一种很独特的方法,可以基于预定义的设置以保护对资源和服务的恶意访问,它确实有助于保护机密内容(Shabtai 等,2010)。

✓ 7. 数据加密

虽然防止恶意软件攻击是重中之重,但也必须考虑如何保护个人数据,这是因为智能手机有可能丢失或失窃。随着智能电话上存储的数据量持续增加,数据加密已成为用户管理设备访问的重要手段。

在所有安卓平台中,可以有几种手段实现数据加密,如硬件访问密码、基于文件级密码的加密和 SIM 个人识别号码(PIN)。其他措施可包括限制密码尝试次数,并在达到最大尝试次数时锁定智能手机或文件(Shabtai 等,2010)。除了可靠的内部安全措施,还有一种措施可以通过在可移动存储(如 SD 卡)上加密来实现。我们还可以使用应用程序自身的安全措施,例如使用密码加密 SMS 和 MMS 应用来实现进一步的保护。基于各种维度的数据加密可以防止泄露敏感数据和个人数据(Wang 等,2012)。

此外,较新版本的安卓即 Lollipop 和 Marshmallow 采用了一些安全增强措施以加强数据加密以保护用户。例如全磁盘加密技术,它允许用户选择加密他们的设备。Smart Lock 功能(例如 Trusted Face)是早期安卓版本(Ice Cream Sandwich 及更高版本)中发布的功能,后续的更新中加入了受信任的地点(Trusted Places)和受信任的设备(Trusted Devices)功能。Lollipop 版本中还引入了多用户、访客和受限配置文件,允许对保护和加密实现更多的控制功能以确保数据安全。Marshmallow 中的新增功能包括指纹识别验证和凭据身份验证,它基于上次解锁和使用设备的时间以实现超时管控。此类新增安全功能有助于在需要时保护和加密数据(Android Security Enhancements,2015;Android Developers Guide,2015)。其他数据加密和安全功能包括,使用基于云技术的防恶意软件的应用程序远程擦除设备内容以及数据备份和恢复服务。用户能够使用个人云存储服务将其数据备份,并在方便时将其数据恢复到另一个设备上。远程擦除内容有利于保护用户,尤其是在设备丢失或被盗时(Walls 和 Choo,2015;Di Leom 等,2015)。其他的数据加密和安全功能确保数据加密,以防止数据泄露。

▌9.3 实验设置

本节研究了表 9.3 列出的谷歌应用商店中 15 款最受欢迎(按安装次数)的免费安全防护软件应用的有效性和可靠性。

为了确保本研究的有效性,我们获得了 15 个流行的安卓恶意软件样本,用于安全防护软件分析检测。这些恶意软件样本是从 2014 年 2 月 27 日到 2014 年 12 月 4 日在 Contagio Mobile(2014)Malware Mini Dump 数据库中(表 9.4)收集的。恶意软件样本 SMS 发件人(Xxshenqi-A. apk 和 com. android. Trogoogle. apk)包括来自相同恶意软件家族的两个数据集,但除此之外大多数恶意软件样本均来自不同的恶意软件家族。

使用三个移动测试设备,每个都具有不同的安卓操作系统(Ice Cream Sandwich,Jelly Bean 和 KitKat)(表 9.5)。每个测试设备上都将安装 15 个安全防护软件,这些应用程序用于扫描 15 个恶意软件样本,并在 675 个单独测试中分别进行。实验过程被设计为模拟日常用户典型的行为模式,因此每个测试都由手动进行,就好像用户在不知不觉中安装恶意软件程序一样,我们希望通过这样的测试可以指出并验证所检查防护软件的有效性和可靠性,而且实验过程被设计为可重复的。虽然每个单独的安全防护软件提供了各种配置选项,在研究中模拟大多数用户(尤其是不具备 IT 知识的用户)使用默认配置。因此,检测标准将基于实验时更新的安全防护软件的签名定义(参见9.3.3节),而不是基于行为因素。在对恶意软件样本进行测试和记录数据之前,安全防护软件已使用最新的签名存储库进行更新(见表9.5)。

表 9.3　安卓设备防恶意软件的应用程序（信息采集于 2014 年 12 月 16 日）

制造商	防恶意软件 App	初次发布时间	当前版本	是否收费	开发者网页地址	安装数量（Google Play）
AVG Mobile	Antivirus Security	2011	v4.2.212757	免费	http://www.avg.com/au-en/for-mobile#android-tab	100 000 000~500 000 000
AVAST Software	Mobile Securityand Antivirus	2011.12	4.0.7871	免费	http://www.avast.com/en-au/free-mobile-security	100 000 000~500 000 000
Cheetah Mobile	CM Security and Find My Phone	2012末	v2.2.5.1040	免费	http://www.cmcm.com/en-us/cm-security	50 000 000~100 000 000
Lookout Mobile Security	Lookout Security and Anti-virus	2009.11	v9.9.1	免费	http://www.lookout.com/android	50 000 000~100 000 000
Doctor Web Ltd.	Dr. Web v.9 Anti-virus	2013.12	v9.02.1(2)	14天免费试用	http://download.drweb.com/android	10 000 000~50 000 000
Qihu	360 Security-Antivirus Free	2013.06	v2.1.0.1032	免费	http://360safe.com/mobile-security.html	10 000 000~50 000 000
Creative Apps	Antivirus Free	2011	7.3.02.02	免费	http://en.nq.com/mobilesecurity	10 000 000~50 000 000
Norton Mobile	Norton Security and Antivirus	2013.06	3.8.6.1653	28天免费试用	http://community.norton.com/t5/Norton-Mobile-Security/bd-p/NMS	10 000 000~50 000 000
TrustGo Inc.	Antivirus and Mobile Security	2013.02	1.3.15	免费	http://www.trustgo.com/features	5 000 000~10 000 000
McAfee MobileSecurity/Intel Security	McAfee Free Antivirus and Security	2011.10	4.3.0.448	免费	https://www.mcafeemobilesecurity.com	5 000 000~10 000 000
Kaspersky Lab.	Kaspersky Internet Security	2011.06	11.6.4.1190	免费	http://www.kaspersky.com/android-security	5 000 000~10 000 000
BitDefender	Mobile Security and Antivirus	2013.04	2.30.625	14天免费试用	http://www.bitdefender.com/au/solutions/mobile-security-android.html	1 000 000~5 000 000
MalwareBytes	MalwareBytesAntimalware Mobile	2013.10	1.05.0.9000	免费	http://www.malwarebytes.org/mobile	1 000 000~5 000 000
Sophos Limited	Free Antivirus and Security	2012.07	4.0.1433(12)	免费	http://www.sophos.com/en-us/products/mobile-control.aspx	100 000~500 000
Pablo Software	Virus Scan	2014.06	1.5.9	免费	https://play.google.com/store/apps/details?id=com.pablosoftware.virusscan	100 000~500 000

表 9.4 实验恶意软件样本

恶意软件采样日期	恶意软件样本名称	文件名	描 述
2014.12.04	Deathring: preloaded malware	com.android.Materialflow.apk	DeathRing 是亚洲和非洲国家流行的全新智能手机品牌上预装的恶意软件。DeathRing 是伪装成一个应用程序的木马程序,它使用短信息和无线访问点进行恶意攻击。例如,短信息可以被用来网络钓鱼个人识别信息数据(The Register and Leyden,2014)
2014.11.20	Notcompatible.C	com.security.patch.apk	NotCompatible.C 是一个使用加密和点对点通信的复杂的僵尸网络,它从早期的 NotCompatible 演变而来,一个恶意软件威胁。NotCompatible.C 有僵尸网络的本质,主要针对网络安全,使用安卓件为攻击本质来获取对网络访问权限。恶意软件可以破坏脆弱的主机,并利用对网络中暴露的数据加以利用。有了这样的复杂性,NotCompatible.C 就成为了成熟的移动恶意软件的范例(Lookout,2014)
2014.10.30	AndroidSMS worm Selmite	selfmite.apk	Android Selmite 漏洞最早在 2014 年 6 月上旬浮出水面,被称为 Andr/Slfmite-A。同样的漏洞于2014 年 10 月再次出现,被称为 Andr/Slfmite-,并伪装成一个 Google+ 应用程序。这个漏洞使用了一个假的 Google+ 图标作为僵尸网络类型的恶意软件。它主要收集个人识别信息并决定如何使用。这款假应用程序还通过管理员权限进行安装,因此使得它很难被卸载,并且可以接管智能手机的很多功能,例如短信息和电话。这款恶意软件的目的是为了通过会员和点击图标进行付费的形式获取收益(Sophos,2014)

续表

恶意软件 采样日期	恶意软件样本名称	文件名	描　述
2013.10.08	Xsser mRAT（Android sample）	code4hk.apk	code4hk 是一款利用安卓和 iOS 设备中个人识别信息的恶意软件。该恶意软件利用了一个宣称可以协调香港"占领中环"民主运动的远程访问工具（mRAT）应用程序。这款应用程序通过一个名为 Whatsapp 的消息传递服务来启动，一旦被点击，它就会激活恶意软件。激活动作会导致个人数据被暴露及提取（Lacoon Security and Bobrov，2014）
2014.08.03	SMS Sender	Xxshnqi-A.apk	虚假短信息发送者恶意软件是一个蠕虫和木马的结合体。该木马被有效地封装在蠕虫中，并在 .APK 文件被安装时激活，因此这两个版本本来自于同一个恶意软件家族。Shenqi-A 恶意软件的攻击目标是所有发送和接收的短信息（McAfee 等，2014）
2014.08.03	SMS Sender	com.android.trogoogle.apk [Torgie-A]	
2014.06.23	Google Cloud Messaging Trojan	smsgoogle.apk 05android（Google Cloud Messaging ）/Android.Mobilespy/Agent-DBM	谷歌云消息木马组织影响的用户卸载恶意应用程序，并会攫取个人识别信息和诸如 IMEI 序列号和设备号等硬件信息数据。数据通过短信息发送到高级号码，因此在攫取数据的同时用户还要支付短信息造成的话费（F_Secure，2014）

续表

恶意软件 采样日期	恶意软件样本名称	文件名	描　述
2014.05.10	Android Monitor Spyware	com. exptele. apk(HGSpy. A/QlySpy. a)	安卓监控间谍软件有多种形式,例如 HGSpy. A 和 QlySpy. A。恶意应用程序获取了许多核心流程和系统首选项的许可,甚至诸如位置重启等信息、Wi-Fi 控制、电话、消息和电话重启等高级的权限(Contagio Mobile,2014)
2014.05.06	Android SMS Trojan	Google-fake-installer. apk Fakeinst (RuSMS-AH,Google. Service. Framework)	安卓手机短信息木马,也被称为 Fakeinst,它可以伪装成其他应用程序的安装程序。然而,这种恶意软件会在用户不知情的情况下向高级号码或服务发送短消息(Contagio Mobile,2014)
2014.05.06	Fake AV Se-cure Mobile AV	Fake-av. apk Se-cure. mobieav	虚假视频恶意软件主要使用视觉有效载荷引诱用户接受并支付一定的费用来保护他们的设备。已知的虚假视频应用并不具有合法的视频应用的功能,而且也不提供任何保护(Contagio Mobile,2014;Spreitzenbarth,Forensic Blog,2014)
2014.05.06	AndroidSampsapo. A	android. samsapo. apk (com. android. tools. system)	安卓 Samsapo. A 是一种试图隐藏在安卓系统应用程序中的蠕虫。该恶意软件被设计成可以通过各种手段进行传播,例如通过电子邮件的附件或者通过网络。权限会被提高到可以使用短信息、电话及提醒设定,并可以作为下载恶意软件从不同的 URL 下载其他恶意软件(Contagio Mobile,2014;Spreitzenbarth,Forensic Blog,2014)

续表

恶意软件采样日期	恶意软件样本名称	文件名	描 述
2014.05.06	Android Fake Banker	Fake-banker. apk(Sparkasse/Banker-Y)	安卓虚假银行家恶意软件是一款虚假银行在线银行应用，目的是攫取用户识别信息。这个特定的恶意软件本伪装成一家著名的欧盟银行(Cotagio Mobile,2014)
2014.05.06	Dendroid AndroidSpayware	com. parental. control. v4. apk	Dendroid是一款著名的安卓恶意软件，它主要针对设备上的摄像头和音频，同时也会访问Google-Play应用商店。恶意软件使用远程访问木马来控制设备并攫取数据(Cotagio Mobile,2014)
2014.02.28	iBanking Android	iBanking. ing. apk(Security Space)	iBanking移动恶意软件会伪装成合法的银行应用程序。一旦用户同意了授权,恶意程序就能捕获呼入/拨出的电话、重新定向电话号码,捕捉音频并将个人识别信息发送到远程位置。这款特定的恶意软件本伪装成所周知的欧盟银行(Cotagio Mobile,2014)
2014.02.27	Android Tor Trojan	Tor. video. mp4. apk(com Base App)	安卓Tor木马的目标是Tor网络,通过一个虚假的应用程序来建立用户的匿名性

资料来源：Contagio Mobile,2014年；移动恶意软件微型转储,2014年8月8日,http://contagiominidump. blogspot. com. au。

表 9.5 测试设备详述

硬件/产品	安卓系统版本	内核版本	芯片/处理器	运行内存	内部存储
Samsung Galaxy Music S6010	Android 4.0.4 Ice Cream Sandwich(upgradable to 4.1.2 Jelly Bean)	3.0.15-1150453	850MHz Cortex-A9	512MB	4GB
Samsung Galaxy Young NL 3G 850	Android 4.1.2 Jelly Bean	3.4.0-1140261	Qualcomm MSM7227A Snapdragon with 1GHz Cortex-A5 CPU	768MB	4GB
Motorola Moto G X1033	Android 4.4 KitKat	3.4.42	Qualcomm Snapdragon 400 processor with 1.2GHz quad_core CPU	1GB	8GB

▶ 9.3.1 实验过程

遵循科学实验的关键原则也为了确保重复性和重现性,下面概述实验流程(图9.2)。

(1) 流程图中的第一步是"开始",即实验开始的地方。

(2) 创建新的或使用现有的"谷歌测试账户并将此账户关联到安卓测试设备"。

(3) "登录谷歌应用商店并在安卓测试设备上安装免费的安全防护软件"。将根据其流行度(即下载次数)安装安全防护软件(见表9.3)。

(4) 为安卓测试设备"确认安全防护软件的版本"。此步骤用于确认每个安卓测试设备上正在测试的实际版本,因为某些应用可能使用谷歌应用商店中未定义的"特定设备版本"。

(5) 为了实现测试方法的一致性,我们同时更新每个安全防护软件的签名数据库,本步骤"更新签名定义"并执行安卓测试设备的初始扫描。

(6) 要准备传输 malwaresample.apk 文件,"通过 USB 将安卓测试设备连接到个人计算机"。

(7) 使用 Contagio Mobile(2014) Malware Mini Dump 数据库,继续"将已知 malwaresample.apk 文件下载到测试个人计算机上的指定位置"。

(8) 基于用户偏好决定如何上传样本文件,可能是:

a. 手动上传:手动将样本文件上传到安卓测试设备的下载文件夹。注意:插入的测试设备其行为与外部硬盘驱动器的行为相似。

b. 在安卓设备上启用 USB 调试模式:在安卓测试设备上,转到主屏幕,选择菜单→应用程序→开发,然后启用 USB 调试。注意:安卓操作系统 Jelly Bean 和 KitKat 上为显示开发选项卡需要点击 About 选项若干次。

c. 建立安卓调试桥(ADB)连接:安卓 ADB 功能是在个人计算机和安卓测试设备之间通信的另一种方式。由于安卓基于 Linux,它允许使用基于终端的界面,因此可以使用命令行而不是拖放来上传文件。

(9) 根据步骤(8)中的决定,"将 malwaresample.apk 文件上传到测试安卓设备上的 Download 文件夹",以测试安全防护软件。

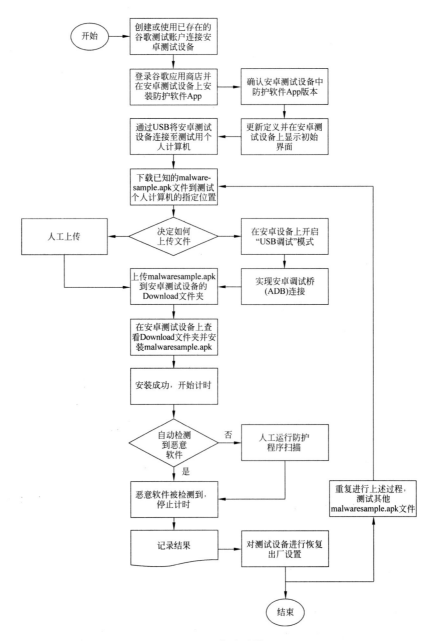

图 9.2 实验过程

（10）现在样本文件已经上传，下一步是浏览测试安卓设备上的Download 文件夹，并安装 malwaresample. apk 文件。这将在安卓测试设备上安装样本文件，同时使用数字计时器手表精确记录检测时间。

（11）一旦启动该步骤，下一个过程是"成功安装：启动计时器"。在这里时间的精确性非常重要，当确认安装已经完成时，定时器必须被精确地启动。如果对启动定时器和成功安装的同步性有任何疑问，则必须重复此步骤以确保其准确性。

（12）此步骤是整体检测率和时间的一个定义因素，即"恶意软件样本自动检测"。

a. 未检测到-"手动运行防护软件扫描"，如果安全防护软件未检测到malwaresample. apk 文件，则运行手动扫描。

b. 检测到 -如果检测到 malwaresample. apk 文件，将记录时间。

（13）紧接着的检测过程是"记录结果"，它涉及记录检测类型、检测时间（s）和检测率（参见 9.3.2 节）。

（14）设备上不能保留恶意样本文件，因此执行"确保恢复出厂设置过程"，以使所有的安卓测试设备保持在同样干净的环境中。

（15）重复测试其他 malwaresample. apk 文件。

（16）实验结束。

▷ 9.3.2 指标

研究中对三个恶意软件样本的检测指标将使用条形图和累积分布函数（CDF）共同分析安全防护软件的可靠性和有效性。

扫描类型（自动[A]或手动[M]）：用于识别恶意软件样本的扫描类型。自动模式是指应用程序能够自动检测威胁。如果没有自动检测，则手动执行扫描以彻底地检测恶意软件样本。条形图用于表示扫描值的类型。有效的安全防护软件应对任何新的程序安装都自动执行扫描，因此，更高百分比的自动扫描类型将导致更高的扫描值百分比，计算方法为（扫描类型的数量-自动或手动）/（特定安全防护软件执行的测试用例的总数）。

检测时间：检测恶意软件样本所需的时间。为更好地呈现数据，检测时间以 ms 为单位记录。如果未检测到恶意软件样本或未发生自动扫描,那么将会把检测时间记录为 n.a.。CDF 用于累积地表示所有检测时间值,并显示安全防护软件的分布情况。例如,每个应用的检测时间值以升序(即最小值到最大值)排序,在大多数情况下包括 45 个数据点,即在所有三个安卓操作系统上为每个单独的安全防护软件测试 15 个恶意软件样本:15×3＝45。该样本中的数据点表示 1/45,即从 0.0222(2.22%)一直到 1.0(100%)。每个数据点代表确定检测时间的累积频率的百分比。虽然大多数应用程序有 45 个数据点,但实验中所有的安全防护软件并非如此。虽然 n.a. 导致较少的数据点,但它们的总和仍然为 100%。图表上的每个数据点都显示每个安全防护软件的累积分布结果。因为需要一个数字来绘制结果,因此结果 n.a. 将被剔除。鉴于此,在所有 15 个测试的恶意软件样本中,如果任何安全防护软件均因须手动扫描而无检测时间数据得到 n.a.,那么它将不会被显示出来。因此,在本实验中能够自动检测恶意软件样本威胁的安全防护软件被认为是更可靠和更有效的。

检测到恶意软件样本(是[Y]或否[N]):这将识别出是否检测到测试的恶意软件样本,以百分比值表示。条形图用于表示恶意软件样本检测值。较高的百分比意味着检测到更多的恶意软件样本。恶意软件样本检测百分比计算为:(检测到恶意软件样本的数量)/(针对安全防护软件执行测试用例的总数)。

▌9.4 实验结果

首先,我们查看了扫描结果的类型(自动或手动),以确定和比较安全防护软件(图 9.3)。检测恶意软件样本的方式在调查结果中起到了至关重要的作用,因为此分析的目的是确定谷歌应用商店提供的免费安全防护软件应用的有效性和可靠性。

在研究的时候,在这个实验中使用的安卓版本(即 KitKat,Jelly Bean 和 Ice Cream Sandwich)仍然是整个消费市场的流行版本。例如,KitKat 目前拥有所有安卓平台的大部分市场份额。此外,为推广较新的安卓版本(如

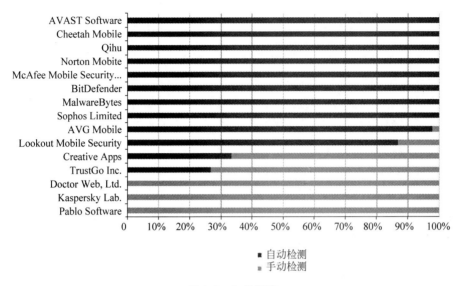

图 9.3　扫描类型

Lollipop 和 Marshmallow），可能不会再为 KitKat，Jelly Bean 或 Ice Cream Sandwich 提供更新。任何新的更新都将涉及新版本升级和设备兼容性因素。

　　在本章中进行的实验是相关的，因为它的关注重点是不再支持但仍被广泛使用的安卓版本，因此需要保护设备和确保 PII 安全。恶意软件威胁专门针对较早的安卓版本（例如 Ice Cream Sandwich，Gingerbread 和 Froyo），这并不罕见，因为这样可以学习如何进行攻击并且有可能这些攻击方法依然适应于较新的安卓版本。此外，实验过程被设计为采用可重复和透明的手动步骤，其可以用于测试任何安全防护软件在新的或旧的安卓版本上检测恶意程序样本的有效性和可靠性，这些恶意软件是从各种来源收集到的（参见 9.3.1 节）。

　　虽然 Lollipop 和 Marshmallow 最近已经发布，但是它们仍然具有较低的分布比例，并且比以前提到的安卓版本更不稳定。因此，Lollipop 和 Marshmallow 将在未来的实验中考虑。

　　具有较高恶意软件样本自动检测率的应用程序更可靠并且能够更有效

地保护安卓设备免受恶意威胁,从而通过提示通知来直观地保护用户以移除检测到的威胁。那些手动检测恶意软件样本需要额外的用户干预,这可能导致设备执行恶意软件从而受到攻击,因为它没有被及时检测到和处理掉。

考虑到这一点,自动且一致地检测到威胁并立即提示用户卸载的应用程序会得到更高的百分比。被审查的前 8 个反移动恶意软件应用程序是 AVAST Software、Cheetah Mobile(猎豹移动)、Qihu(360 安全)、Norton Mobile、McAfee MobileSecurity/Intel Security、BitDefender、MallwareBytes 和 Sophos Limited,它们均实现 100% 的自动检测并删除在此实验中使用的恶意软件样本。结果表明,所有 8 个应用程序执行得非常好,并显示出安卓安全自动防护软件令人惊喜的有效性。

紧随其后的是 97.78% 的 AVG Mobile,其中大多数扫描是自动的,但仍需一次手动干预。因 AVG 没有检测到在此实验中使用的某个恶意软件样本,所以需要手动扫描。所使用的扫描类型与检测到的恶意软件样本呈现出相关性,而且有些安全防护软件根本没有检测到某些恶意软件样本。在这种情况下,手动扫描用于验证安装的恶意软件样本能否被检测到,以显示所有安全防护软件的透明度和准确结果(见图 9.7)。Lookout Mobile Security(A:86.67%/M:13.33%),Creative Apps(A:33.33%/M:66.67%)和 TrustGo Inc.(A:26.67%/M:73.33%)需要更多的提示和更多的手动介入。其余三个应用程序未提供自动检测:Doctor Web Ltd.(A:0/M:100%),Kaspersky Lab.(A:0/M:100%)和 Pablo Software(A:0/M:100%)。值得一提的是 Doctor Web Ltd. 提供了一个免费的应用程序,它是一个 14 天的试用版,并没有包括自动扫描。要从自动扫描中获益,需要在应用内购买以升级到完整版;Kaspersky Lab. 和 Pablo Software 没有安装恶意威胁的自动通知,并且需要手动干预安装的所有恶意软件样本。然而,Doctor Web Ltd.、卡巴斯基实验室和 PabloSoftware 在恶意软件样本的检测中表现得非常不同,尽管需要手动干预才能清除威胁,仍然使得这些应用程序在保护安卓设备方面不太可靠和有效。

第二,我们查看了所有三个安卓平台和硬件测试设备检测时间结果的累积频率。在实验过程中,我们观察到扫描模式(图9.3)对不同安卓平台和测试设备的检测时间有相当大的影响。包含自动检测的安全防护软件能够得到时间值。那些需要手动扫描的软件则没有检测时间值,这影响了对每个工具累积分布的结果。

　　在整个实验中,显然15个安全防护软件的检测时间在新的安卓操作系统和硬件设备上都得到了改进(图9.4~图9.6)。一个观察是,一些安全防护软件,如 AVAST、Cheetah 和 TrustGo,在安装过程中开始扫描恶意软件样本,而其他应用程序在安装后开始扫描。在安装期间开始扫描显示检测时间的显著改进。然而,提示自动检测和移除恶意软件样本的响应在每个恶意软件样本中是不同的。

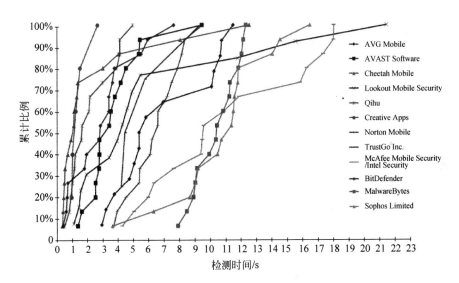

图9.4　检测时间:安卓4.0(Ice Cream Sandwich)

　　在实验的时候,Doctor Web 在安装过程中扫描了应用程序,只提示威胁警报,但没有自动消除威胁。虽然这使得检测时间更快,但 Doctor Web 应用程序没有自动提示用户卸载或停止恶意软件样本被安装;因此,如果样本在设备上被打开,依然可以激活已安装的恶意软件样本使设备受到攻击。为了删除恶意软件样本,需要在应用程序自身内进行手动扫描,并将检测到的

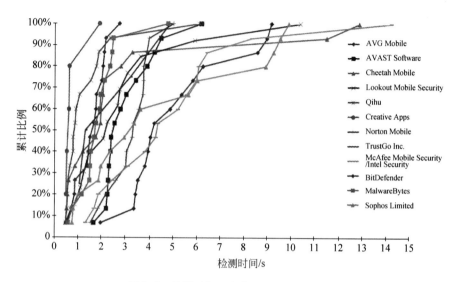

图 9.5　检测时间：安卓 4.3(Jelly Bean)

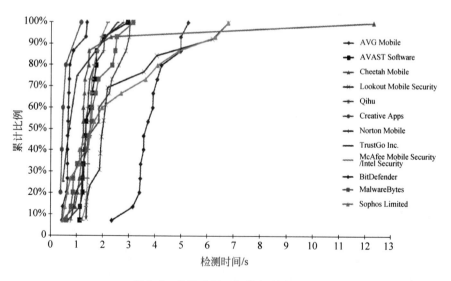

图 9.6　检测时间：安卓 4.4(KitKat)

恶意软件样本清除。Qihu 还在安装过程中扫描了应用,并检测到所有 15 个恶意软件样本(图 9.7)。这样的样本验证了如果安全防护软件采用自动响应将非常有效和可靠。

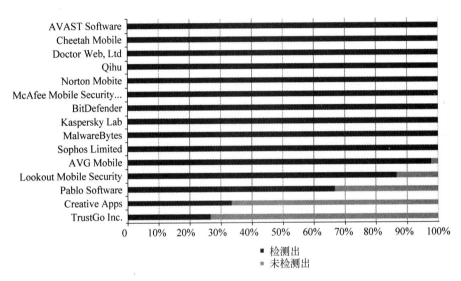

图 9.7　检测到恶意软件样本

Creative Apps 对不同的恶意软件样本有不同的检测方式;在某些样本安装过程中,Creative Apps 开始在安装期间检查,而对其他样本则在安装后立即检查。手动扫描在旧设备上的速度要慢得多,其中设备规格低于较新设备。设备规格可能与检测到恶意软件程序的速度有直接关系,这意味着总体上更好的检测时间。Norton,McAfee 和 Sophos 在三种不同设备和安卓操作系统平台上的检测时间差异较大。较低规格的设备总体上具有较长的检测时间;在更新的安卓操作系统和硬件设备上缩短了检测时间。拥有一个更新后的操作系统被证明是一个更可靠的方式,因为可以更早,而不是更晚地检测恶意软件程序。在图 9.4 中可以看出较少的检测时间,并且在图 9.5 和图 9.6 中可以看出,所有 15 个反恶意软件应用的检测时间的改进方面的比较。虽然 TrustGo 只检测到 4 个恶意软件样本,但检测时间相当敏感,因为在安装过程中扫描恶意软件样本。安装恶意软件样本后,由于较低的自动恶意软件样本检测率而需运行手动扫描(图 9.3),将手动扫描添加到安全防护软件的实验和分析方法中。如果错过自动检测,理论上手动扫描应检测到任何恶意活动。然而,TrustGo 没有检测到另外 11 个恶意软件样本(图 9.7)。

自动扫描新应用程序的安装无法在 Kaspersky Lab. 免费版本中使用。安装期间的应用扫描只能通过付费版本使用,从而将漏洞留给安卓操作系统。因为 Kaspersky Lab. 应用程序在安装时未能扫描恶意软件样本从而没有得到检测时间值。恶意软件样本可以在没有任何自动保护的情况下安装和打开;因此我们对所有恶意软件样本进行手动扫描,并得到了改善的结果(图 9.7)。Kaspersky Lab. 没有更改默认安装程序包的选项,但如果该选项可用,由于应用程序将在安装开始前扫描,其检测时间将显著增加。

BitDefender 在第一次设备扫描时检测到恶意软件样本文件,因为此时还没有安装恶意软件样本,对用户和设备来说这是一个额外的保护。一个安全防护软件甚至在安装开始之前扫描和检测恶意文件,将有更高的检测时间值。但是,此实验过程关注已安装的恶意威胁,BitDefender 并没有提示更改默认安装程序包。每个测试设备的检测时间均有所提高。例如,旧版本的安卓和硬件执行速度比新的平台慢。MalwareBytes 在将其转移到测试设备时检测到所有恶意软件样本文件。与新的硬件设备和最新的安卓平台相比,检测时间也得到了改进(图 9.4~图 9.6)。

Pablo Software 的病毒扫描软件未能自动扫描任何已安装的恶意软件样本。在安装恶意软件样本之前、期间或之后均没有自动扫描。该应用程序只提示了将要安装新的应用程序而并没有检测到任何恶意软件威胁,结果是成功安装所有 15 个恶意软件样本。在每个恶意软件样本安装后进行手动扫描;一共检测到 10 个,留下 5 个恶意软件样本未检测到(图 9.7)。

大多数检测时间的结果在新的硬件和安卓操作系统上都得到了改进。硬件自身可能是由于硬件规格的改进而成为一个影响因素(表 9.5)。安卓 4.4(KitKat)还引入了更多应用安全功能,例如限制来自谷歌应用商店以外其他来源的应用安装,并允许或禁止应用通过验证(表 9.1)。然而,用户可以忽略这样的选项,而是根据安全防护软件工具的响应选择是否安装。为了使检测时间有效和可靠,应用程序还必须能够立即消除威胁。我们的研究结果表明,虽然特定的应用程序能够检测到恶意软件样本,但它既不能标记它们为迫切的威胁也不会删除它们。例如,未得到检测时间结果的安全防护软件是 Pablo Software、Kaspersky Lab. 和 Doctor Web。由于缺乏自动扫描能力从而无法记录检测时间,应用程序接收到 n.a. 的结果(参见 9.3.2节)。虽然如此,我们依然考虑了扫描的类型和恶意软件样本的检测结果。

　　最后,我们查看了在所有安卓平台上自动和手动方式检测到的恶意软件样本整体结果(图 9.7),令人印象深刻的是,在这个实验中使用的 15 个安全防护软件应用中有 10 个实现了对所使用的恶意软件样本的 100% 检测。10 个最受好评的安全防护软件是 AVAST,Cheetah,Doctor Web,Qihu,Norton,McAfee/Intel Security,Kaspersky,BitDefender,MalwareBytes 和 Sophos。

　　根据大量积极的测试结果,最新的恶意软件定义在检测已知的恶意软件中发挥着关键作用。如前所述,来自各种恶意软件家族的恶意软件样本用于测试准确性和透明度。拥有最新的恶意软件定义是安全防护软件公司的最重要责任,这将取决于可用的基础设施资源和技术(见 9.2.3 节)。如果已知各种各样的恶意软件家族,则检测结果将毫无疑问地得到改善。AVG 执行得很好,检测到大量的恶意软件样本,得到 97.78% 的检测率。有趣的是,AVG 未检测到的一个恶意软件样本是最近才在安卓 4.0(Ice Cream Sandwich)上出现的;相比较而言,安装在较新的安卓平台上 AVG 能够检测所有恶意软件样本。这样的结果表明,升级到较新的安卓操作系统和硬件设备至关重要,旧的安卓平台存在的漏洞可以在新的设备或系统中得到解决(见 9.2.1 节)。

　　Lookout Mobile Security 检测率为 86.67%,同时 Pablo Security 检测率为 66.67%,这意味大量的恶意软件样本被它们检测到。它们显示出不错的检测结果,只有当更多的恶意软件家族能够包含在其定义更新中时,检测才会改善。在剩余的应用中,Creative Apps 检测到 33.33%,TrustGo 仅检测到 26.67%;两者都无法检测本实验中使用的大多数恶意软件样本,因此得到最低的评价。

　　整个实验的一个关键部分是观察每个安全防护软件如何检测恶意软件样本文件。作为实验过程的一部分,为测试每个安全防护软件如何反应,恶意软件样本(apk 文件)被手动传输到智能手机设备上。当恶意软件 apk 文件被传输到设备上时,唯有 AVAST,Lookout Security,BitDefender 和 MalwareBytes 这四个安全防护软件能立即检测到它们。它们还会在任何恶意软件样本安装之前自动提示删除它们的 apk 文件,这是保护任意安卓设备的巨大优势。如果实验过程扩展了所执行的扫描类型,则此类安全防护软件将比谷歌市场中的其他安全防护软件具有更好的检测时间。

最初,似乎硬件规格可能在提高检测时间方面发挥着作用。然而随着实验的继续进行,似乎并不总是这样,就如同老设备和旧的安卓平台上一样,摩托罗拉 Moto G 上的安卓 4.4(KitKat)也提供较慢的检测时间。这可能是因为不同的安卓版本和集成了不同的 API 导致的。

虽然摩托罗拉 Moto G 有更高的硬件规格,但它的检测时间与恶意软件样本完成安装所需的时间上相比存在很大差异。在 Moto G 上安装 apk 文件(表 9.5)时,恶意软件样本的安装速度比旧设备的检测时间快得多;因此这有助于改进该实验中使用的那些安全防护软件的检测时间。由于恶意软件样本安装得更快,恶意活动的检测将会改善。然而,所有的实验过程中并不总是这样的。在较旧的设备上安全防护软件能够更快地检测一些恶意软件样本。BitDefender 和 MalwareBytes 是这个理论的代表,因为在较新的安卓平台和硬件上的检测时间超过了他们的前辈。在测试 15 个安全防护软件移动应用程序后,大多数此类测试应用程序的主要缺陷是无法控制谷歌安装管理器的系统进程。不知情的用户可以开始恶意软件程序的初始安装;一旦恶意文件完成安装,那么大多数安全防护软件就可以对新安装的应用程序运行扫描,然后才检测到恶意威胁。令人惊讶的是,只有三个安全防护软件能够提示控制默认的安卓安装程序包,它们是 AVAST,Lookout Mobile Security 和 Norton Mobile。安卓安装程序包控制如何安装 apk 文件。在恶意软件定义是最新的情况下,有未知的 apk 文件扫描将显著提升任意恶意威胁的检测结果。在此实验中没有激活此选项,这是因为并非所有应用都具有这个功能,若采用它将带来一个不公平的测试结果。

这个实验的目的是通过实验过程提供流行的免费安全防护软件之间的透明度。在整个实验中,确定了三个重要观察结果,以显著提高检测时间,这包括扫描传输到智能手机上的任意 apk 文件,更改默认安装程序包的选项,以及在应用程序安装期间立即启动扫描而不是完成后扫描。如果此实验中使用的安全防护软件在各种恶意软件家族中含有最新的恶意软件定义,则这三个观察结果将显著提高恶意软件的检测时间和检测率。

▌9.5 结论和未来工作

不仅安卓和其他移动设备被一些人认为是扩展了对用户数据安全和隐私的现有威胁,而且移动威胁的格局也在极其快速的发展(Choo,2011;Quick 等,2013)。来自 19 个国家的 26 个隐私权执法机关对安卓和 iOS 平台上的 1211 个热门移动应用进行的一项研究发现,这些应用中有近 60% 在下载之前就引起了隐私问题,85% 的应用在没有明确告知用户的情况下访问了个人数据(Leyden,2014;Privacy Commissioner of Canada,2014)。用户必须采取例如本章中确定的那些主动措施保护自己;就在十年前一些犯罪学家警告说,"那些未能预见到未来的人到时将会受到剧烈的冲击"(Grabosky 等,2004)。

在这项研究中,我们手动检查 15 个最受欢迎的反恶意软件的应用程序,它们安装在运行三个最新版本的安卓操作系统的设备上。我们针对来自 Contagio Mobile Malware Mini Dump 数据库的各种恶意软件家族的 15 个恶意软件样本进行了评估。据我们所知,这是第一次为安卓设备上免费安全防护软件提供系统和透明评估的学术研究。

研究结果表明,检测类型对于在新应用安装之前、之中或之后检测恶意威胁的响应性是至关重要的,这将防止任何后续的威胁被激活。结果还表明,恶意软件开发人员和安全提供商之间存在持续的竞争。例如,一些免费的安全防护软件所使用的签名存储库已经过时,而且提供较少的选项来更改默认安卓安装程序包。然而,安装具有自动威胁检测和删除功能的安全防护软件是保护安卓设备免受潜在恶意威胁的重要优势。

未来的工作包括:

- 在实时环境中评估更广泛的设备,包括已知和未知(零日)的恶意软件样本。例如,在测试设备上点击不可信的链接和可疑的广告,并从钓鱼或垃圾邮件消息中下载附件。此类实验设置可能会发现未被收纳在签名存储库中的其他恶意软件家族。安卓操作系统包含手动安全功能,允许或禁止安装基于非谷歌官方应用商店的应用程序,这是针对手动安装应用程序的保护措施。例如,安卓 KitKat 和 Lollipop 中现在加入了诸如"未知来源和验证应用"等选项,这些选项会阻止手动安装应用。因此,未来在实时环境中的工作将提供对恶意软件和安卓操作系统之间关系的深入分析。

- 调查安全防护软件在用户心目中的有效性和可靠性,并对比评估用户感知的有效性和可靠性,以及在受控环境(如我们的实验设置)或在现实中部署的测试结果。

- 上述实验(参见 9.3.1 节)通过手动进行逐步测试,其中结果以 ms 为单位手动记录。由于为了保证实验过程中每个步骤的精度所涉及的实验时间很长,因此将恶意软件样本数据集和安全防护软件均限制为 15 个。开发自动化测试过程将使实验能够验证包括来自不同类别的恶意软件数据集样本,以及增加更广泛的安全防护软件,以进一步评估其功能和缺陷。

- 此外,可以建立先决条件列表,它将对用户期望的来自安全防护软件的多个不同特征进行基准测试。例如,安全防护软件是否能够更改默认安卓安装程序包的选项,如何远程定位或锁定智能手机或通知用户可疑活动的能力,以及其他能够提高安全防护软件整体有效性的特征。

利益冲突声明

作者不隶属于任何安全公司或安全防护软件提供商。本研究中选择的应用程序不代表任何个人推荐或认可。

参考文献

[1] Alcatel- Lucent. Kindsight Security Labs Q4 2013 Malware Report. viewed 07 September 2014 http://resources. alcatel-lucent. com/?cid = 172490. 2013.

［2］　Alcatel-Lucent. Kindsight Security Labs Malware Report H1. viewed 11 September 2014 http：//resources. alcatel-lucent. com/?cid＝180437. 2014.

［3］　Amadeo R. The history of Android，follow the endless iterations from Android 0. 5 to Android 4. 4. viewed 05 July 2014 http://arstechnica. com/gadgets/2014/06/building-android-a-40000-word-history-of-googles-mobile-os/. 2014.

［4］　Android Developers Dashboards. viewed 11 October 2015. http：//developer. android. com/about/dashboards/index. html. 2015.

［5］　Android Developers Guide. Signing your applications. viewed 24 October 2013 http://developer. android. com/tools/publishing/app-signing. html. 2013.

［6］　Android Developers Guide. viewed 21 June 2014. http：//developer. android. com/about/index. html. 2014.

［7］　Android Developers Guide. Android 6. 0 APIs. viewed 11 October 2015 https：//developer. android. com/about/versions/marshmallow/android-6. 0. html. 2015.

［8］　Android Security Enhancements. viewed 11 October 2015. https：//source. android. com/devices/tech/security/enhancements/index 2015.

［9］　Anti-Phishing Working Group （APWG）. Mobile threats and the underground marketplace. viewed 5 Sep 2014 http：//docs. apwg. org/reports/mobile/apwg＿mobile_fraud_report_apri 2013.

［10］　AV-TEST. The independent IT-Security Institute，36 security apps for Android are put under constant fire. viewed 08 August 2014 http://www. av-test. org/en/news/news-single-view/36-security-apps-for-android-are-put-under-constant-fire. 2014.

［11］　Choo K.-K. R. The cyber threat landscape：challenges and future research directions. Comput. Secur. 2011，30(8)：719-731.

［12］　Choo K.-K. R.，D'Orazio C. J. US：IEEE；2015. A generic process to identify vulnerabilities and design weaknesses in iOS healthcare apps.

［13］　Chu H.C.，Lo C.H.，Chao H.C. The disclosure of an Android smartphone's digital footprint respecting the Instant Messaging utilizing Skype and MSN. Electron. Commer. Res. 2013，13(3)：399-410.

［14］　Contagio Mobile. Mobile malware mini dump. viewed 08 August 2014 http://contagiominidump. blogspot. com. au. 2014.

［15］　Delac G.，Silic M.，Krolo J. Emerging security threats for mobile platforms. In：In MIPRO，2011 Proceedings of the 34th International Convention；Opatija，Croatia：IEEE，2011：1468-1473.

［16］　Dietz M.，Shekhar S.，Pisetsky Y.，Shu A.，Wallach D. S. QUIRE：lightweight provenance for smart phone operating systems. In：In USENIX Security Symposium '11，San Francisco，CA. 2011.

[17] Di Leom M. , DOrazio C. J. , Deegan G. , Choo K.-K. R. Forensic collection and analysis of thumbnails in android. In: Finland: IEEE, Helsinki; 1059-1066. In Trustcom/BigDataSE/ISPA. 2015,Vol. 1.

[18] Enck W. , Ongtang M. , Mcdaniel P. Understanding Android security. IEEE Secur. Privacy Mag. 2009,7(1): 50-57.

[19] Feth D. , Pretschner A. Flexible data-driven security for android. In: In Software Security and Reliability (SERE), 2012 IEEE Sixth International Conference, Gaithersburg,MD,USA. on; IEEE,2012: 41-50.

[20] Fortinet. Threat landscape report. viewed 19 July 2014 http://www. fortinet. com/ sites/default/files/whitepapers/Threat-Landscape-2014. pdf. 2014.

[21] F-Secure. Mobile threat report Q1 2014. viewed 19 July 2014 http://www. f-secure. com/static/doc/labs_global/Research/Mobile_Threat_Report_Q 2014a.

[22] F-Secure. Threat description Trojan-Spy: Android/Tramp. A. viewed 12 December 2014 https://www. f-secure. com/v-descs/trojan_android_tramp. shtml. 2014b.

[23] G DATA. Threat report: Q1/2015,mobile malware report. viewed 11 October 2015 https://public. gdatasoftware. com/Presse/Publikationen/Malware_Rep 2015.

[24] Google Play. Apps. viewed 20 July 2014 https://play. google. com/store. 2014.

[25] Grabosky P. N. , Smith R. G. , Grabosky P. , Urbas G. Cyber Criminals on Trial. Cambridge: Cambridge University Press,2004.

[26] Hou O. A look at Google bouncer,TrendMirco. viewed 26 October 2013 http://blog. trendmicro. com/trendlabs-security-intelligence/a-look-at-google-bouncer/. 2012.

[27] Husted N. , Saädi H. , Gehani A. Smartphone security limitations: conflicting traditions. In: In Proceedings of the 2011 Workshop on Governance of Technology, Information,and Policies; ACM,2011: 5-12.

[28] Imgraben J. ,Engelbrecht A. , Choo K. R. Always connected,but are smart mobile users getting more security savvy?a survey of smart mobile device users. Behav. Inform. Technol. 2014; doi: 10. 1080/0144929X. 2014. 934286.

[29] Kashyap A. ,Horbury A. ,Catacutan A. ,Uscilowski B. ,Wueest C. ,Mai C. ,Mallon C. ,O'Brien D. ,Chien E. ,Park E. ,O'Gorman G. ,Lau H. ,Power J.-P. ,Hamada J. , Ann Sewell K. ,O'Brien L. ,Maniyara M. ,Thonnard O. ,Johnston N. ,Cox O. ,Coogan O. ,Vervier P.-A. ,Liu Q. ,Narang S. ,Doherty S. ,Gallo T. Symantec Corporation. Mountain View,CA, USA: Symantec Corporation; . Internet Security Threat Report 2014. Viewed 5 Sep 2014. 2014. ; vol. 19. http://www. symantec. com/content/ en/us/enterprise/other_resources/bistr_main_report_v19_21291018. en-us. pdf.

[30] La P. M. ,Martinelli F. ,Sgandurra D. A survey on security for mobile devices. IEEE Commun. Surv. Tutorials. 2013,15(1): 446-471.

[31] Lacoon SecurityO. , Bobrov. Android icon vulnerability can cause serious system-level crashes. viewed 12 December 2014 https://www. lacoon. com/chinese-government-targets-hong-kong-protesters-android-mrat-spyware/. 2014.

[32] Leontiadis I. , Efstratiou C. , Picone M. , Mascolo C. Don't kill my ads! balancing privacy in an ad-supported mobile application market. In: In Proceedings of the Twelfth Workshop on Mobile Computing Systems & Applications; New York, USA: ACM,2012: 2.

[33] Leyden J. This flashlight app requires: your contacts list, identity, access to your camera...viewed 12 September 2014 http://www. theregister. co. uk/2014/09/11/mobile_app_privacy_survey/. 2014.

[34] Liebergeld S. , Lange M. Android security, pitfalls and lessons learned. 28th International Symposium on Computer and Information Sciences,2013,Paris,France. In: Information Sciences and Systems 2013. Springer International Publishing. 2013: 409-417.

[35] Lookout S. T. The new NotCompatible: sophisticated and evasive threat harbors the potential to compromise enterprise networks. viewed 12 December 2014 https://blog. lookout. com/blog/2014/11/19/notcompatible/. 2014

[36] McAfee Labs M. , Mobile Security, Zhang. Android icon vulnerability can cause serious system-level crashes. viewed 12 December 2014 http://blogs. mcafee. com/mcafee-labs/chinese-worm-infects-thousands-android-phones. 2014.

[37] NakedSecurity by Sophos D. P. Return of the Android SMS virus: self-spreading "Selfmite" worm comes back for more. viewed 12 December 2014 https://nakedsecurity. sophos. com/2014/10/10/return-of-the-android-sms-virus-self-spreading-selfmite-worm-comes-back-for-more/. 2014.

[38] NimodiaC. ,Deshmukh H. R. Android operating system. Softw. Eng. 2229-4007,2012, 3(1): 10.

[39] Ongtang M. , Mclaughlin S. , Enck W. , Mcdaniel P. Semantically rich application centric security in Android. Secur. Commun. Netw. 2012,5(6): 658-673.

[40] Pieterse H. ,Olivier M. S. Android botnets on the rise: trends and characteristics. In: In Information Security for South Africa（ISSA）; Johannesburg, Gauteng, South Africa: IEEE,2012:1-5.

[41] Privacy Commissioner of Canada. Global Internet sweep finds significant privacy policy shortcomings. viewed 12 September 2014 https://www. priv. gc. ca/media/nr-c/2013/nr-c_130813_e. asp. 2014.

[42] Quick D. , Martini B. , Choo R. Cloud Storage Forensics. Burlington: Elsevier Science,2013.

［43］ Rivera J.，Goasduff L. Gartner says emerging markets drove worldwide smartphone sales to 19 percent growth in first quarter of 2015，Gartner. viewed 05 October 2015 http：//www. gartner. com/newsroom/id/3061917. 2015.

［44］ Rivera J.，van der Meulen R. Gartner says tablet sales continue to be slow in 2015. Gartner，viewed 05 October 2015 http：//www. gartner. com/newsroom/id/2954317. 2015.

［45］ Shabtai A.，Fledel Y.，Kanonov U.，Elovici Y.，Dolev S. Google Android：a state-of-the-art review of security mechanisms. arXiv. preprint arXiv：0912.5101. 2009.

［46］ Shabtai A.， Fledel Y.，Kanonov U.，Elovici Y.，Dolev S.，Glezer C. Google Android：a comprehensive security assessment. IEEE Secur. Privacy Mag. 2010，7（2）：35-44.

［47］ Sky News. Mysterious fake mobile phone towers discovered. viewed 5 September 2014 http：//news. sky. com/story/1329375/mysterious-fake-mobile-phone-towers-discovered. 2014.

［48］ Spreitzenbarth，Forensic Blog. Mobile phone forensics and mobile malware，current android malware. viewed 28 June 2014 http：//forensics. spreitzenbarth. de/android-malware. 2014.

［49］ Suarez-Tangil G.，Tapiador J. E.，Peris-Lopez P.，Ribagorda A. Evolution，detection and analysis of malware for smart devices. IEEE Commun. Surv. Tutorials. 2014，16（2）：961-987.

［50］ Symantec Intelligence. Symantec intelligence report：September 2012. viewed 5 Sep 2014 http：//www. symantec. com/content/en/us/enterprise/other_resources/b intelligence_report_09_2012. en-us. pdf. 2012.

［51］ The Register J.，Leyden. DeathRing：Cheapo Androids pre-pwned with mobile malware. viewed 04 December 2014 http：//www. theregister. co. uk/2014/12/04/cheapo_androids_prepwned_2014.

［52］ TrendMicro. TrendLabs 2Q 2012 security roundup. viewed 22 July 2014 http：//www. trendmicro. com. au/cloud-content/us/pdfs/security-intelligence/reports/rpt-its-big-business-and-its-getting-personal. pdf. 2012.

［53］ VargasR. J. G.，Anaya E. A.，Huerta R. G.，Hernandez A. F. M. Security controls for Android. In：Computational Aspects of Social Networks（CASoN）. Sao Carlos，Brazil：IEEE，2012：212-216.

［54］ Vidas T.，Christin N.，Cranor L. Curbing android permission creep. In：In Proceedings of the Web. Vol. 2，pp. 91-96. W2SP 2011：Web 2. 0 Security and Privacy 2011，Oakland，California. Held in conjunction with the 2011 IEEE Symposium on Security and Privacy. 2011. http：//w2spconf. com/2011.

[55] Walls,J.,Choo,K.-K.R.,2015. A review of free cloud-based anti-malware apps for Android. In: In Proceedings of 14th IEEE International Conference on Trust,Security and Privacy in Computing and Communications (TrustCom 2015),Helsinki,Finland. 20-22 August 2015. IEEE Computer Society Press (ERA 2010/CORE 2014 A rank conference).

[56] Wang,Y.,Streff,K.,Raman,S.,Smartphone security challenges. In Computer,Vol. 45(12),Dakota State University,USA. IEEE,2012:52-58.

[57] Zhou Y.,Jiang X. Dissecting Android malware:characterization and evolution. In: 33rd IEEE Symposium on Security and Privacy,2012:95-109.

第10章
基于MTK的山寨手机数字证据时间轴分析

J. Fang, S. Li, 暨南大学, 广州, 中国。

Z. L. Jiang, 哈尔滨理工大学深圳研究生院, 深圳, 中国。

S. M. Yiu, L. C. K. Hui, K. -P. Chow, 香港大学, 香港特别行政区, 中国。

▌摘要

手机已经成为我们生活的一部分, 由于潜在的利益驱动, 市场上出现了400多种山寨手机。随之而来的是, 越来越多的罪犯使用这些山寨手机犯罪, 因为它们价格便宜且容易获得。由于缺乏系统开发手册和内存布局的信息, 而且难以从这些手机中获得有用的证据, 因此取证工作十分困难。在本章中, 我们着重介绍电话簿和电话记录是如何存储在基于 MTK 的山寨手机上(MTK 是山寨手机最流行的平台)。这些信息可以为调查人员查找删除的电话簿记录和电话通话记录提供帮助。同时, 它还可以帮助调查者使用快照的位置来重建和分析用户活动的时间轴。

▌关键词

数字证据, 移动取证, 时间轴分析, 基于 MTK 的山寨手机。

■ 致谢

这项研究得到以下机构的大力支持：

中国国家奖学金基金(编号：201506785014)，中国国家自然科学基金(No.
61401176,61402136,61361166006)，广东省自然科学基金(2014A030310205,
2014A030313697)，广东省科技项目(2016A010101017)，广东高等教育项目
(YQ2015018)和国家自然科学基金委员会/香港研究资助局联合研究计划
(N_HKU 72913,香港)。

■ 10.1　介绍

在过去十年中,全球手机使用量急剧增加。从全球来看,国际电信联盟
(ITU)报告的蜂窝移动电话用户数量到 2010 年底已达到 53 亿。2011 年第
一季度,供应商出货量为 371.8 万台,同比增长 19.8%(Wauters,2011)。同
时,移动电话的计算能力和存储能力也日益强大,尤其是部署双核 CPU 和千
兆字节的内部存储器后(Lomas,2011)。因其移动性和便携性,移动电话已
经成为人们的第二属性,而且往往还涉及一些刑事案件中(Mislan,2010)。
更严重的是,强大的手机可以随时随地用作犯罪工具。因此,很多数字证据
可能存储在手机内,所以手机取证技术对于检索和调查信息是必要的
(Barmpatsalou 等,2013)。移动电话取证的研究已有多年,已有的几个世界
领先品牌的手机产品都被用于调查研究,如塞班(Mokhonoana 和 Olivier,
2007)、安卓(Vidas 等,2011)、Windows mobile(Klaver,2010)、黑莓和
iPhone。然而,中国市场上出现了一类被称为"山寨手机"(简称"山寨机")的
新型手机,由于其高性价比正在全球手机市场泛滥(Nanyang,2010)。中文
的"山寨"原本是指"山村",但它现在有了另一层含义,多指模仿、低端和不
专业的品牌和商品,尤其是电子产品。与"山寨手机"的显著增长相比,有关
山寨手机取证的研究工作却很少。原因可能是山寨手机的技术开发文件缺
失且山寨手机型号众多。受益于联发科(MTK,http://www.mediatek.com/

en/index.php)和展讯(http：//www.Spreadtrum.com)提供的开箱即用解决方案,山寨手机的开发周期从一年缩短到一个月。这意味着在一年内市场上会有成千上万的山寨手机涌现。不幸的是,这种快速开发成为研究人员在山寨手机上执行数字取证的噩梦。由于山寨手机在全世界范围内广泛传播,犯罪分子越来越多地利用其犯罪,因此有必要对山寨手机进行更深入的调查。可见,山寨手机取证不可避免地变得越来越重要。

本章介绍从典型的基于 MTK 的山寨手机内部存储器中检索数据的方法。还通过反向工程方法解析存储的呼叫日志、电话簿、短信(SMS)和一些高级媒体内容的数据结构。此外,使用历史信息分析所提取的信息并重建和帮助确定嫌疑人活动的时间轴。

▌10.2　相关工作

自 21 世纪初以来,已经有一些手机取证的研究。有大量的移动设备取证工具被开发出来,用于从手机闪存中获取数据(Ayers 等,2014;McCarthy,2005)。然而,大多数工具是使用命令和响应协议来间接地访问内存的。这些命令和协议因操作系统(OS)而异,它们在工作过程中实际上改变了内存中的内容,而且只能恢复对操作系统可见的数据。此外,这些工具不能从无法启动的或有故障的移动电话上检索数据。而且,这类工具无法恢复已删除的数据。

闪存工具是读取闪存数据的最简单且无创的方法(Breeuwsma 等,2007),在很多的移动设备取证案例中已经能看到它的身影(Gratzer 和 Naccache,2006;Purdue University,2007)。然而,这些方法不能确保内存信息的完全转存,并且在很大程度上依赖于操作系统。同时,如果移动电话的数据接口不支持闪存工具,则可能需要通过在移动电话的 PCB 上做通信引针的电子布线才能实现闪存工具的连接。

而物理提取方法是从移动电话中物理地移除其内存芯片,并用读卡器读取。此过程需要专业工程师,因为存储芯片可能在脱焊期间受到损坏。联合调试行动组(JTAG)是一种嵌入式测试技术,可自动地测试焊接在印刷电路板(PCB)上的集成组件的功能和质量,它是一个标准的测试访问端口和边界扫描架构。它在调试(Debug)模式下控制手机的微处理器与存储器芯片间的通信,并逐位地将内存中的信息转存下来。因此,它能确保取证得到的二进制信息的完整性,并且它是独立于操作系统的。以上方法的简单比较见表 10.1。

表 10.1 三种内部存储获取方法的比较

	脱焊	JTAG	闪存工具
芯片损坏的风险	高	低	低
数据改变的风险	低	低	中
使用的复杂度	高	中	低
电子焊接	高	中	通常不做要求
数据完整性	高	中	中(不做保证)

在本章中,我们寻求更简单的闪存工具解决方案来获取内存中信息,而非 JTAG,因为我们关注信息是如何存储在内存中的。注意,使用 JTAG 应该能够提供初步的内存信息。

从操作系统的角度来看,已经有各种针对专用操作系统的取证软件和工具,如塞班(Mokhonoana 和 Olivier,2007)、Windows mobile(Klaver,2010)、安卓(Vidas 等,2011;Hoog,2011)和 iPhone(Hoog 和 Strzempka,2011)。更详细的研究可以在 Barmpatsalou 等人的文章中找到(Barmpatsalou 等,2013)。由于这些工具是操作系统相关的,所以不能直接用来从山寨手机中获取数据。不过也已经有一些应用 JTAG 于移动取证方面的研究工作(Willassen,2005;Zhang,2010)。

▌10.3 山寨电话的数字证据

在本节中,我们选择了一个典型的山寨手机模型进行实验研究。该模型是 iPhone 4 的模仿版本。该模型基于联发科 MT6253 的一个低端处理器,它是联发科第一个单片 GSM/GPRS 手机芯片解决方案,集最低功耗和一流的功能于一身。大多数山寨手机型号都是在这个平台上开发的。

▶▶ 10.3.1　物理数据存储和逻辑文件系统

在山寨手机内部,一个 4MB 的 RAM 被操作系统用作内存,一个 16MB 的 NOR 闪存芯片(东芝 TC58FYM7T8C)作为非易失性随机存取存储器 (NVRAM)用于存储数据。如图 10.1 所示,山寨手机中 NOR 闪存芯片的 16MB 分为两部分,前 14MB(存储器地址从 0 到 0xDFFFFF)用于存储代码,这部分在山寨手机生产之后将不再改变。这是 MTK 开发解决方案的默认配置。

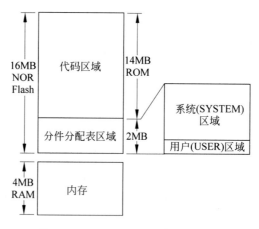

图 10.1　用于山寨手机的 NOR 闪存

剩下的 2MB(从 0xE00000 到 0xFFFFFF 的存储器地址)在逻辑上进一步的被分为两个区。如图 10.2 所示,当山寨手机通过 USB 数据线连接到计算机时,这两个区域均可以看作是 Windows 操作系统下的可移动驱动器。请注意这只是两个区域的逻辑分布。物理上,在闪存中这两个区域的块是混合的,并且不像图 10.2 那样可以清楚地区分。从分区信息来看我们知道两个驱动器都被格式化为 FAT12 格式,但只有 USER 区域对应的驱动器(这里是驱动器 H :)可以通过 Windows 访问,另一个对应于 SYSTEM 区域的驱动器(驱动器 I :)不能被正常用户读、写或查看。一般来说,山寨手机将 USER 区域作为存储装置,用于保存手机和计算机之间进行数据通信的数据,而将

SYSTEM 区域作为手机的虚拟内存来保存由手机操作系统管理的数据。请注意,用户可以通过用户界面(UI)查看或编辑 SYSTEM 区域中的一些数据,例如手机、电话簿、通话记录和短信等设置。

图 10.2　从 Windows 查看的目录信息

在闪存工具的帮助下,我们可以以内存转储的方式获得闪存中所有 16MB 的原始数据,并可以以二进制文件的形式在计算机中进一步研究。

▷▷ 10.3.2　从山寨手机闪存转储提取基线内容

本节将对山寨手机的闪存转储进行反向推演,梳理手机中存储电话簿、通话记录和短信三种基线内容的格式。在基于 MTK 的平台中,电话簿、通话记录、短信等系统相关的用户信息都是数据项,并以文件形式存储在 NVRAM 中。由数据项管理系统来管理文件系统中的 NVRAM 数据,并维护内部索引表以检索数据项。图 10.3 显示了 NVRAM 中数据项和文件之间的逻辑关系。

通常,在子目录 NVD_DATA 下,电话簿、通话记录和短信分别保存为名称为 NVRAM_EF_PHB_LID、NVRAM_EF_PHB_LN_ENTRY_LID 和 NVRAM_EF_SMSAL_SMS_LID 的数据项。这些框架信息可以帮助我们了解基于 MTK 的山寨手机的存储机制,但是由于我们无法直接访问手机的文件系统,所以必须尝试通过如下文中所述的反向推演二进制转储来找出数据项的存储模式。

不同内容使用不同的数据结构存储。电话簿将每个联系人的基本信息

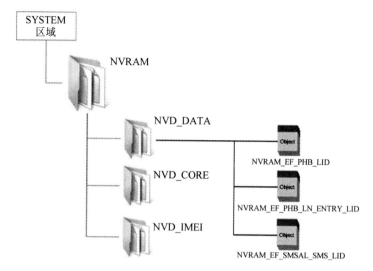

图 10.3　存储在 NVRAM 中的数据项和文件

保存为一个条目,长度为二进制编码形式的 86B,包括 62B 的联系人姓名和 20B 的联系人电话号码,如图 10.4 所示。需要注意的是,当用户删除电话簿中的一个条目时,该条目的逻辑内存空间将被撤销,并以十六进制值 0xFF 填充。

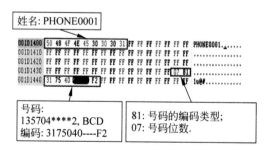

图 10.4　存储在 NVRAM 中的电话簿的数据格式

　　呼叫记录的数据项将每个呼叫事件保存为一个 92B 长度的条目,这包括呼叫者名称的 32B,呼叫时间的 7B,呼叫者号码的 41B 以及呼叫持续时间的 4B。如图 10.5 所示。需注意的是,当用户删除通话记录中的一个条目时,后面的呼叫记录将向前移动一个单元,以取代已删除的通话记录的内存空间,以此类推,直到所有在已被删除的条目后的条目都整体向前移动一个单元。

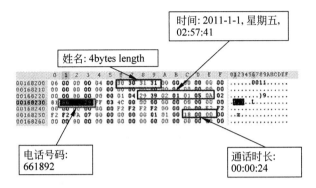

图 10.5　存储在 NVRAM 中的通话记录的数据格式

SMS 的数据项保存为包含 1B 的状态和 183B 的协议数据单元(PDU),共 184B。状态字节用于指示 SMS 是"新事件""读取""发送"或"草稿"。PDU 部分包括短信中心(SMSC)的号码、接收短信的时间(由 SMSC 提供)、发件人的电话号码和消息内容,如图 10.6 所示。

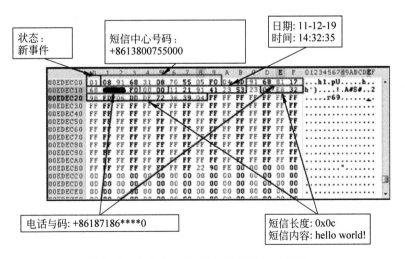

图 10.6　存储在 NVRAM 中的 SMS 的数据格式

▌10.4 数字证据的时间轴分析

在本节中,首先从闪存转储中恢复用户操作删除的内容开始研究,然后讨论基于 MTK 山寨手机中数据管理的一个特征,即存储数据的文件在每次修改数据项时都会备份保留前一个版本。根据山寨电话的这一特征,我们提出了一个时间轴分析方法来回溯嫌疑人的活动。

▷ 10.4.1 在 Flash 转储器中被删除的内容和"快照"

从 10.3.2 节中知道,当数据项中的一个条目被删除或修改,或者一个条目被添加到数据项时,存储数据项的存储空间将被相应地修改。然而,这仍然是对 NVRAM 文件逻辑上的理解。当对二进制级别的闪存转储研究时,我们发现数据项有多个副本,一些是数据项修改前的备份副本。这可能是基于闪存文件系统的工作原理:当要更新闪存存储时,文件系统会将更改数据的新副本写入新的块,重新映射文件指针,然后当它有时间的时候再擦除旧的块。因此,当更新电话簿条目时,指向 NVRAM_EF_PHB_LID 的指针将从图 10.7 中的灰色块换为黑色块。当用户通过手机操作系统的 UI 访问电话簿时,将显示存储在黑色块中的最新版本的电话簿,且直到闪存块需要回收前,电话簿的旧版本仍然存储在原始闪存块中。我们将数据项的历史版本称为"快照(Snapshot)"。

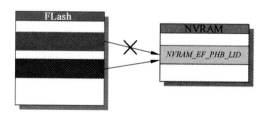

图 10.7 数据项修改时的指针重新映射

▶ 10.4.2 电话簿上的时间轴分析

由于先前的数据仅仅在文件系统中被"擦除",而不是真正地从物理存储器被擦除,所以使得恢复被删除的内容成为可能。我们在实验中开发了一个工具来自动解析闪存转储,使用模式匹配技术提取数据项的所有版本。如图 10.8 所示,在闪存转储中发现了 9 个快照。快照 7 应该是电话簿文件

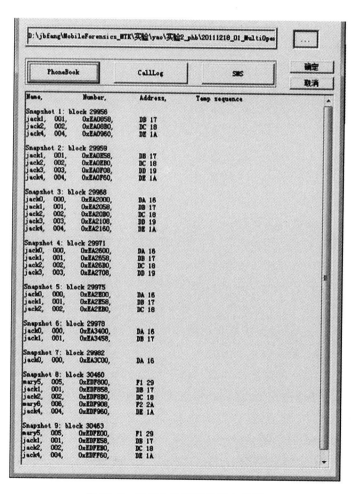

图 10.8　闪存中电话簿的所有快照

的第一个版本，因为它只包含一个条目。回想一下，对数据项的一个修改将再生成一个快照。然后快照 6 应该是第二个版本，因为它只比快照 7 多一个操作（操作是追加"jack1"）。根据该逻辑并比较快照中的条目，可以容易地推导出以下操作序列：快照 7-快照 6-快照 5-快照 4-快照 3-快照 2-快照 1-快照 9-快照 8。

上述示例描述了重建电话簿操作顺序的简单情况。请注意快照是连续的，也就是说闪存回收机制没有擦除快照。考虑到某些快照丢失的情况，这使其变得更加复杂，需要在分析中应用算法来帮助重建时间轴。

接下来，我们进行一个部分快照丢失的实验，并提出了一个算法以帮助分析用户的活动时间轴。首先，我们通过以下步骤在山寨手机上手动执行一系列操作：

（1）添加名为 memory0 的条目

（2）添加名为 memory1 的条目

（3）添加名为 memory2 的条目

（4）添加名为 memory3 的条目

（5）添加名为 memory4 的条目

（6）删除条目 memory1

（7）删除条目 memory3

（8）添加名为 memory5 的条目

（9）添加名为 memory6 的条目

在完成步骤（9）之后，闪存被转储到计算机用于调查。在这个闪存转储上运行我们的工具，可以提取电话簿的所有信息，如图 10.9 所示。请注意快照 6 是电话簿的最新版本。我们将两个快照 S_i 和 S_j 之间的距离（d）定义为将 S_i 更改为 S_j 的最小操作数。由于对数据项的一个修改操作将生成一个快照，因此快照越相似，操作越接近真实的时间序列。例如，如图 10.9 所示，由于快照 1 包含条目 memory0 并且快照 2 包含条目｛memory0，memory2，memory4，memory5｝，从快照 1 改变为快照 2 需要 3 次插入操作，使得快照 1 和 2 之间的距离为 3。计算图 10.9 中任意两个快照之间的所有距离，如表 10.2 所示。

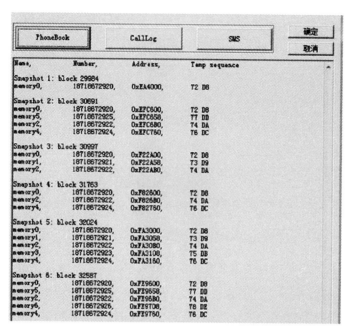

图 10.9   闪存中电话簿的快照丢失了几个快照

表 10.2   任何两个快照(S)之间的距离

	S6	S5	S4	S3	S2	S1
S6		4	2	4	1	4
S5	4		2	2	3	4
S4	2	2		2	1	2
S3	4	2	2		3	2
S2	1	3	1	3		3
S1	4	4	2	2	3	

从表 10.2 的起点(即快照 6),使用最短路径原则,我们可以重建快照 6、快照 2 和 4 的时间轴,但留下三条不能用最短路径原则确定的快照。部分序列如图 10.10 所示。

由于快照 5 包含快照 4 中也存在的所有三个条目,所以快照 5 应该比快照 1 和快照 3 更接近快照 4。然后,如图 10.11 可以重新绘制所有序列。

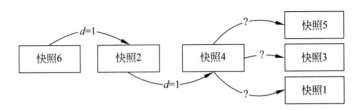

图 10.10 操作时间表(部分)

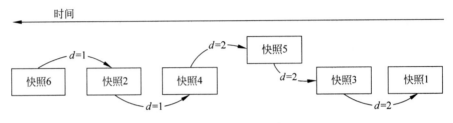

图 10.11 操作时间表

因此,可以使用此方法重建操作的时间轴。此外,存储在山寨手机中的其他种类的内容也具有这一特点,该方法可以应用于其他类型内容的时间轴分析。

10.5 结论

本章介绍了在基于 MTK 的山寨手机中电话记录和电话簿条目是如何存储的。研究揭示了一些关于系统如何处理电话簿条目和电话记录添加、删除的重要信息。虽然通过操作系统的界面只显示最近的电话和电话簿条目,但是如果内存还没有被覆盖,仍然可以检索有价值的证据。可以对提取的信息和历史信息进行深入分析,以构建相应的时间轴阵列,最后帮助确定嫌疑人的活动。

参考文献

[1] Ayers R., Brothers S., Jansen W. Guidelines on Mobile Device Forensics. NIST Special Publication 800-101 Revision 1,2014:1-87.

[2]　Barmpatsalou K. ,Damopoulos D. , Kambourakis G. , Katos V. A critical review of 7 years of mobile device forensics. Digit. Investig. 2013,10(4):323-349.

[3]　Breeuwsma M. ,Jongh M. D. , Klaver C. , Knijff R. V. D. , Roeloffs M. Forensic data recovery from flash memory. Small Scale Digit. Device Forensics J. 2007,1(1):1-17.

[4]　Gratzer V. ,Naccache D. Cryptography,law enforcement,and mobile communications. IEEE Secur. Privacy. 2006,4(6):67-70.

[5]　Hoog A. Android Forensics: Investigation,Analysis and Mobile Security for Google Android. New York: Elsevier,2011.

[6]　Hoog A. ,Strzempka K. iPhone and iOS Forensics: Investigation,Analysis and Mobile Security for Apple iPhone,iPad and iOS Devices. New York: Elsevier,2011.

[7]　Klaver C. Windows mobile advanced forensics. Digit. Investig. 2010,6(3):147-167.

[8]　Lomas N. Dual-core smartphones: The next mobile arms race. 2011. http://www. silicon. com/technology/mobile/2011/01/12/dual-core-smartphones-the-next-mobile-arms-race-39746799/.

[9]　McCarthy, P. ,2005. Forensic analysis of mobile phones. BS CIS Thesis,Mawson Lakes.

[10]　Mislan R. Cellphone crime solvers. IEEE Spectr. 2010,47(7):34-39.

[11]　Mokhonoana P. M. ,Olivier M. S. Acquisition of a Symbian smart phone's content with an on-phone forensic tool. In: Proceedings of the Southern African Telecommunication Networks and Applications Conference; Citeseer; 2007,8.

[12]　Nanyang C. Fake iPhone 4G mobile phone hits Shanzhai market. 2010. http://www. suite101. com/news/fake-iphone-4g-mobile-phone-hits-shanzhai-market-a234058.

[13]　Purdue University. Expert: 'flasher' technology digs deeper for digital evidence. 2007. http://www. physorg. com/news95611284. html.

[14]　Vidas T. ,Zhang C. ,Christin N. Toward a general collection methodology for android devices. Digit. Investig. 2011,8:S14-S24.

[15]　Wauters R. Worldwide mobile phone market grew 20% in q1 2011,fueled by smartphone boom. 2011. http://techcrunch. com/2011/04/28/worldwide- mobile-phone-market-grew-20-in-q1-fueled-by-smartphone-boom/.

[16]　Willassen S. Forensic analysis of mobile phone internal memory. In: New York: Springer,2005:191-204. Advances in Digital Forensics.

[17]　Zhang Z. W. The research of MTK mobile phones flash file system recovery. Netinfo Secur. 2010,11:34-36.

第11章
RESTful IoT认证协议

H. V. Nguyen,L. Lo Iacono,科隆应用科技大学,科隆,德国。

▌摘要

IT 发展的未来,包括智能城市、智能建筑、智能家居、智能移动和"工业4.0"等,正在物联网(IoT)的基础上逐步实现。由于这些系统覆盖了大量网络实体,因此开发 IoT 系统的设计理念必须具有高度可扩展性。具象状态传输(REST)(通俗地讲即资源在网络中以某种表现形式进行状态转移)就是这样一种基于 Web 架构设计的方法。

由于其在可扩展性、互操作性和效率方面的优势,REST 已经在包括面向服务的体系结构和云计算的领域中得到广泛应用。而 REST 也在部署大规模 IoT 系统的实践中获得日益广泛的认可。由于物联网应用程序共享很多敏感信息,所以如何保障信息的安全性首当其冲地成为大家关注的焦点。本章介绍了 RESTful IoT 协议的通用认证方法,该方法考虑了来自 REST 和IoT 环境架构设计的可扩展性和资源局限性。

■ 关键词

REST,安全,认证,物联网,CoAP,RACS。

■ 11.1 介绍

物联网(IoT)是实现未来 IT 愿景的重要基础,如智慧城市、智能建筑、智能家居、智能移动和"工业 4.0"。由于这些系统使用大量互相频繁通信的传感器和节点,所以用于开发物联网系统的设计理念必须具有高度可扩展性(Atzori 等,2010)。一种被称为具象状态传输(REST)的网络架构(Fielding,2000)可以满足这一要求。

REST 为设计大规模分布式系统提供了指引。由于其在可扩展性、互操作性和效率方面的优势,REST 的应用已经在面向服务的体系结构(SOA)(Erl 等,2012;Gorski 等,2014a,b)和云计算(Lo Iacono 和 Nguyen,2015a)中被广泛采用。因此,REST 在部署大规模 IoT 系统的实践中获得日益广泛的认可(Shelby 等,2014;Urien,2015)。由于物联网应用程序共享很多敏感信息所以如何保障信息安全性首当其冲地成为大家关注的焦点(Atzori 等,2010),因此,基于 IoT 环境的 REST 安全性变得至关重要。

本章介绍了 RESTful IoT 协议的认证概念,该协议考虑了来自 REST 架构设计和 IoT 网络与设备的可扩展性和资源局限性。本章安排如下:在 11.2 节介绍了 REST 基本知识。在此基础上,11.3 节简要介绍了受限应用协议(CoAP)(Shelby 等,2014)和远程应用协议数据单元(APDU)呼叫安全(RACS)(Urien,2015)两种用于 IoT 域的 RESTful 协议。在 REST 及其技术实例化的基础上,11.4 节提出了一种方法用于为任何类型的基于 REST(IoT)的系统开发安全方案。遵循这种方法,11.5 节通过集成认证(Lo Iacono 和 Nguyen,2015b)对 REST 进行扩展,同时保持与 REST 本身相同的抽象级别。11.6 节利用拟议的安全方案作为指南以帮助实施 CoAP(Nguyen 和 Lo Iacono,2015)和 RACS 具体认证协议。基于这些结果,11.7 节对本章进行了总结,并提出了未来的研究发展方向和挑战。

11.2 REST 基础

Roy Fielding 在他的博士论文中介绍了 REST 的架构设计(Fielding,2000)。这个概念后面的基本想法是为设计高度可扩展的分布式软件系统提出架构约束。这些约束描述如图 11.1 所示。

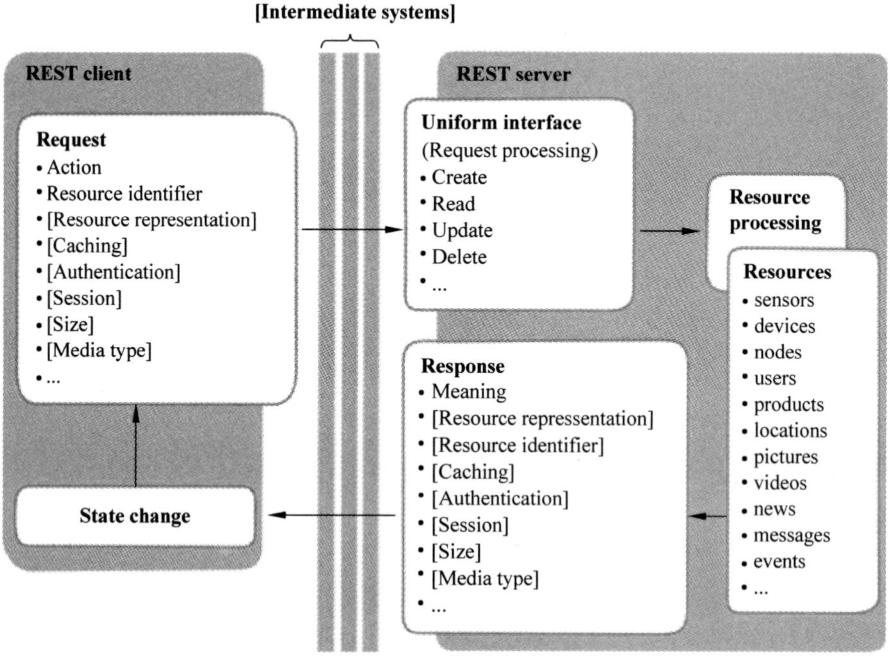

图 11.1 REST 约束和原理(Gorski 等,2014a)

REST 中 的 通 信 基 于 客 户 端/服 务 器(client-server)和 请 求/响 应(request-response)模型。因此,始终是由客户端向服务器发起对某一资源的寻址请求。在 REST 概念中,资源是信息的抽象定义,是为了帮助人类理解和机器处理。因此,资源可以代表多种类型的信息。此外,由于资源必须通过唯一的资源标识符(URI)来寻址,因此每个寻址请求(Request)必须包括资源标识符(URI)。这样,结合所请求的动作,两个数据元素就定义了请求的意图和目标。资源标识符的语法和请求动作必须有统一接口标准和预定义,这样 REST 体系结构中的所有组件才能够都理解请求的意图和目标。Fielding 并没有为基于 REST 的系统指定任何具体的操作;一组固定动作的定义不如说是统一接口的某种实现方式。基于 REST 的系统主要使用创建、读取、更新和删除资源等操作。根据动作的种类,请求可以包括诸如用于创建或更新的资源来表示。除了资源标识符语法和请求动作之外,统一接口还对一组固定的元数据(Metadata)元素做了进一步描述,例如资源表示的大小和媒体类型。由于 REST 消息有"无状态"和"可缓存"的特点,因此元数据还可以定义其状态信息,例如身份验证或会话数据和缓存信息。由于 REST 中的请求包含所有必需的数据元素,包括操作、资源标识符、状态和缓存信息以及其他元数据,其语义对于任何一个服务器都是自描述的。这意味着任何一个服务器均可以理解请求的意图,而不需要保持某一特定状态,并且无须事先知道客户端,因为所有请求都是自描述的,并且所有数据元素都是标准化的。

REST 消息的无状态和自描述特性使得它们非常适合于中间处理。因此,基于 REST 系统的通信流经常被多个中间系统分层处理,以确保效率和可扩展性。例如,中间组件被用于缓存消息,使服务器免于对消息做重复处理从而减少通信延迟。负载均衡器是另一个普遍应用的中间组件,用于在多个服务器之间平均分配工作任务,以提供可扩展性。其他中间组件包括执行认证的安全网关,以及封装传统的或其他相关服务的访问控制或交叉协议代理器。

一旦请求被服务器处理,端点(Endpoint)返回一个响应(Response)告知请求的结果。与请求一样,响应可以包含更多的元数据,诸如认证或高速缓存信息,以及资源表示(采用何种数据结构表示资源)和资源表示的元数据。此外,REST 响应的元数据和资源表示可以包含定义应用控制信息的超媒体元素,即对嵌入在元数据和资源表示中资源标识符的操作进行描述。

返回响应中的元数据和资源表示会触发客户端内部的状态更改。根据响应中的超媒体信息,客户端可以不断重复选择进一步的请求或状态改变动作以实现最初的目的。这种应用程序控制概念被称为"超媒体驱动应用程序状态",这是 REST 的重要接口约束之一。

所有这些前述原理和约束都是对 RESTful 架构的描述。RESTful 架构可以提升接口的通用性、可扩展性和组件的独立部署,同时还可以减少延时、增强安全性并实现对传统和相关系统的封装。

超文本传输协议(HTTP)(Fielding 和 Reschke,2014)与 REST 的原理和约束相一致,因为它也是基于 client-server 和 request-response 模型。此外,它指定一组请求动作(即 HTTP 方法)和一组另外的元数据,例如报头字段或状态码。HTTP 中的资源可以通过标准化资源标识符语法来寻址,即 URI 语法(Berners-Lee 等,2005)。此外,HTTP 消息可包含诸如 JSON(Crockford,2006)、HTML(Hickson 等,2014)或 XML(Bray 等,2008)的资源表示。元数据和资源表示可以包含关于超媒体关系(即链接或资源标识符)的描述,以描述客户端下一个可能的状态改变或请求。此外,HTTP 消息也是无状态和可缓存的,因此可以在中间组件(如代理、缓存服务器或负载平衡器)中进行处理,而不会保存任何上下文信息。HTTP 最初是作为世界上最大的分布式系统 Web 的技术基础而发明的。

11.3　RESTful IoT 协议

由于互联网的成功和 REST、SOA(面向服务的体系结构)、云计算的优势,IoT 领域已经采用了这种架构设计的原理和约束来实现高度可扩展的服务系统。对于旨在实现全球分布式互连系统的 IoT,CoAP(受限应用协议)和 RACS(远程应用协议数据单元呼叫安全)这两种 RESTful 协议被提出,它们特别关注受限的设备和网络。

11.3.1　RESTful CoAP

CoAP(Shelby 等,2014)是基于 HTTP 的二进制应用协议。作为 HTTP 消息,CoAP 消息被分为两部分:包括元数据的头部和包含资源表示的消息主体(有效载荷)。每个 CoAP 报头由包含版本号(V)、消息类型(T)、令牌长度(TKL)、代码(C)和消息 ID(MID)的起始报头开始。与 HTTP 相反,CoAP 默认使用用户数据报协议(UDP)(Postel,1980)。UDP是一种不可靠的传输协议。为了确保传输可靠性,CoAP消息需要被确认,这种消息属于消息类型0(T=0)。可确认消息的接收必须由确认消息(ACK)核准,确认消息属于消息类型2(T=2)。接收方还可以通过发送复位消息(RST)来拒绝可确认的消息,这些复位消息属于消息类型3(T=3)。不可确认的CoAP消息属于消息类型1(T=1)。令牌长度描述令牌的大小,用于将响应与相应的请求相匹配。对于请求,动作(即请求动作)由代码定义。CoAP提供四种动作:GET(C=0.01)、POST(C=0.02)、PUT(C=0.03)和DELETE(C=0.04)。这些动作具有与HTTP中的动作相同的功能和属性。CoAP响应使用数字代码来表示状态代码,例如Content(C=2.05),声明响应包含资源表示,而错误请求(C=4.00)或内部服务器错误(C=5.00)代码会通知客户端到底是客户端错误,还是服务器端错误。消息ID是CoAP起始报头的结尾。该ID是一种标识符,用于将重置或确认消息链接到其相应的可确认消息上。其他元数据可以由CoAP可选项描述。Uri-Path和Uri-Query是在CoAP请求中定义资源标识符的重要选项。Accept选项是用于声明所请求的媒体类型的另一个关键元数据元素。用于定义资源表示的媒体类型的另一个必选项是content-format。CoAP消息头与消息主体之间的分隔定界符为255(11111111二进制)。

图11.2描述了从CoAP服务器检索一个JSON资源表示(表示为50,代表application/json)的CoAP请求。该请求得到了一个所谓的piggybacked应答,该应答同时带有确认以及响应消息。这样的应答包含与相应请求相同的令牌值和消息ID。

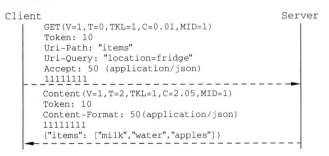

图11.2 通过piggybacked应答回复的CoAP请求

如果服务器不能立即返回 piggybacked 应答,则它可以发送明文确认消息以通知客户端服务器已成功接收请求(图 11.3)。该确认消息包含空令牌值,并且消息 ID 与相应的可确认请求消息 ID 相同。一旦服务器能够返回响应,它就向客户端发送具有与对应请求相同令牌值的可确认响应。这种所谓的 separate 响应包含新的消息 ID,因为它本身表示一条待确认的消息。接收 separate 响应的客户端必须确认该消息的接收,新的确认消息应包含 separate 响应的消息 ID。

```
Client                                                      Server
    | GET(V=1,T=0,TKL=1,C=0.01,MID=1)                           |
    | Token: 10                                                 |
    | Uri-Path: "items"                                         |
    | Uri-Query: "location=fridge"                              |
    | Accept: 50 (application/json)                             |
    | 11111111 ------------------------------------------------>|
    |                                                           |
    | ACK(V=1,T=2,TKL=0,C=0.00,MID=1)                           |
    |<------------------------------- 11111111                  |
    |                                                           |
    |                    ... Time passes ...                    |
    |                                                           |
    | Content(V=1,T=0,TKL=1,C=2.05,MID=2)                       |
    | Token: 10                                                 |
    | Content-Format: 50(application/json)                      |
    | 11111111                                                  |
    |<--------- {"items": ["milk","water","apples"]}            |
    | ACK(V=1,T=2,TKL=0,Codo=0.00,MID=2)                        |
    | 11111111 ------------------------------------------------>|
```

图 11.3　由单独响应回复的 CoAP 请求

CoAP 基于 HTTP,它包含了作为 RESTful 协议的所有特性。CoAP 中的通信是无状态的,并遵循 client-server 和 request-response 模型。CoAP 请求始终包含用于标识所请求资源的 URI。此外,CoAP 指定一组请求动作(即 CoAP 动作)和另外的描述缓存信息或资源表示的媒体类型的元数据。标准化的元数据和 CoAP 的无状态性质同时满足,消息是自描述的,使得它们得以优化并在分层系统中被处理。

▶ 11.3.2　RESTful RACS

RACS(远程应用协议数据单元呼叫安全)(Urien,2015)是根据 REST 设计的应用层协议。RACS 旨在对安全单元网格(GoSEs)即 RACS 服务器内的安全元素(SE)进行远程控制。SE 是一种防篡改微控制器,在智能卡中提供安全存储和加密操作。如 RACS 这个名字所指,该协议也用于传输远程应用协议数据单元(APDU)(国际标准化组织(ISO),1987)消息。

APDU 是一个独立的协议,它规定并管理如何在 SE 上执行面向应用层的操作。RACS 是一种基于文本的协议,它使用传输控制协议(TCP)传输数据(Postel,1981)并采用传输层安全协议(TLS)(Dierks 和 Rescorla,2008),而 APDU 作为二进制协议由自身的标准化安全规范保护。同 HTTP 和 CoAP 一致,RACS 使用 URI 语法来标识诸如安全单元网格或安全元素之类的资源。每个安全单元网格可以通过 IP 地址和 TCP 端口进行寻址得到。安全单元网格中的每个安全元素都具有唯一标识符"安全元素标识符"(SEID),因此可以通过 IP 地址、TCP 端口和 SEID 组成的 URI 请求来访问安全元素。

RACS 中的每个消息由一组命令行组成,由回车符和换行符分隔。命令可以包含由空格字符分隔的其他参数。每个 RACS 消息由 BEGIN 开始,由 END 结束。BEGIN 命令可以包含作为参数的请求标识符,它可以是任何种类的字符串。对应请求的响应中必须在其 BEGIN 指令中包含请求标识符。RACS 协议定义了以下一组请求动作命令:GET-VERSION、SET-VERSION、LIST、RESET、SHUTDOWN、POWERON、ECHO 和 APDU。一个请求可以由多个请求动作命令组成,而每个请求动作命令都要另起一行。一般情况下,相应的响应结果只要返回最后一个请求动作命令的状态行就可以了。要强制服务器返回不同请求动作命令的状态行,必须将 APPEND 以参数的形式添加在相应请求动作命令行的最后。

每个请求动作命令都由状态数据头来响应,也就是状态行。因此,RACS 响应可以包含多个状态行,每个状态行返回其相应的请求动作命令的处理结果。在请求得到成功处理的情况下,状态行以加号(+)开始。如果请求出现错误,则状态行将以减号(-)开头。状态行的第二个参数是一个整数,表示状态码。此参数后跟一个数字,指示正在处理的请求操作命令的命令行。状态行还可以包含其他参数,诸如以可读形式解释状态代码的状态短语。

表 11.1 描述了 RACS 中的一些 request-response 通信的例子。第一行显示了一个包含 GET-VERSION 请求动作命令的 RACS 请求。该请求动作命

令得到由包含成功状态代码、相应请求动作命令的命令行和所请求版本号的 RACS 应答。第二个例子是一个含有请求 ID 和 LIST 请求动作命令的请求。该请求得到包含相应的请求 ID、描述含义的状态行和请求的安全单元网格的安全元素标识符的列表。在第 3 行中是一个 RESET 动作命令的请求。此请求操作命令包括参数 WARM，该参数触发安全元素的热重启。最后一个示例中的请求包含两个请求操作命令，共发送两个 APDU 请求。为了在每个请求动作命令返回状态行时通知服务器，每一行的末尾都添加了APPEND 参数。

表 11.1　RACS 请求和响应示例

序号	RACS 请求	RACS 响应
1	BEGIN GET-VERSION END	BEGIN + 002 001 1.0 END
2	BEGIN myRequestID LIS T END	BEGIN myRequestID + 004 001 < SEID1 > < SEID2 > END
3	BEGIN RES ET < SEID > WARM END	BEGIN + 005 001 < SEID > Reset Done END
4	BEGIN APDU< SEID >< APDU Request1 > APPEND APDU< SEID >< APDU Request2 > APPEND END	BEGIN + 006 001 < APDU Response1 > + 006 002 < APDU Response2 > END

　　RACS 还支持 HTTP 接口。要通过 HTTP 接口执行 RACS 请求，必须创建具有以下语法的 URI：https://< GoSEAddr：port >/< path >?cmd0 = param0，…，< paramN > & cmdN = paramN0…，paramNM

　　以下示例中的请求，包含一个执行热重启的 RESET 请求操作命令。

　　https://GoSE. org/RACS?BEGIN = myRequestID & RESET = SmartCard1，WARM & END =

返回的 HTTP 响应包括一个资源表示,该资源表示以 XML 的格式中对
RACS 响应进行了描述。

```
< RACS - Response >
< begin > myRequestID < /begin >
< Cmd - Response >
< status > + 005 < /status >
< line > 001 < /line >
< parameters >
< parameter > SmartCard1 < /parameter >
< parameter > Reset < /parameter >
< parameter > Done < /parameter >
< /parameters >
< /Cmd - Response >
< end >< /end >
< /RACS - Response >
```

目前,RACS 草案的规范尚未指定在 HTTP 接口上执行 RACS 请求必须
使用哪种 HTTP 方法,也还没有指定 HTTP 响应的 HTTP 状态代码,该 HTTP
响应包含 RACS 响应信息。甚至,RACS 当前版本不包含作为 RESTful 协议
的所有必需特性。RACS 协议基于无状态 client-server 模型和 request-
response 模型,并且定义了一组预定义的请求动作以及其他标准化的元数
据。此外,RACS 服务器及其安全元素都可以通过 URI 寻址。但是,RACS 未
指定用于缓存或传输资源表示的任何元数据。RACS 请求只能包括 APDU
调用。或许上述缺少的 RESTful 消息属性在 RACS 的应用领域没有必要,也
可能会在将来的版本中定义。

■11.4 RESTful IoT 协议的安全性

当涉及物联网的系统设计时,安全是一个基本要求。在基于 REST 的
IoT 系统中,为确保消息交换的安全,在面向传输相关的协议中加入安全性
已经被确立为事实上的行业标准。例如,CoAP 使用数据包传输安全协议
(DTLS)(Rescorla 和 Modadugu,2006)来确保传输层的机密性和完整性。此

外,已经发布了若干为了在受限网络和环境中部署而优化 DTLS 的研究成果
(Park 和 Kang,2014；Kang 等,2015)。RACS 协议需要 TLS 作为基于 TCP 传
输的强制安全层。

然而,在分层系统中,仅通过采用 REST 和使用 DTLS 或 TLS 的传输安全
性还不足以满足大规模分布式系统的需求(Gorski 等,2014)。面向传输的安
全协议只能确保传输过程中信息的完整性、真实性和保密性,消息如果驻留
在中间系统中则数据得不到保护,从而容易受到攻击(Lo Iacono 和 Nguyen,
2015；Nguyen 和 Lo Iacono,2015)。

为此,需要开发更全面的安全手段,使软件工程师可以部署传输安全性
更高的面向消息的保护机制。因此,Gorski 等人(2014)针对基于 REST 的服
务系统提出了一个 REST-Security 堆栈的安全组件(见图 11.4)。这个堆栈
的灵感来自于已经很成熟的简单对象访问协议(SOAP)安全领域。

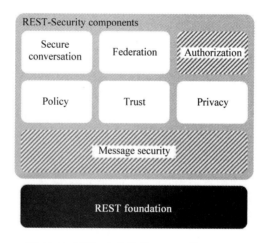

图 11.4　REST 安全堆栈(Gorski 等,2014a)

除了用于开发 REST-based 系统整体防护所必需的安全模块之外,该堆
栈还揭示了 REST-Security 中缺失的和分散的模块。这里,到目前为止只有
用于授权和消息安全的方法可用,安全对话、联合、策略、信任和隐私方面的
解决方案仍然空白。此外,如 Lo Iacono 和 Nguyen(2015),Nguyen 和 Lo
Iacono(2015),Yang 和 Manoharan(2013),Sun 和 Beznosov(2012)所揭示的,
授权和消息安全的解决方案还有很多漏洞,即便采用了上述这些技术,系统

依然可能有中间人攻击的风险。这表明它们都还不够成熟,不足以应用于重要任务和关键商业系统中。此外,已有的方法仅适用于 HTTP 或 CoAP,这意味着 RACS 没有可用的消息安全技术。HTTP、CoAP 和 RACS 仅仅是用于实现基于 REST 系统的三种代表协议。随着在例如 SOA、微服务、云计算和IoT 中 REST 越来越多地被采纳,可以预见更多的 RESTful 协议将如雨后春笋般得到迅猛发展。而这要求开发一个通用的 REST-Security 框架,它为所有REST-based 的系统提供保护,包括当前的和潜在的 RESTful 技术。

　　基于这一发现,本节提出了一种用于定义 REST 安全组件的方法,该方法的核心思想和 REST 本身的思想相同:REST 是用于设计大规模分布式系统的抽象模型。该模型可采用任何类型的、任何适用的技术(如 HTTP,CoAP或 RACS)来构建高度可扩展的服务系统,如 Web,IoT,SOA 或云应用程序(见图 11.5)。

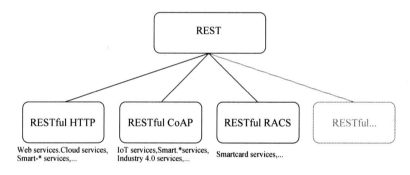

图 11.5　将通用 REST 架构设计实例化为特定的 RESTful 协议

　　遵循这一概念,REST-Security 方案应该依赖于与 REST 本身相同的抽象级别。这些方案构成 REST-Security 抽象模型,成为构建一套用于实现任何类型 RESTful 协议的安全技术准则的指南(参见图 11.6),就如同 REST 是使用 RESTful 技术(如 HTTP,CoAP 和 RACS)设计高可扩展分布式系统的指南(参见图 11.5)。

　　11.5 节提出了遵循此方法的 REST 消息认证(REMA)方案。REST 消息认证标志着 REST 消息安全性的开端,它为 REST-Security 堆栈的其他 REST-Security 组件构建了基础(参见图 11.4)。

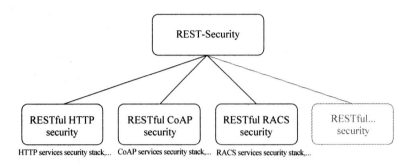

图 11.6 将通用 REST-Security 实例化为特定的 RESTful 协议

▌11.5 REST 消息认证

REST 消息认证必须确保整个 REST 消息的真实性和完整性,使其免受各种中间人攻击。按照前述方法论,本节介绍一种可以在保持与 REST 本身相同抽象级别的前提下,通过身份验证方案增强 REST 安全性的方法。该通用方案可作为针对不同 RESTful 协议(包括 HTTP,CoAP,RACS 和其他可能协议)采用 RESTful 消息认证的消息认证指南(参见图 11.7)。

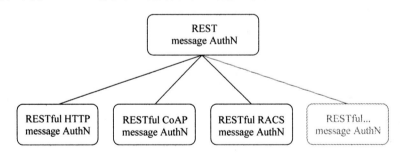

图 11.7 将 RESTful 消息认证实例化为 RESTful 协议

REST 消息认证的核心思想是通过在应用层保护整个消息,阻止在 Lo Iacono 和 Nguyen(2015b),Nguyen 和 Lo Iacono(2015)中揭示的中间人攻击。为此,需要计算所有安全相关消息元素上的数字签名。因此,需要定义消息签名算法和消息验证算法。在得以签署和验证 REST 消息之前,如何鉴定哪些 REST 消息元素需要认证的通用规则需要先定义。请注意,此策略和本节均采用 Lo Iacono 和 Nguyen(2015b),Nguyen 和 Lo Iacono(2015)选取的 REST 消息抽象符号。有关这些符号的更多细节,读者可参考 Lo Iacono 和 Nguyen(2015b),Nguyen 和 Lo Iacono(2015)。

(1) 一个包括资源表示的消息 $r \in R$ 必须包括至少两个资源表示元数据实体,$m_{bl} \in M_b$ 和 $m_{bt} \in M_b$,分别描述所包含的资源表示的长度和媒体类型。

(2) 一个请求 $r \in R$ 必须包含至少一个控制数据元素 $m_{ca} \in M_{ca}$ 和一个资源标识符 $i \in I$,以描述一个动作和该动作的目标。

(3) 一个响应 $r \in R$ 必须包含至少一个控制数据元素 $m_{cm} \in M_{cm}$,表示响应的含义。

(4) 一个读取请求必须包含至少一个描述所请求的期望媒体类型的资源表示元数据 $m_{br} \in M_b$。此外,此请求必须不能包含资源表示。

(5) 一个创建请求必须包含一个资源表示。

(6) 一个更新请求必须包含一个完整或部分的资源表示。

(7) 除非另有要求,否则一个删除请求不需要任何额外的前提条件消息头元素。此外,此请求必须不能包括资源表示。

基于以上定义,本节提出了 REST 消息的通用签名和验证算法。下一步就是要对统一接口和应用域的技术实例化。

▶ 11.5.1 REST 消息签名

算法 1 定义了签署 REST 消息的过程。注意,由于文章可读性原因,隐去了错误条件处理。该算法要求有一个 REST 消息 r、一个关于特定应用程序的待签名报头元素的描述 desc,以及一个生成签名用的密钥 k 作为输入。

算法 1

REST 消息签名(Lo Iacono 和 Nguyen,2015b)

输入:REST 消息 r,关于特定应用程序的待签名报头元素的描述 desc,生成签名用的密钥 k

输出:签名值 sv,时变参数 tvp

: b←getBody(r)

: h←getHeader(r)

```
: h̃← getTbsHeaders(h)
: h̃← |h̃| getTbsHeaders(h,desc)
: tvp←generateTimeVariantParameter( )
: tbs←tvp
: i←0
: while i < |h̃| do
: tbs←tbs || delimiter || normalize(h̃)
: i←i + 1
: end while
: tbs←tbs || delimiter || hash(b)
: sv←sign(k,tbs)
```

前两个语句是从消息 r 中提取消息主体 b 和消息头 h。然后下一步从 h 中采集与安全相关的消息头条目，并将其存储到 h̃，该 h̃ 表示包含策略定义的关键安全消息头元素的消息头。之后，由 desc 定义的特定应用程序的、与安全相关的消息头实体被附加在 h̃ 上。为了阻止重放攻击，接下来的步骤是生成时变参数 tvp 并将其分配给变量 tbs。即使当 h̃ 中已经有另一个时间变量时，也不能省略这两个步骤，因为在消息生成和签名生成之间可能存在相当长的时间间隔。接下来，所有与安全相关的消息头条目被标准化并联接到 tbs。然后，计算消息主体 b 的加密散列并将其附加到 tbs。最后一步是用密钥 k 来签名 tbs。然后算法返回签名值 sv 和时变参数 tvp 作为输出结果。

为了引导接收方验证签名的 REST 消息，必须创建认证控制数据 $M_{qu} \in M_{cp}$，其包含签名算法名称 sig，哈希算法 hash，密钥 id kid，时变参数 tvp，签名值 sv，以及特定应用程序报头元素的描述 desc。创建 m_{cpa} 后，此元数据包含在消息头 h 中。

▷ 11.5.2　REST 消息验证

算法 2 描述了验证由算法 1 签名的 REST 消息的过程。注意，由于文章可读性原因，隐去了错误条件处理；此算法仅需要签名的 REST 消息 r 作为输入。与算法 1 一样，算法 2 的前两个步骤从消息 r 提取消息主体 b 和消息头 h。之后，可以由 h 获得 m_{cpa}，m_{cpa} 中包含指引接收器去验证 REST 消息的

所有信息。第 5 行中的语句根据策略构造 $\tilde{h}$。下一步将把 desc 指定的特定
应用程序消息头附加到 $\tilde{h}$ 后。在构建 $\tilde{h}$ 之后，tvp、$\tilde{h}$ 中所有元素和 b 的加密
散列按照与算法 1 中相同的方法联接到 tbs。有了 kid,tbs 和 sv，就可以验
证签名的消息 r。然后将该验证过程的结果作为输出返回。

算法 2

REST 消息签名验证（Lo Iacono 和 Nguyen,2015b）

Input：Signed REST message r

Output：Boolean signature verification result valid

: b ← getBody(r)

: h ← getHeader(r)

: m_{cpa} ← getAuthenticationControlData(h)

: (sig,hash,kid,tvp,sv,desc) ← split(m_{cpa})

: $\tilde{h}$← getTbsHeaders(h)

: $\tilde{h}$← |$\tilde{h}$|getTbsHeaders(h,desc)

: tbs ← tvp

: i ← 0

: while i < |$\tilde{h}$| do

: tbs ← tbs||delimiter||normalize($\tilde{h}$)

: i ← i + 1

: end while

: tbs ← tbs||delimiter||hash(b)

: verify ← getVerificationAlgorithm(sig)

: valid ← verify(kid,tbs,sv)

▍11.6　RESTful IoT 消息认证

本节采用了对 CoAP 和 RACS 拟议的认证方案，并以此来展示在
RESTful IoT 技术中它们是如何被实现的。与此类似，可以进一步实现以后
的 RESTful IoT 协议。

▶ 11.6.1 RESTful CoAP 协议的消息验证

下表的两个模板显示了为构建 tbs,算法 1 的实例化连接过程。左侧模板描述了 CoAP 请求和响应的构造规则,其中时间变量参数(tvp)、所有安全相关的消息头元素(h̄)和消息主体(b)被连接到字节数组。右侧定义了确认消息(ACK)和复位消息(RST)的联接过程。在此,由于这两种消息类型都不包含消息主体,因此只有 tvp 和 h̄ 被联接到一个字节数组。Nguyen 和 Lo Iacono(2015)描述了在 CoAP 中,通过被采用和被扩展的策略来构造 h̄;读者可自行查阅作进一步参考。

tbs Constructing Template for CoAP request and responses	tbs Constructing Template for CoAP ACK and RST
Tvp	tvp
||Version	||Version
||TokenLength	|| TokenLength
||Code	||Code
||MessageID	||MessageID
||Token	
||Options0	
…	
||OptionsN	
||hash(body)	

假设以下请求和确认消息需要签名:

Example CoAP request	Example CoAP ACK
POST (V = 1, T = 0, TKL = 1, C = 0.02, MID = 1)	ACK (V = 0, T = 2, TKL = 0, C = 0.00, MID = 1)
To ken:10	11111111
Uri − Path:"items"	
Content − Format:60	
Paylo ad − Length:15	
11111111	
{"items":"po rk"}	

根据 Nguyen 和 Lo Iacono(2015)的策略,两个消息的 tbs 构造如下:

tbs of Example CoAP request	tbs Constructing Template for CoAP ACK and RST
0x14D14486B51 ♯ tvp	0x14D14486B57 ♯ tvp
‖ 0x01 ♯ Version	‖ 0x01 ♯ Version
‖ 0x00 ♯ Type	‖ 0x02 ♯ Type
‖ 0x01 ♯ TokenLength	‖ 0x00 ♯ TokenLength
‖ 0x02 ♯ Code	‖ 0x00 ♯ Code
‖ 0x01 ♯ Message-ID	‖ 0x01 ♯ Message-ID
‖ 0x0A ♯ Token	
‖ 0x00 ♯ Uri-Host(3)	
‖ 0x00 ♯ Uri-Port(7)	
‖ hash(UTF8("items")) ♯ Uri-Path(11)	
‖ 0x60 ♯ Content-Format(12)	
‖ 0x00 ♯ Max-Age(14)	
‖ 0x00 ♯ Uri-Query(15)	
‖ 0xF0 ♯ Payload-Length (65001)	
‖ hash (UTF8({"item":"po rk"}))	
♯ Body	

CoAP 起始报头内数据的联接顺序遵循这些报头条目的预定义位置。CoAP 根据选项号的顺序联接。在两个 tbs 都构建完成之后,这两个选项都由签名生成密钥 k 签名。

$$sv = sign(k, tbs)$$

最后一步是将计算的签名值 sv 和相应的认证元数据分配给新引入的 CoAP 选项:签名值(sv)、签名算法(sig)、散列算法(hash)、TVP(tvp)和秘钥 ID(kid)。这些选项就代表了 m_{cpa},并被包含在消息头 h 中。

Signed CoAP request	Signed CoAP ACK
POST (V = 1, T = 0, TKL = 1, C = 0.02, MID = 1)	ACK (V = 0, T = 2, TKL = 0, C = 0.00, MID = 1)
Token:10	11111111
Uri-Path:"items"	Signature-Algorithm:1
Content-Format:60	Hash-Algorithm:1
Payload-Length:15	TVP:

续表

Signed CoAP　request	Signed CoAP　ACK
Signature-Algorithm：1 Hash-Algorithm：1 TVP： Signature-Value：< sv > Key-ID：< kid > 11111111 {"items"："pork"}	Signature-Value：< sv > Key-ID：< kid >

REST 消息认证的这种 CoAP 实现方法使用数字标识声明签名算法和散列算法的名称。签名算法选项中的数字 1 代表 HMAC-SHA256。而 Hash-Algorithm 选项中的相同数字 1 则表示 SHA256。这些示例中将省略对特定应用程序的消息头条目 desc 的描述，因为 ACK 和 RST 消息不能包含 CoAP 选项，并且示例中的请求也没有打算将特定应用程序的选项包含在 $\tilde{h}$ 中。此外，RECMA 有效载荷长度（Payload-Length）选项来定义消息的大小。此选项不是标准化元数据元素；它仅是草案规范，且已经过期了。尽管如此，RECMA 仍然使用此选项，并将该元数据条目声明为 $\tilde{h}$ 的元素，以遵守传输独立约束并避免中间人攻击操纵消息主体（Fielding，2000；Nguyen 和 Lo Iacono，2015）。

▷ 11.6.2　RESTful RACS 消息认证

下表显示了用于认证 RACS 消息的两个模板。与 CoAP 相反，它是基于文本的协议，RERMA 使用字符串连接而不是字节连接。

tbs of Example CoAP request	tbs Constructing Template for RACS request
tvp + "\n" + rid + "\n" + a0 + " " + p0 + " " + … + pN + " \n" + … aM + " " + pM0 + " " + … + pMN + "\n" +	tvp + "\n" + rid + "\n" + sc + " " + cl0 + " " + p0 + " " + … + pN + "\n" + … sc + " " + clM + " " + p0 + " " + … + pMN + "\n" +

左边的模板描述了请求的构造过程。根据算法 1,分配给 tbs 的第一个参数是时变参数(tvp),后面是换行符(\n)。接下来,加上了具有换行符的请求 ID(rid)。如果请求未包含请求 ID,则必须添加空字符串。之后,由换行符分隔的包含请求操作命令的每个命令行将联接到 tbs。对于每个命令行,必须首先添加请求动作命令(a),然后附加相应的请求动作命令参数(p)。每个参数必须用空格分隔。

右侧的模板表示 RACS 响应的构造过程。tvp 和请求 ID 的添加方式和左模板中相同。随后附加状态代码(sc),后面跟着相应请求操作命令和参数的处理命令行(cl)。由于目前阶段,RACS 没有定义如何传输和声明资源表示,因此在 RERMA 的当前阶段中省略此部分。如果在 RACS 中定义了资源表示形式的转移和声明,则接下来的工作将扩展 RERMA。假设以下两个RACS 消息需要认证:

Example RACS request	Example RACS response
BEGIN	BEGIN
APDU SmartCard1 < Request1 > APPEND	+ 006 001 < APDU Response1 >
APDU SmartCard1 < Request2 > APPEND	+ 006 002 < APDU Response1 >
END	END

基于算法 1 和上表中的模板,两个消息的 tbs 构造如下:

tbs of Example RACS request	tbs of Example RACS response
1455190341456	1455190341556
APDU SmartCard1 Base64(< APDU Request1 >) APPEND	+ 006 001 Base64(< APDU Response2 >)
APDU SmartCard1 Base64(< APDU Request2 >) APPEND	+ 006 002 Base64(< APDU Response2 >)

然后两个字符串被编码为 UTF8 并用密钥 k 签名。由于 RACS 是基于文本的协议,因此生成的二进制签名值必须通过 Base64 转换为字符串:

$$sv = Base64(sign(k,UTF8(tbs)))$$

最后,sv 和相应的认证元数据(m_{cpa})作为新的命令行添加到请求中,以新定义的命令动作 SIGNATURE 开始。请注意,此命令操作被认为

325 ·

是实验性的,它在当前 RACS 规范中并不存在。因此,m_{cpa} 的表示在将来可能改变,以符合即将到来的 RACS 草案规范。在 RACS 响应中,m_{cpa} 包括在状态行中,这与 RACS 规范相符,因为状态报头可能包含额外的响应参数。

Signed Example RACS request	Signed Example RACS response
BEGIN	BEGIN
APDU SmartCard1 < Request1 > APPEND	+ 006 001 < APDU Response1 >
APDU SmartCard1 < Request2 > APPEND	+ 006 002 < APDU Response1 >
SIGNATURE RS A/S HA256 < kid >	+ 006 003 SIGNATURE RSA/SHA256
1455190341456 null < sv >	< kid > 1455190341556 null < sv >
END	END

这两个消息都不包括要签名的特定应用程序元数据。因此,SIGNATURE 命令行的第五个参数定义为 null。如果需要对额外消息头元素进行签名,则必须包含由逗号分隔的参数位置编号的列表。

如果使用 HTTP 接口来执行 RACS 请求,则必须使用 RESTful HTTP 消息认证(REHMA)(Lo Iacono 和 Nguyen,2015b)来认证 HTTP 消息。

11.7 结论和展望

REST 已经成为开发大规模超媒体分布式系统的重要架构设计。在 IoT 环境中,REST 的原理和约束已被若干应用领域采用,包括基于 CoAP 和 RACS 的系统。其他具有预期 RESTful 协议的 IoT 领域最终也会同样发展起来。随着在各种技术以及应用领域中 REST 概念的日益增长,以及对面向传输的数据保护不足,急需用通用的安全方法在同一抽象层上加固 REST 的安全。

因此本章提出了一种通过认证策略来扩展 REST 的方法,同时保留 REST 在其原本的抽象层上。该安全方案可作为实现 RESTful(IoT)协议的消息认证指南。基于该指南,本章分别介绍了用于 IoT 域中两个 RESTful 协议的 REST 消息认证方案,即 CoAP 和 RACS。

当使用不对称签名算法并使用适当的公钥基础结构时,REMA、RECMA和 RERMA 保证了 REST 消息和 RESTful 协议的完整性、真实性以及不可否认性。然而,为了达到全方位的消息安全,还必须考虑保密性。这一安全服务在分层系统中尤为重要,因为许多中间系统(例如缓存服务器、负载平衡器或内容交付网络)都是由第三方服务商操作的。如果 REST 消息未被加密,则这些中间服务可以以纯文本的访问遍历所有消息。这对于 IoT 环境尤其重要,因为在节点间相互传输着很多敏感信息。因此,需要开发 REST 消息机密性方案。该方案必须遵循所介绍的方法论,通过为 RESTful 技术定义所采用和实现的保密服务指南,RESTful 技术包括 HTTP、CoAP、RACS 和其他潜在的 RESTful 协议(见图 11.8)。

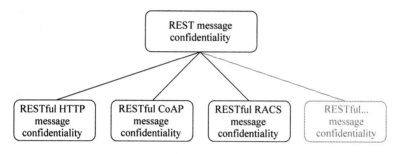

图 11.8 一般 RESTful 消息的保密性和具体 RESTful 协议的实例化

遵循此方法论,可以开发如图 11.4 所示 REST-Security 堆栈中的更多安全组件。所有这些步骤将在进一步的工作中进行阐述,为承担关键任务的 REST-based(IoT)系统构建一个通用和强大的安全框架。

▍参考文献

[1] Atzori L., Iera A., Morabito G. The Internet of Things: a survey. *Comput. Netw.* 2010; 54: 2787-2805. Available from: http://www.sciencedirect.com/science/article/pii/S1389128610001568.

[2] Berners-Lee T., Fielding R., Masinter L. *Uniform Resource Identifier (URI): Generic Syntax.* IETF, RFC 3986. Available from: https://tools.ietf.org/html/rfc3986. 2005.

[3] Bray T., Paoli J., Sperberg-McQueen C. M., Maler E., Yergeau F. *Extensible Markup*

Language（*XML*）1.0. World Wide Web Consortium（W3C）Recommendation fifth ed. 2008. Available from: http://www.w3.org/TR/2008/REC-xml-20081126.

[4] Crockford D. *The Application/json Media Type for JavaScript Object Notation* （*JSON*）. IETF, RFC 4627. Available from: http://www.ietf.org/rfc/rfc4627. txt. 2006.

[5] Dierks T., Rescorla E. The Transport Layer Security（TLS）Protocol Version 1.2. IETF,RFC 5246. Available from: https://tools.ietf.org/html/rfc5246. 2008.

[6] Erl T., Carlyle B., Pautasso C., Balasubramanian R. SOA With REST: *Principles, Patterns & Constraints for Building Enterprise Solutions With REST*. first ed. Upper Saddle River,NJ: Prentice Hall Press,2012.

[7] Fielding R. T. *Architectural Styles and the Design of Network-Based Software Architectures*. （Doctoral dissertation）In: Irvine: University of California; 2000. Available from: https://www.ics.uci.edu/~fielding/pubs/dissertation/top.htm.

[8] Fielding R., Reschke J. *Hypertext Transfer Protocol*（*HTTP/1.1*）: *Message Syntax and Routing*. IETF, RFC 7230. Available from: https://tools.ietf.org/html/ rfc7230. 2014.

[9] Gorski P.L., Lo Iacono L., Nguyen H.V., Torkian D.B. *Service security revisited*. In: 11th IEEE International Conference on Services Computing（SCC）,2014a.

[10] Gorski P.L., Lo Iacono L., Nguyen H.V., Torkian D.B. *SOA-readiness of REST*. In: 3rd European Conference on Service-Oriented and Cloud Computing,2014b.

[11] Hickson I., Berjon R., Faulkner S., Leithead T., Navara E.D., O'Connor E. Pfeiffer S. HTML5—*A Vocabulary and Associated APIs for HTML and XHTML*. *W3C Recommendation*. Available from: http://www.w3.org/TR/html5/. 2014.

[12] Kang N., Park J., Kwon H., Jung S. ESSE: efficient secure session establishment for Internet-integrated wireless sensor networks. *Int. J. Distrib. Sens. Netw.* 2015; 2015:doi:10.1155/2015/393754.

[13] Lo Iacono L., Nguyen H.V. *Towards conformance testing of REST-based web services*. In: 11th International Conference on Web Information Systems and Technologies（WEBIST）,2015a.

[14] Lo Iacono L., Nguyen H.V. *Authentication scheme for REST*. In: International Conference on Future Network Systems and Security（FNSS）; Switzerland: Springer International Publishing,2015b.

[15] Nguyen H.V., Lo Iacono L. *REST-ful CoAP Message Authentication*. In: International Workshop on Secure Internet of Things（SIoT）,in Conjunction With the European Symposium on Research in Computer Security（ESORICS）,2015.

[16] Park J., Kang N. *Lightweight secure communication for CoAP-enabled Internet of*

Things using delegated DTLS handshake. In：International Conference on Information and Communication Technology Convergence（ICTC）；2014；doi：10.1109/ICTC. 2014.6983078.

［17］ Postel J. *User Datagram Protocol*. IETF，RFC 768. Available from：https：//tools. ietf.org/html/rfc768. 1980.

［18］ Postel J. *Transmission Control Protocol*. IETF，RFC 793. Available from：https：// tools.ietf.org/html/rfc793. 1981.

［19］ Rescorla E.，Modadugu N. *Datagram Transport Layer Security*. IETF，RFC 4347. Available from：https：//tools.ietf.org/html/rfc4347. 2006.

［20］ Shelby Z.，Hartke K.，Borman C. *The Constrained Application Protocol（CoAP）*. IETF，RFC 7252. Available from：https：//tools.ietf.org/html/rfc7252. 2014.

［21］ Sun S.，Beznosov K. *The devil is in the（implementation）details：an empirical analysis of OAuth SSO systems*. In：19th ACM Conference on Computer and Communications Security（CCS）；2012；doi：10.1145/2382196.2382238.

［22］ The International Organization for Standardization（ISO）. *Cards Identification— Integrated Circuit Cards With Contacts*. ISO 7816 1987.

［23］ Urien P. *Remote APDU Call Secure（RACS）*. IETF，Internet-Draft. Available from： *https：//tools.ietf.org/html/draft-urien-core-racs*-05. 2015.

［24］ Yang F.，Manoharan S. *A security analysis of the OAuth protocol*. In：IEEE Pacific Rim Conference on Communications，Computers and Signal Processing（PACRIM）； 2013；doi：10.1109/PACRIM.2013.6625487.

第12章
各种隐私模型的介绍

X. Lu,M. H. Au,香港理工大学,九龙,中国香港。

▌摘要

尽管移动设备的兴起给公众带来了巨大的便利,但它也把个人的隐私置于风险之中。出于商业或研究的目的,移动用户的数据每天都不断被收集。与此同时,数据挖掘工具的使用已经变得越来越流行。因此,必须要非常的谨慎,因为被收集到的数据可能包含敏感的个人信息。虽然数据可能不会带有明确的标识,但它们包括了有关位置、物理属性,甚至个人付款记录信息。当与一些公开的信息相结合后,这些数据就可能关联到个体。本章引入了 k-匿名(k-anonymity)模型与差分隐私模型,这是两个通常用来获取隐私要求的模型。

▌关键词

隐私模型,数据共享,数据匿名,数据隐私,k-匿名,差分隐私。

12.1　概要

匿名性指的是缺乏对单独个体的识别信息。在数字化时代,用户的匿名性是极其重要的,因为个体的生活方式、习惯、所在之处、与众不同的日常交易中收集到数据间的联系都可以通过计算机来推测得到(Chaum, 1985)。而仅仅删除明确的标识还无法提供足够的保护。主要原因是,发布的信息与公开可获取的信息结合后,也可以泄露个人身份。一个著名的例子是奈飞(Netflix)的众包推荐算法(Crowdsourcing)大赛。2012年,奈飞发布了一组数据,包括一些用户及其所发布的电影评价。人们可以下载数据并探索其模式。该数据包含了电影、客户对该电影的评级以及评级的日期和假客户ID。奈飞声称由于客户标识已被移除,所以发布的信息不会违反用户隐私。然而,Narayanan and Shmatikov(2008)展示了当来自奈飞的数据集与一些辅助数据(例如来自IMDB的数据)结合后,客户是如何被识别出来的。

位置隐私在移动通信环境中也须加以关注。这里简要地回顾一个基于位置的社交网络(LBSN)的位置隐私案例,这就是Wang等人(2015)所讨论过的"微信"。通过使用一个虚拟GPS位置和仿真移动电话,就有可能发现任何已经打开附近服务的微信用户的确切位置(图12.1)。

由前面的例子我们提出了一个问题:当谈论隐私保护时,我们希望保护的是什么样的信息?换句话说,我们如何定义隐私?用于处理数据保密性的传统模型在此已不适用,因为我们必须保持数据的可用性。在奈飞大赛的例子中,数据集被公布于众用于数据挖掘,而在微信"附近"这个服务中,任何

图 12.1　微信"附近的人"

用户都能获得附近用户列表。

多年来,研究社区已经开发了各种隐私模型,包括 *k-Anonymity* 模型 (Sweeney,2002)和差分隐私模型(Dwork,2006)。本章将讨论它们的定义和含义以及实现它们的技术。

▷ 组织结构

本章后续部分组织如下。12.2 节提出了 *k-Anonymity* 模型的定义,并讨论了它的实际含义。12.3 节讨论了实现该模型的各种技术。12.4 节讨论了差分隐私模型,包括它的定义和含义。12.5 节对一个支持差分隐私模型的差分隐私机制进行了讨论。最后,12.6 节是本章小结。

12.2 *k-Anonymity* 的定义

k-Anonymity 模型,由 Sweeney(2002)提出,具有保护公布的数据免于被识别的属性。例如,当一个私营企业,如银行,出于研究目的想要向某些公共组织发布一个关系到客户财务信息的数据版本时,就可以用到该算法。在这种情况下,为保护客户的隐私,发布的数据应该有这样的属性,即数据中任一单个对象不能被识别。换句话说,已发布数据库中的所有记录都无法链接到客户。来自银行的客户原始数据通常包含诸如姓名、地址和可以直接识别客户的电话号码等信息。隐藏身份的一种可能方式是从数据库中直接删除这些敏感信息。但是,它仍然不能保证客户的隐私不被泄露。邮政编码、性别、年龄和种族、客户的身份等信息仍然可以再识别。邮政编码提供了大致的位置信息。通过搜索特定年龄、性别和种族,仍然可以暴露客户的身份。另一种实现重新识别可能的方式称为链接攻击。除了像姓名和地址这样可以直接破坏数据匿名性的属性之外,还存在称为准标识符(QID)的属性,它能把已发布数据链接到外部数据。性别、年龄、种族和邮政编码就是一个典型的 QID 元组,这个来自已发布数据的 QID 元组有很大的概率也出现在一些外部数据中。如果有类似选民登记清单这样的外部表格,那么通过把已发布数据的 QID 和选举人数据链接起来,客户的身份就可能暴

露了(图 12.2)。

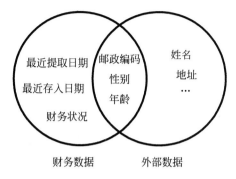

图 12.2 在已发布数据和外部数据之间的链接攻击

k-Anonymity 要求在已发布的数据中,每个记录至少可以映射到原始数据中的 k 个记录。换句话说,来自已发布数据中的每个记录都将在相同的已发布数据中具有至少 k − 1 个相同的记录。例如,在表 12.1 中,(a)是原始数据,(b)是从(a)衍生出的数据。且(b)具有 k-Anonymity 特性,其中 k = 2。在 Sweeney(2002)文献中,Latanya Sweeney 提出了 k-Anonymity 模型的原理,并证明了如果已发布数据拥有 k-Anonymity,那么链接攻击就可以防御,链接攻击就是把已发布数据链接到其他外部数据并试图打破数据的匿名性。这是因为在已发布数据中的每个记录都具有至少 k − 1 个相同记录。

表 12.1 *k*-Anonymity(*k*=2)的例子

(a) 原始数据

姓名	性别	种族	年龄	邮政编码
Alice	女	白种人	17	21103
Lucy	女	黄种人	22	21300
Daniel	男	黑种人	27	21110
Kate	女	白种人	15	21102
Rose	女	黑种人	29	21109
Andy	男	黄种人	24	21304

续表

(b) 由(a)导出的共享数据

性别	种族	年龄	邮政编码
ForM	白种人	15-19	211 *
ForM	黄种人	20-24	213 *
ForM	黑种人	25-29	211 *
ForM	白种人	15-19	211 *
ForM	黑种人	25-29	211 *
ForM	黄种人	20-24	213 *

12.3 支持 *k*-Anonymity 的机制

在 *k*-Anonymity 的概念被提出之后,人们已经做过各种尝试想设计一个好的算法,将数据库转换为满足该定义的一种形式。用于加强发布数据的 *k*-Anonymity 的两种主要技术是泛化(Generalization)和抑制(Suppression)。泛化是指用更通用的值替换 QID 元组中的属性值。在表 12.1 中,来自(a)的性别、年龄和邮政编码的值都被(b)中的泛化版本替代了。从单个单元到属性元组的各个级别都可以用泛化以实现 *k*-Anonymity。而抑制是指去除敏感属性以减少在实现 *k*-Anonymity 时泛化的量。与泛化一样,抑制也可以应用于单元或整个属性元组。综合应用泛化和抑制技术来构造不同的算法来帮助数据满足 k-匿名性已得到普遍使用。这种算法的传统框架总是从抑制几个敏感属性开始,然后将剩余属性元组分割成多组,并且将每个组中具体的 QID 值代以通用值,这也称为等价类。这种泛化是同质泛化,已经在 Iwuchukwu 和 Naughton(2007),Ghinita 等(2007)和 LeFevre 等(2008)文献中被用以处理 *k*-Anonymity 问题。同质泛化的一个属性是,如果一个原始记录 t_i 与已发布的记录 t_i' 相匹配,而 t_i' 对应的原始记录是 t_j,则 t_j 也与 t_i' 相匹配,该属性称为相互性。同质泛化最重要的一点是如何划分等价类。划分策略将直接影响已发布数据的效用。有两种方式来做划分作业:全局记录(即全域匿名化)(LeFevre 等,2005,2006;El Emam 等,2009)和本地记录(Xu 等,

2006；Aggarwal 等,2010）。全局记录意味着对于在一个列中的相同值,都采用相同的泛化策略。因此,如果原始数据中的两个元组具有相同的 QID 值,那它们必然具有相同的发布值。而在本地记录方法中,具有相同 QID 值的两个元组可能具有不同的泛化值。LeFevre 等人(2005)提出的 Incognito 算法使用动态规划,在两个真实数据库案例中比以前的算法有更好表现。Incognito 的核心思想是具有 k-Anonimity 的 QID 元组的任何子集也应该具有 k-Anonimity 的属性。LeFevre 等人(2006)展示的 Mondrian 算法使用了一种称为多维全局记录的策略。在 Mondrian 算法中,数据集中的每个属性代表一个维度,每个记录代表空间中的一个点。Mondrian 算法不是对每个记录进行划分,而是将该空间划分为几个区域,并且每个区域中至少有 k 个点。

　　在特定情况下,使用本地记录的算法可以保证更强的匿名性(Ninghui Li 和 Su,2011)。

　　另一种泛化方法称为非同质泛化(Wong 等,2010；Xue 等,2012；Doka 等,2015)。对于非同质泛化,相互性不一定适用于所有记录。在表 12.2 中,(b)是使用同质泛化从(a)衍生出的发布数据,而且显然(t_1', t_2', t_5')是一个等价类,(t_3', t_4')是另一个等价类。在一个等价类中,所有泛化值对应的 QID 值都相同。然而,在一个非同质泛化表(c)中, t_1', t_2', 和 t_5' 具有不同的泛化的 QID 值。虽然表(b)和(c)都具有 2-匿名性,但表(c)提供更高的数据效用,因为泛化的 QID 值在(c)中的范围小于或等于(b)中相应的值。这说明,通过使用非同质泛化,或许可以在已发布的数据上实现更高的数据效用。

表 12.2　k-Anonimity($k=2$)的同质和非同质泛化的例子

(a)原始数据

TupleID	性别	年龄	邮政编码
t_1	Female	17	21103
t_2	Male	29	21110
t_3	Male	27	21210
t_4	Male	15	21202
t_5	Female	22	21109

续表

(b) 通过同质泛化生成的共享数据

TupleID	性别	年龄	邮政编码
t_1'	ForM	17-29	211 *
t_2'	ForM	17-29	211 *
t_3'	Male	15-27	212 *
t_4'	Male	15-27	212 *
t_5'	ForM	17-29	211 *

(c) 通过非同质泛化生成的共享数据

TupleID	性别	年龄	邮政编码
t_1'	Female	17-22	2110 *
t_2'	Male	22-29	211 *
t_3'	Male	15-27	212 *
t_4'	Male	15-27	212 *
t_5'	ForM	17-29	211 *

在 Wong 等人的著作中（Wong 等,2010）,原始数据和已发布数据被视为一张图表,并且来自数据的记录是顶点。为了实现 k-Anonymity,图表中的每个顶点,在同一图表中都应该具有恰好 k 个匹配,当然也包括顶点本身。如果我们把两个顶点之间的匹配看作一条边,则前一句可以重述为图中的每个顶点的出度和入度都应该为 k。因此,在这样的图表中,存在可以提取的 k 个不相交的分配,并且每个分配表示顶点之间的对应关系。虽然 Wong 等人的工作使用非同质泛化,但仍然需要在泛化的图中形成一个环,而该环会增加其冗余性。

最近 Doka 等人（2015）提出了一种称为自由形态泛化的新算法,以非同质的方式来实现 k-Anonymity。他们将问题定义为如何在 k-Anonymity 中获得高数据效用,并想把这个问题作为有两个部分的偶图中的分配问题来解决,两个部分即原始的和已发布的。来自原始部分的每个顶点在已发布部分中都应该具有恰好 k 个匹配,并且已发布部分中的每个顶点在原始部分中也都应当具有 k 个匹配。Doka 等人（2015）提出了一种构建包含 k 个不相交分量的二分图方法。要构建这样的图,就是要从所有可能的匹配中选

择 k 个不同的完美匹配,包括从原始数据到已发布顶点数据的自匹配。选择之后,已发布图中的每个顶点都应当具有 k 个可能的标识。该结构是安全的,因为对于其对手来说,每个不相交的赋值都具有相同的 $1/k$ 的为真的概率。因此,每当对手想要找到已发布记录的身份时,他/她将具有 k 个可能的结果。在该构造中,在两个顶点之间的每个边缘,都将基于全局确定性惩罚(GCP)分配一个权重。GCP 用于衡量将一个原始记录匹配到一个已发布记录过程中的信息丢失。已发布数据应同时保持 k-匿名性和数据效用。因此,当选择 k 完美匹配时,总的 GCP 应保持尽可能小。最终,Doka 等人(2015)提出了一种贪婪算法。贪婪算法的输入是加权完全偶图 $G=(S,T,E)$,输出是带有与总权重接近于最小值的完美匹配。S 代表原始数据中的顶点,T 代表已发布的数据。算法每成功运行一次称为一次迭代。在每次迭代中,算法尝试找到一个低总权重的从 S 到 T 的完美匹配。并且在第一次迭代中将发现从原始数据到已发布数据的具有零 GCP 的自匹配。在一次迭代之后,所有选择边缘将从偶图中移除,并且边缘上的所有权重(GCP)将被重新定义。在 k 次迭代之后,具有低 GCP 的 k 个不相交的完美匹配将呈现。对于实际值 k,该算法能在实际应用中使用,且所有 k 次迭代的复杂度为 $O(kn^2)$,其中 n 是原始数据中的记录数。

12.4　差分隐私

自从引入 k-Anonymity 以来,它作为一个模型的弱点也已经讨论过。正是因为它仍然有其弱点,因此有了更强模型的建议,包括 l-diversity(Machanavajjhala 等,2007),t-closeness(Li 等,2007)或 β-likeness(Cao 和 Karras,2012)。在本章中,我们不会涉及这些定义的细节,只是向感兴趣的读者介绍一下各篇论文。非正式地说,k-Anonymity 的主要弱点是它不保证对敏感属性的适当保护。例如,从表 12.1(b)中,对手可以安全地断定,如果目标用户的年龄从 20 岁到 29 岁,生活在邮编为 211 开始的地方,则目标用户是非洲裔美国人的概率就比较高。因为在表中,只有亚洲人和非洲裔美国人的年龄是从 20 岁到 29 岁,同时所有亚洲人的邮编都以 213 开始。

▶ 12.4.1 概述

Dwork(2006)引入的差分隐私是尝试从不同角度定义隐私。这一开创性的工作考虑的是在受信监管人维护一个私人数据库 D 的情况下如何应对隐私保护数据挖掘。监管人对数据分析师发出的查询作出响应。差分隐私保证了查询结果对于仅在一个条目上不同的两个数据库是不可区分的。从个人的角度来看,这意味着将个人信息保存在私人数据库 D 中不会引起在可观察到的查询结果中的显著变化;从而隐私得以保护。这是通过向查询结果添加噪声而完成的。其设置如图 12.3 所示。

图 12.3　隐私保护数据挖掘

注意,可以通过发送输出私有数据库 D 的查询来创建合成数据库,如 Chen 等人(2011)讨论过的那样。然而,正如 Clifton 和 Tassa(2013)所指出的,这种合成数据库的效用可能太低而无法使用。

▶ 12.4.2 差分隐私的定义

现在可以重述差分隐私的定义(Dwork,2006)。首先建立符号。设 M:$D \rightarrow R$ 为一个具有域 D 和范围 R 的随机算法。具体来说,可以把 M 认为是一种应答数据库查询的机制。然后对于 M 是否提供差分隐私我们可以有以下定义。

定义 1

如果对于 M 所有可能的子集,例如 $S \subset R$,以及对于所有的数据库 D_1,$D_2 \in D$,其中 D_1、D_2 仅有一个记录的不同,M 对于有相似概率的输入 D_1 和 D_2 给出的输出相同,则说随机算法 M 就是 ε-差分隐私的。更正式地表示如下:

$$Pr\left(M(D_1) \in S\right) \leqslant e^{\varepsilon} Pr\left(M(D_2) \in S\right)$$

这里 ε 控制了有多少信息被泄露。对于一个小的 ε,机制 M 在两个只相差一个记录的数据库上给出的答案很可能是相同的。换句话说，个人的信息是否包含在数据库中不会显著地影响查询的结果。

例子

假设想要查询 Alice 是否是一个吸烟者。考虑机制 M 定义如下：M 首先通过扔硬币决定 b 的值，其中 $b \in \{0,1\}$；如果 $b=0$，返回值为真，否则，再扔一次硬币 $b' = \{0,1\}$；如果 $b'=0$，返回"是"，否则返回"否"，现在有两个可能的数据库，即 Alice 是一个吸烟者，或者 Alice 不是一个吸烟者。如果 Alice 是一个吸烟者，M 输出"是"的概率为 3/4，"否"的概率为 1/4。如果 Alice 不是一个吸烟者，M 输出"是"的概率为 1/4，"否"的概率为 3/4。对于任何可能的结果，即"是"或"否"，概率差至多是三倍。换句话说，M 是 $(\ln 3)$ 差分隐私的。

备注

也许这个定义的最有用的属性之一是其差分隐私在组合期间都会保持。假设我们有一个数据库 D。数据所有者发布了查询结果 $M_1(D)$。其后，他又发布了另一个查询结果 $M_2(D)$。如果 M_1 和 M_2 是 ε_1 和 ε_2 的差分隐私，则同时发布 $M_1(D)$ 和 $M_2(D)$ 的结果是 $(\varepsilon_1 + \varepsilon_2)$ 的差分隐私。

12.5 拉普拉斯机制实现差分隐私

一般来说，添加的噪声越多，可以保证的隐私性越强。然而，为了保持数据的效用，通常希望获得尽可能少的噪声。对于返回实数的查询，拉普拉斯机制是提供差分隐私的基本机制之一。首先回顾一下拉普拉斯分布的定义（Dwork 和 Roth，2014）。

定义 2

带有常量 b 的拉普拉斯分布由其概率密度函数定义为：

$$\text{Lap}(x \mid b) = \frac{1}{2b} e^{-\frac{|x|}{b}}$$

图 12.4 显示了 $b=0.045$ 的拉普拉斯分布图。

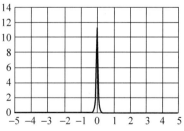

图 12.4　$b=0.045$ 的拉普拉斯分布

直观地认为,添加到答案中的噪声应该足以覆盖对查询结果在单个数据上的最大影响。设该值为 F,拉普拉斯机制定义如下:如果 f 是实际查询结果,返回 $f+noise$,其中噪声从 $b=F/\varepsilon$ 的拉普拉斯分布中得出。这种机制就是 ε-差分隐私。

例子

假设数据库包含所有学生的绩点平均值(GPA)。假设目标是发布数据库中学生的平均 GPA。进一步假设有 1000 名学生,最高 GPA 是 4.5。可以容易地看出,一个记录对最终结果的最大效果 F 是 $4.5/1000=0.0045$。假设想保证 0.1-差分隐私。我们给 $b=F/0.1=0.0045/0.1=0.045$ 的拉普拉斯分布加上噪声。噪声的分布如图 12.4 所示。

12.6 本章小结

本章介绍了与用户隐私保护相关的各种定义。还讨论了支持这些定义的各种机制。对于主题的深入理解,读者可以参考 Dwork 和 Roth(2014)的书籍。

参考文献

[1] Aggarwal G.,Panigrahy R.,Feder T.,Thomas D.,Kenthapadi K.,Khuller S.,Zhu A. Achieving anonymity via clustering. ACM Trans. Algor. 2010,6(3):1-19.

[2] Cao J.,Karras P. Publishing microdata with a robust privacy guarantee. PVLDB. 2012,5(11):1388-1399.

[3] Chaum D. Security without identification:transaction systems to make big brother obsolete. Commun. ACM. 1985,28(10):1030-1044.

[4] Chen R.,Mohammed N.,Fung B.C.M.,Desai B.C.,Xiong L. Publishing set-valued data via differential privacy. PVLDB. 2011,4(11):1087-1098.

[5] Clifton C.,Tassa T. On syntactic anonymity and differential privacy. Trans. Data Privacy. 2013,6(2):161-183.

[6] Doka K.,Xue M.,Tsoumakos D.,Karras P. k-anonymization by freeform generalization. In:Bao F.,Miller S.,Zhou J.,Ahn G.J.,eds. Proceedings of the 10th

ACM Symposium on Information, Computer and Communications Security (ASIA CCS'15), April 14-17, 2015, Singapore. ACM; 2015:519-530.

[7] Dwork C. Differential privacy. In: Bugliesi M., Preneel B., Sassone V., Wegener I., eds. Proceedings of 33rd International Colloquium, Automata, Languages and Programming (ICALP 2006), July 10-14, 2006, Venice, Italy. Springer; 1-12. Part II, Lecture Notes in Computer Science. 2006: 4052.

[8] Dwork C., Roth A. The algorithmic foundations of differential privacy. Found. Trends Theor. Comput. Sci. 2014, 9(3-4):211-407.

[9] El Emam K., Dankar F. K., Issa R., Jonker E., Amyot D., Cogo E., Corriveau J. P., Walker M., Chowdhury S., Vaillancourt R., Roffey T., Bottomley J. Research paper: a globally optimal k-anonymity method for the de-identification of health data. JAMIA. 2009, 16(5):670-682.

[10] Ghinita G., Karras P., Kalnis P., Mamoulis N. Fast data anonymization with low information loss. In: Koch C., ed. Proceedings of the 33rd International Conference on Very Large Data Bases, 23-27 September 2007, University of Vienna, Austria; ACM, 2007:758-769.

[11] Iwuchukwu T., Naughton J. K-anonymization as spatial indexing: toward scalable and incremental anonymization. In: Koch C., ed. Proceedings of the 33rd International Conference on Very Large Data Bases, September 23-27, 2007, University of Vienna, Austria; ACM, 2007:746-757.

[12] LeFevre K., DeWitt D. J., Ramakrishnan R. Incognito: efficient full-domain k-anonymity. In: Özcan F., ed. Proceedings of the ACM SIGMOD International Conference on Management of Data, June 14-16, 2005, Baltimore, MD; ACM, 2005: 49-60.

[13] LeFevre K., DeWitt D. J., Ramakrishnan R. Mondrian multidimensional kanonymity. In: Liu L., Reuter A., Whang K. Y., Zhang J., eds. Proceedings of the 22nd International Conference on Data Engineering (ICDE 2006), April 3-8, 2006, Atlanta, GA; IEEE Computer Society, 2006:25.

[14] LeFevre K., DeWitt D., Ramakrishnan R. Workload-awareanonymization techniques for large-scale datasets. ACM Trans. Database Syst. 2008, 33(3):1-47.

[15] Li N., Li T., Venkatasubramanian S. t-closeness: Privacy beyond kanonymity and l-diversity. In: Chirkova R., Dogac A., Özsu M. T., Sellis T., eds. Proceedings of the 23rd International Conference on Data Engineering (ICDE 2007), April 15-20, 2007, The Marmara Hotel, Istanbul, Turkey; IEEE Computer Society, 2007:106-115.

[16] Li N., Qardaji W. H., Su D. Provably private data anonymization: or, kanonymity

meets differential privacy. CoRR. 2011 Abs/1101.2604.

[17] Machanavajjhala A., Kifer D., Gehrke J., Venkitasubramaniam M. Ldiversity: privacy beyond k-anonymity. ACM Trans. Knowl. Discov. Data. 2007; 1（1）Abs/ 1101.2604.

[18] Narayanan A., Shmatikov V. Robust de-anonymization of large sparse datasets. In: Proceedings of the 2008 IEEE Symposium on Security and Privacy（S&P 2008）,May 18-21,2008,Oakland,CA. IEEE Computer Society,2008:111-125.

[19] Sweeney L. k-anonymity: a model for protecting privacy. Int. J. Uncertain. Fuzz. Knowl. Based Syst. 2002,10(5):557-570.

[20] Wang R., Xue M., Liu K., Qian H. Data-driven privacy analytics: a wechat case study in address-based social networks. In: Xu K., Zhu H., eds. Proceedings of 10th International Conference on Wireless Algorithms, Systems, and Applications （WASA 2015）,August 10-12,2015,Qufu,China: Springer: 561-570. Lecture Notes in Computer Science. 2015: 9204.

[21]   Wong W. K., Mamoulis N., Cheung D. W. L. Non-homogeneous generalization in privacy preserving data publishing. In: Elmagarmid A., Agrawal D., eds. Proceedings of the ACM SIGMOD International Conference on Management of Data （SIGMOD 2010）,June 6-10,Indianapolis,IN: ACM,2010:747-758.

[22] Xu J., Wang W., Pei J., Wang X., Shi B., Ada Wai-Chee F. Utility-based anonymization using local recoding. In: Eliassi-Rad T., Ungar L., Craven M., Gunopulos D., eds. Proceedings of the Twelfth ACM SIGKDD International Conference on Knowledge Discovery and Data Mining, August 20-23, 2006, Philadelphia,PA: ACM,2006:785-790.

[23] Xue M., Karras P., Chedy Raässi J. V., Tan K. Anonymizing set-valued data by nonreciprocal recoding. In: Yang Q., Agarwal D., Pei J., eds. The 18th ACM SIGKDD International Conference on Knowledge Discovery and Data Mining （KDD'12）,August 12-16,2012,Beijing,China: ACM,2012:1050-1058.

▌关于作者

Xingye Lu 于 2014 年在中国东南大学计算机科学与工程学院获得学士学位。目前是香港理工大学计算机系的博士生。

Man Ho Au 分别于 2003 年和 2005 年在香港中文大学信息工程系获得本科和研究生学位,并于 2009 年在澳大利亚卧龙岗大学获得博士学位。目前,他是香港理工大学计算机系的一位助理教授。Au 博士的研究兴趣包括公钥密码术、信息安全、可追踪匿名性和云安全。他在这些领域已经发表了超过 90 篇论文。他曾担任 30 多个国际会议的计划委员会成员。他是 Elsevier *Journal of Information Security and Applications*(《信息安全和应用》杂志)的副主编。

第13章
数字签名方案在移动设备上的性能

D. Y. W. Liu, X. P. Luo, M. H. Au, 香港理工大学, 九龙, 中国香港。

G. Z. Xue, Y. Xie, 厦门大学, 厦门, 中国。

▌摘要

　　如今移动设备之间的信息交换(各类文件/图像和电影)是非常普遍的,因为这些设备已经被广泛应用于人们的日常生活中。由于正在处理的信息可能是敏感和有价值的,这个事实提高了人们需要移动安全的意识。在数字通信的环境中,常用的安全要求包括认证、完整性和不可否认性。标准解决方案是一个来自名为数字签名的技术。在实践中,该解决方案是相当有效的,因为今天的个人计算机完全能够生成签名并对其验证。在本章中,我们计划调查研究一切可以移动的情况。主要区别是移动设备受到其计算能力和电池容量的限制。具体地说,我们对两种数字签名方案进行性能评估。我们检查比较在两个移动设备上签名生成和验证过程中的计算时间和能量消耗。我们的研究结果表明,现代移动设备能够处理数字签名。

▌关键词

数字签名,基于配对的加密,能量消耗,计算成本,安卓设备。

▌致谢

我们感谢中国国家自然科学基金(No. 61271242,6137915),四川省科学研究基金(No. 2015GZ0333),中国创新方法基金(No. 2015IM020500)的支持。

▌13.1　概要

像智能电话、掌上电脑和平板电脑这类移动设备是如此受欢迎,以至于它们对于人们来说已经不可或缺。设备之间会交换大量的数字信息。对这类信息的恶意访问或使用可能会导致财务损失或其他损失。特别地,人们关心信息的认证、完整性和不可否认性。认证确保通信实体是合法的,这意味着正在通信的实体就是他/她声称的那个实体。数据完整性确保正在接收的信息与被授权实体发送的信息是相同的,而不可否认性确保通信中的各方不能否认曾参与过该过程。

受到手写签名的启发,密码学家发明了"数字签名"这一术语,以满足数字通信认证、完整性和不可否认性的要求。作为手写签名的类比,数字签名提供了一段数字信息,可以作为线索提示该信息的来源,或作为承诺证明此信息由发件人(签名者)发送。数字签名还提供一段数字信息的完整性保证,因为该段数字信息是"签名的"。

"数字签名"的想法首先出现在 Diffie 和 Hellman 开创性论文中,即 *New Directions in Cryptography*(密码学中的新方向)(Diffie 和 Hellman,1976)。一个签名者,例如 A,想要保护他/她的数字信息(比如说 m),来应对对认证、完整性和不可否认性的威胁。生成两个密钥,即一个"公钥"(pk)和一个"私钥"(sk)。sk 由 A 秘密保存,A 使用此密钥在消息 m 上生成签名。pk 用于验证由 A 签发的 m 上数字签名 σ 的有效性。因此,pk 是可以被公共用户访问的。在此,有效性涉及两个概念,即由 A(认证和不可否认)创建签名和保持消息的完整性。公钥通常由私钥衍生而来,因此,两个密钥是相关的。然而,如果仅知道公钥,是无法导出私钥的。此外,如果没有 sk 的相关知识,就不可能伪造签名。数字签名方案的研究是公钥密码术的一个重要子领域,由 Rivest 等人发起(1978)。由于签名密钥(sk)和验证密钥(pk)是不同的,所以这种密码系统也称为非对称密码系统。我们认为,不对称是密码系统提供不可否认性的必要条件。原因是对于任何对称密码系统,相同的密钥会同时用于签名和验证过程。因此,签名者和验证者都可以是签名的来源,并且在这个意义上,双方都可以拒绝参与加密过程。换句话说,签名者必须持有一些"秘密"信息以达到不可否认。

公钥密码系统的一个缺点是它们通常涉及相对较大的计算量(例如,模运算、指数运算)。原因是这些方案的安全性依赖于解决某些数论问题的难度。许多数字签名方案在实践中适合描述。著名的例子包含这些方案,它们的难点取决于整数分解问题(例如,Rabin(1979)),离散对数问题(例如 ElGamal(1985),Schnorr(1991),Pointcheval 和 Stern(1996))和 DSS(数字签名标准,Digital Signature Standard)(国家标准与技术研究所(National Institute of Standards and Technology,NIST),1991,1992))等的复杂度。在计算能力和电池容量有限的移动设备中,这种密集的计算可能是没有吸引力的。

▶ 我们的贡献

我们在使用安卓(谷歌,2016)平台的移动设备上对两个著名数字签名方案的性能进行了分析,它们均基于配对密码学。这两个方案来自 Boneh 等人(2004b)(BLS)和 Paterson 和 Schuldt(2006)(PS)。这些方案的效率根据签名生成和验证期间的计算时间和电量消耗,以及生成消息摘要的时间来评估。在实验中,我们采用了各种类型的信息,它们反映了以尺寸和信息类型表示的实际设置。我们提出了结果并讨论它们的含义。

▌13.2 相关工作

数字签名是确保身份认证、完整性和不可否认性要求的实际方式。美国国家标准与技术研究所(NIST)制定的"企业移动设备安全管理指南"(Souppaya 和 Scarfone, 2013)建议,数字签名应该用于两个目的,即确保只有来自可信实体的应用程序可以被安装,以及保护这些应用程序代码的完整性。欧洲电信标准协会(ETSI)(2003)定义了称为移动签名的数字签名变体。它提出了许多模型用于在移动环境中生成数字签名。具体地说,数字签名可以在一台移动电话上生成或者在该移动电话的 SIM 卡上生成(Samadani 等, 2010)。数字签名可以用于各种移动应用程序,包括支付平台(Wu 等, 2016),文件传输系统(Sayantan 等, 2015)和位置证明(Saroiu 和 Wolman, 2009)。Ruiz-Martínez 等人(2007)对移动设备中电子签名解决方案进行了调查,发现移动客户端能够生成数字签名。

最近,基于配对的密码学(Paterson, 2005)由于其效率高和提升了安全性保障获得了大量关注。例如,Boneh 等人(2004a)引入了短签名方案(BLS),该方案基于对某些椭圆和超椭圆曲线进行迪菲-赫尔曼问题(Computational Diffie-Hellman assumption, CDH)的求解。签名长度是类似安全级别的 DSA 签名(国家标准和技术研究所, 1992)的一半。Paterson 和 Schuldt(2006)提出了高效的基于身份的签名方案(PS),它基于双线性决策 Diffie-Hellman(BDDH)和带有短签名的决策线性(DL)假设。该方案具有的优点是,它是安全的,还不依赖于所谓的随机预言假设(Bellare 和 Rogaway, 1993)。在本章中,我们选择研究这两种著名的签名方案在移动设备上的实用性。

▌13.3 实验

我们在安卓(谷歌, 2016)平台上实验了短签名方案和基于身份的签名方案。采用 Java 基于配对密码学库(Java Pairing-Basd Cryptography, JPBC)

(De Caro 和 Iovino,2011)在安卓平台上开发的性能测试应用程序。

▶ 13.3.1　加密设置

在我们的实验中,我们采用类型 A 配对,这是密码系统的标准双线性配对设置。类型 A 配对构建在 F_q 域的曲线 $y^2 = x^3 + x$ 上,其中的 q 是满足 $q \bmod 4 \equiv 3$ 约束的一些大质数。G_1 和 G_2 都是具有相同组次序的椭圆曲线 $E(F_q)$ 上的点组,例如 r。还需要 r 是 $q + 1$ 的素因子,换句话说,$q + 1$ 可以被 r 除尽。对于与 1024 位 RSA 加密相当的一个安全级别,q 和 r 应该分别是 512 和 160 位的大素数。有关此设置的详细信息,请参阅 PBC 库(Lynn,2006)。

▶ 13.3.2　测试环境

我们检查了信息的计算时间(以 ms 计)和能量消耗(以 J 计),这些信息反映实际情况并具有不同类型和大小。表 13.1 显示了在测试应用程序中被签名的数据文件的详细信息。对于每种类型,我们测试基于 SHA-256 算法(NIST FIPS PUB 180-2,2001)的签名生成、签名验证和消息摘要生成的时间。每个测试使用一种信息类型(文本字符串、文档、图像或影片)。每个类型包含 10 个轨迹值,每个类型的数值是这 10 个轨迹值的平均值。

表 13.1　信息类型和大小

类　　型	大小/kB
文本	0.144
文档(.docx)	14[a]
图片(.jpg)	2547
视频(.mp4)	40217

a 这对应于 Microsoft Word 版本 15.22.1 上大约 400 个单词的一页文本文档。

这些测试在衡量两个安卓设备的计算时间和能量消耗的实验测试台上进行,这两个设备的规格如表 13.2 所示。设备 1 在处理能力和存储器方面具有比设备 2 更强大的硬件配置。

表 13.2　测试平台规格

	设备 1	设备 2
操作系统	Android OS v5.0.1	Android OS v4.1
芯片集	Qualcomm MSM8974AC Snapdragon801	TIOMAP 4470
CPU	Quad-core 2.5GHz Krait 400	Dual-core 1.5GHz
GPU	Adreno 330	PowerVR SGX544
内部存储	32GB and 2GB RAM	16GB and 1GB RAM
卡槽	microSD	microSD
标准电压	3.8V	3.8V
电池容量	3000mAh	2100mAh
最大能耗	41040J	28728J

如图 13.1 所示,测试平台由三部分组成:电源监控器、安卓设备和笔记本电脑。作为核心部件,电源监控器(Monsoon FTA22D)连接安卓设备和笔记本电脑(Intel i5-2560MB 处理器,2.5 GHz,3 MB 缓存和 4 GB 内存)。电源监控器为安卓设备提供 3.8 V 的直流电源,这避免了电池持续放电时不稳定电压的影响。它还以 0.2ms 的间隔记录安卓设备的实时电压和电流。电源跟踪,包括时间和瞬时功率,通过 USB 接口向笔记本电脑实时发送通信。一个定制软件运行在笔记本电脑上,根据来自电源监控器的测量数据和来自应用程序的时间戳进行能量计算。

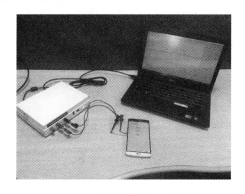

图 13.1　能耗测量试验台结构

作为测量的整体准备,一个测试应用程序被设计来测试短签名方案和基于身份的签名方案,它们支持三个过程,签名生成、签名验证和消息摘要生成的,按 $i=1,2,3$ 的顺序。该应用程序提供这些功能:①记录每次测试的开始时间 t_0,同时向笔记本电脑发送信号包;②记录每个进程的开始时间 t_{2i-1} 和结束时间 t_{2i},用于测算计算时间;③每个进程执行后休眠 30s,以确保设备电压返回稳定值。

测试步骤如下:

(1) 在设备的电压值稳定 5~10s 后,通过执行测试应用程序进行一次测试。

(2) 接收到信号包之后,笔记本电脑记录电源监控器的当前时间 $\overline{t_\phi}$,其用于同步功耗轨迹。

(3) 应用程序记录三个进程的时间戳。电源监控器在整个测试期间测量能量轨迹。

(4) 笔记本电脑中的定制软件收集来自应用程序的时间戳和来自电源监控器的功耗轨迹。设备在每个进程中的计算时间和能量消耗都可以在组合两组测量之后计算出来。

首先,三个进程的计算时间 T_i 可以通过 $T_i=t_{2i}-t_{2i-1},i=1,2,3$ 来获得。其次,由短签名方案和基于身份的签名方案产生的设备能耗,可以在消除了由屏幕和操作系统产生的基本的能量消耗之后获得。设备的功耗轨迹如图 13.2 所示。这里,基本功耗被计算为在每次测试之前几秒钟功率值的平均值,如设备 1 中 1850mW(设备 2 中为 2250mW)的红色基线所示。然

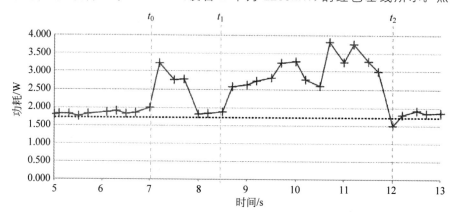

图 13.2　设备 1 在签名生成($i=1$)中的能耗计算

后,在签名生成/签名验证/消息摘要生成期间的能耗可以从功率曲线和基线之间的面积计算获得,该基线处于从 $t_{2i-1} + (\overline{t_\phi} - t_\phi)$ 到 $t_{2i-1} + (\overline{t_\phi} - t_\phi)$,$i = 1,2,3$ 的计算时间。

▶▶ 13.3.3 实验结果和观察发现

实验结果如表 13.3 和表 13.4 所示。我们想强调一些观察发现。

表 13.3 设备 1 的测试结果

	BLS		PS	
生成签名(时间:ms)	字符串	569.5	字符串	518.1
	文档	400.9	文档	395.1
	图片	520.5	图片	502.2
	视频	447.7	视频	428.6
验证签名(时间:ms)	字符串	1096.3	字符串	887
	文档	1020	文档	915.8
	图片	1143.5	图片	1150.2
	视频	955.6	视频	932.1
生成消息摘要(时间:ms)	字符串	~0	字符串	~0
	文档	1.6	文档	1.8
	图片	305.7	图片	291.9
	视频	4057.2	视频	4186.9
生成签名(能量消耗:J)	字符串	0.824	字符串	0.721
	文档	0.766	文档	0.623
	图片	0.722	图片	0.648
	视频	0.644	视频	0.59
验证签名(能量消耗:J)	字符串	1.271	字符串	1.033
	文档	1.344	文档	1.214
	图片	1.346	图片	1.212
	视频	1.373	视频	1.263
生成消息摘要(能量消耗:J)	字符串	~0	字符串	~0
	文档	~0	文档	~0
	图片	0.337	图片	0.341
	视频	4.197	视频	3.988

表 13.4 设备 2 的测试结果

	BLS		PS	
生成签名(时间：ms)	字符串	850	字符串	582.4
	文档	724.2	文档	543.6
	图片	532.8	图片	342
	视频	603.4	视频	378.4
验证签名(时间：ms)	字符串	1901.2	字符串	2511.8
	文档	1582.8	文档	2663.6
	图片	1259.2	图片	1997.2
	视频	1246.6	视频	1826.8
生成消息摘要(时间：ms)	字符串	0.2	字符串	～0
	文档	5	文档	10.4
	图片	988.6	图片	1005.6
	视频	15420	视频	15543.6
生成签名(能量消耗：J)	字符串	0.836	字符串	1.033
	文档	0.825	文档	1.037
	图片	0.548	图片	0.968
	视频	0.656	视频	1.021
验证签名(能量消耗：J)	字符串	2.69	字符串	2.273
	文档	2.142	文档	1.705
	图片	1.712	图片	1.364
	视频	1.868	视频	1.42
生成消息摘要(能量消耗：J)	字符串	～0	字符串	～0
	文档	～0	文档	～0
	图片	1.095	图片	1.137
	视频	16.858	视频	17.51

- 在签名生成和验证中,短签名方案 BLS 比基于身份的签名 PS 更有效。这是很自然的,因为 BLS 假定 PKI 已存在,而 PS 是纯粹的基于身份的。其次,PS 被证明在标准模型中是安全的,而 BLS 的安全分析依赖于随机预言启发(Random Oracle Heuristic)。

- 数据的大小影响消息摘要生成时间,但不影响签名生成或验证。这是因为我们采用了常见的做法,即签名的生成和验证是相对于消息摘要而非原始消息。由于消息摘要具有恒定大小(256 位),因此对于我们实验中的所有数据类型,签名生成和验证所花费的时间都是相似的。

- 生成消息摘要所需的时间不能被忽略。对于一个大约 40 MB 的电影文件,在设备 1 和 2 中消息摘要生成过程分别需要 4s 和 15s。这是合理的,因为消息摘要仅仅是数据的哈希值,而对于大数据文件的哈希计算是很耗时的(Sravan Kumar 和 Saxena,2011)。

- 我们注意到,通常签名验证比签名生成消耗更大。两个设备都花费更多的时间和能量来完成签名验证的过程。

讨论:公正地说,移动设备现在具有的处理能力与台式/笔记本电脑不相上下。将加密功能并入移动应用中不会对计算时间和能量消耗造成太大的负担。即使类似对较大文件进行哈希运算这样的操作仍然是耗时的,这样的操作对于移动主体来说也不频繁。我们的实验表明,移动应用开发人员整合加密技术是可行的。

▌13.4　本章小结

在本章中,我们对安卓移动设备上的两个著名数字签名方案进行了性能分析。这些方案的效率根据签名生成和验证以及消息摘要生成过程中的计算时间和能量消耗来评估。我们的实验包含各种类型的信息,包括文本字符串、文档、图像和电影文件,该实验模拟了现实的应用场景。我们认识到,应用数字签名的主要成本实际上是生成消息摘要。尽管如此,我们已经证明在移动设备上执行基于配对的签名是可行的。因此,我们能很满意地得出以下结论,在移动应用程序中使用加密技术来增强安全性是可行的。

▌参考文献

[1] Bellare M., Rogaway P. Random oracles are practical: a paradigm for designing efficient protocols. In: Proceedings of the First ACM Conference on Computer and Communications Security (CCS'93), New York, NY; ACM, 1993:62-73.

[2] Boneh D., Boyen X., Shacham H. Short group signatures. In: Advances in

cryptology—CRYPTO 2004，Volume 3152 of Lecture Notes in Computer Science. New York：Springer，2004：41-55.

[3] Boneh D.，Lynn B.，Shacham H. Short signatures from the weil pairing. J. Cryptol. 2004，17(4)：297-319.

[4] De Caro A.，Iovino V. JPBC：Java pairing based cryptography. In：Proceedings of the 16th IEEE Symposium on Computers and Communications (ISCC)，Kerkyra，Corfu，Greece，June 28-July 1. 2011：850-855.

[5] Diffie W.，Hellman M. New directions in cryptography. IEEE Trans. Inform. Theory. 1976，22(6)：644-654.

[6] ElGamal T. A public key cryptosystem and a signature scheme based on discrete logarithms. IEEE Trans. Inform. Theory. 1985，31：469-472.

[7] European Telecommunications Standards Institute (ETSI). Mobile commerce (m-comm)；mobile signatures；business and functional requirements. 2003 Technical report TR 102 203.

[8] Google. Android. 2016. https：//www. android. com/.

[9] Lynn B. The Pairing-Based Cryptography Library. PBC Library Manual 0.5.14. 2006. https：//crypto. stanford. edu/pbc/manual. pdf.

[10] Majumdar S.，Maiti A.，Bhattacharyya B.，Nath A. Advanced security algorithm using qrcode implemented for an android smartphone system：A-QR. Int. J. Adv. Res. Comput. Sci. Manage. Stud. 2015，3(5)：21- 31.

[11] National Institute of Standards and Technology (NIST). A proposed federal information processing standard for digital signature standard (DSS). 1991 Technical report.

[12] National Institute of Standards and Technology (NIST). The digital signature standard，proposal and discussion. Commun. ACM. 1992，35(7)：36-54.

[13] NIST FIPS PUB 180-2. Secure hash standard. 2001.

[14] Paterson K. G. Chapter X. Cryptography from Pairings. In：Advances in Elliptic Curve Cryptography，Volume 317 of London Mathematical Society Lecture Notes. Cambridge University Press，2005：215-251.

[15] Paterson K.，Schuldt J. Efficient identity-based signatures secure in the standard model. In：Proceedings of the 11th Australasian Conference on Information Security and Privacy (ACISP)，July 3-5，2006，Melbourne，Australia，2006：207-222.

[16] Pointcheval D.，Stern J. Security proofs for signature schemes. In：1996：pp. 387-398. Proceedings of EUROCRYPT'96，Volume 1070 of Lecture Notes in Computer Science.

[17] Rabin M. Digitalized signatures as intractable as factorization. MIT Laboratory for

Computer Science；1979 Technical report MIT/LCS/TR- 212.

[18]　Rivest R. L.，Shamir A.，Adleman L. A method for obtaining digital signatures and public-key cryptosystems. Commun. ACM. 1978,21(2):120-126.

[19]　Ruiz-Martínez A.，Sánchez-Martínez D.，Martínez-Montesinos M.，Gómez-Skarmeta A. A survey of electronic signature solutions in mobile devices. JTAER. 2007,2(3): 94-109.

[20]　Samadani M. H.，Shajari M.，Ahaniha M. M. Self-proxy mobile signature：a new client-based mobile signature model. In：Proceedings of 24th IEEE International Conference on Advanced Information Networking and Applications Workshops (WAINA 2010),April 20-13,2010,Perth,Australia,2010:437-442.

[21]　Saroiu S.，Wolman A. Enabling new mobile applications with location proofs. In：Proceedings of the 10th Workshop on Mobile Computing Systems and Applications (HotMobile 2009),February 23-24,2009,Santa Cruz,CA. 2009.

[22]　Schnorr C. P. Efficient identification and signatures for smart cards. Journal of Cryptology. 1991,4(3):161-174.

[23]　Souppaya M.，Scarfone K. Guidelines for managing the security of mobile devices in the enterprise. 2013. http://dx. doi. org/10. 6028/NIST. SP. 800-124r1 Special Publication (NIST SP) 800-124 Rev 1.

[24]　Sravan Kumar R.，Saxena A. Data integrity proofs in cloud storage. In：Third International Conference on Communication Systems and Networks (COMSNETS 2011),January 4-8,2011,Bangalore,India,2011:1-4.

[25]　Wu J. L.，Liu C. L.，Gardner D. A study of anonymous purchasing based on mobile payment system. In：Proceedings of the 7th International Conference on Ambient Systems,Networks and Technologies/the 6th International Conference on Sustainable Energy Information Technology,May 23-26,2016,Madrid,Spain,2016:685-689.

▌关于作者

Dennis Y. W. Liu 于 2005 年、2007 年和 2014 年分别获得香港城市大学计算机科学学士学位、硕士学位和博士学位。Liu 博士目前在香港理工大学计算机系任教。他的研究兴趣是应用密码学。

Guozhi Xue 是厦门大学计算机科学专业研究生。他于 2013 年从南京大学获得学士学位。Xue 先生的研究兴趣包括网络安全、网络分析和性能评估。

Yi Xie 从西安交通大学获得了学士学位和硕士学位,从香港理工大学获得了博士学位。目前,她是厦门大学的一名助理教授。Xie 博士的研究兴趣包括高性能通信、网络协议分析、网络安全和建模。她已经在这些领域发表了 30 多篇论文。联系方式:csyxie@xmu.edu.cn

Xiapu Luo 是香港理工大学计算机系的一名研究助理教授。他的研究重点是移动网络、智能手机安全、网络安全和隐私,以及互联网测量。Luo 博士在香港理工大学计算机科学专业获得博士学位。

Man Ho Au 分别于 2003 年和 2005 年在香港中文大学信息工程系获得本科和研究生学位,并于 2009 年在澳大利亚伍伦贡大学(University of Wollongong)获得博士学位。目前,他是香港理工大学计算机系的一位助理教授。Au 博士的研究兴趣包括公钥密码术、信息安全、可追踪匿名性和云安全。他在这些领域已经发表了超过 90 篇论文。他曾担任 30 多个国际会议的计划委员会成员。他是 Elsevier *Journal of Information Security and Applications*(《信息安全和应用》杂志)的副主编。

图 书 资 源 支 持

感谢您一直以来对清华版图书的支持和爱护。为了配合本书的使用,本书提供配套的资源,有需求的读者请扫描下方的"清华电子"微信公众号二维码,在图书专区下载,也可以拨打电话或发送电子邮件咨询。

如果您在使用本书的过程中遇到了什么问题,或者有相关图书出版计划,也请您发邮件告诉我们,以便我们更好地为您服务。

我们的联系方式:

地　　址: 北京市海淀区双清路学研大厦 A 座 701

邮　　编: 100084

电　　话: 010-62770175-4608

资源下载: http://www.tup.com.cn

客服邮箱: tupjsj@vip.163.com

QQ: 2301891038(请写明您的单位和姓名)

教学交流、课程交流

清华电子

扫一扫,获取最新目录

用微信扫一扫右边的二维码,即可关注清华大学出版社公众号"清华电子"。